LES INSECTES ET LES HOMMES

« Sciences d'aujourd'hui »

DU MÊME AUTEUR

La Chenille processionnaire du pin. Cycle de développement, rapport avec l'homme, Centre régional de documentation pédagogique de Bordeaux, 80 pages, 15 diapositives, 1982.

Papillon cendre et papillonite de Guyane française, Centre départemental de documentation pédagogique de Guyane, 50 pages, 12 diapositives, 1986.

L'Intelligence de la nature, éditions du Rocher, 1990.

Les Enveloppes écologiques de l'homme, Presses universitaires de Bordeaux, 1993.

L'Eau, de la nature et des hommes, Presses universitaires de Bordeaux, 1995.

La Biosphère, Dominos-Flammarion, 1996.

Michel Lamy

LES INSECTES ET LES HOMMES

Albin Michel

« Sciences d'aujourd'hui »
Collection dirigée par Michel Cazenave

22, rue Huyghens, 75014 Paris

ISBN 978-2-226-46306-7
ISSN 0755-1819

À mes sœurs

Sommaire

Introduction

Le monde des insectes offre à ceux qui l'étudient un champ d'investigation pratiquement infini. Le nombre d'espèces décrites augmente chaque jour grâce à la complicité des entomologistes (du grec *entomon* : insecte, et *logos* : étude), professionnels et amateurs. Ces derniers sont plus que des collectionneurs ; ils participent aux déterminations d'espèces nouvelles et font ainsi progresser la science entomologique.

Mais, à côté des entomologistes, dont c'est le métier ou la vocation de s'intéresser aux insectes, Monsieur Tout-le-Monde est sans cesse confronté à ces insectes qu'il catalogue volontiers comme gênants, voire indésirables. Ils sont partout présents, que ce soit dans la maison, dans le jardin potager ou d'agrément, en ville ou à la campagne. Où que l'on aille, on trouve des insectes, petits ou grands : moustique, mouche, pou, puce, fourmi, termite, abeille, guêpe, puceron, papillon… Impossible de leur échapper !

À peu d'exceptions près, l'homme de la rue les classe dans les espèces nuisibles. Il sait bien que l'abeille fabrique le miel mais il s'en méfie car elle pique ! Il craint, à juste titre, les moustiques : moustiques en cohorte qui vous agressent alors que vous avez trouvé, au bord de l'eau, un coin idéal où vous pensez pouvoir passer vos vacances ; moustiques qui vous empêchent de trouver le sommeil par leur vrombissement ; moustiques qui, dans les régions tropicales, par leur piqûre, vous transmettent de nombreuses maladies parfois très invalidantes quand elles ne sont pas mortelles. Et les mouches ? Elles sont vectrices de nombreux germes pathogènes de l'homme… Mouches abondantes, dont le bourdonnement berçait mes siestes dans ma jeunesse, sous les pommiers de la campagne charentaise. J'en retrouvais les larves, les asticots, dans les fromages de chèvre… Asticots, larves d'autres mouches, vous en trouverez dans les fruits : cerises, pommes, poires…

Pourtant, quelques exemples suffisent à rendre compte de l'utilité des insectes dans les grands équilibres biologiques et dans la vie de l'homme qui n'en a généralement pas conscience.

Les abeilles sont des formes domestiques dont l'homme utilise le miel. Elles sont connues par leur vie en société et par leur mécanisme de communication extrêmement performant : la danse des abeilles. La société des abeilles a été considérée par certains comme un super-organisme.

Les termites, également sociaux, sont organisés en castes aux formes bien différenciées. Si, en France, ils sont tristement célèbres par les dégâts qu'ils causent dans nos habitations – ils s'alimentent de nos charpentes et boiseries qui s'effondrent sans crier gare –, ce sont surtout des constructeurs de talent dont les termitières agrémentent les paysages africains. De formes variées selon les espèces, les termitières constituent des évaporariums – elles participent à la circulation de l'eau – et contribuent à l'évolution des sols (formation de latérite), donc des paysages africains. Les termites sont appréciés également comme aliment par certaines peuplades.

Les fourmis, dont l'organisation sociale et les comportements ont été bien étudiés, offrent une multitude d'adaptations à des régimes alimentaires variés. Dans les régions tempérées, elles envahissent nos maisons ou, dans la campagne, construisent des fourmilières avec des feuilles contribuant à l'évolution des sols. Mais elles savent aussi cultiver des champignons ou élever des pucerons… Si vous avez un squelette à faire nettoyer, demandez leur aide.

Nombreux sont les insectes qui, dans la nature, sont nécrophages, c'est-à-dire se nourrissent de cadavres. D'autres, tels les bousiers (coléoptères), s'alimentent des excréments (bouses) des herbivores. Les Australiens faillirent périr sous les crottes de moutons jusqu'à ce que des bousiers soient volontairement introduits dans ce pays, quatorze fois grand comme la France, qui compte actuellement 16 millions d'habitants et le plus grand troupeau de moutons au monde (160 millions). Les bousiers sauvèrent l'élevage en détruisant les crottes qui en s'accumulant rendaient les sols complètement stériles.

De nombreux insectes (abeilles, bourdons…) fréquentent les fleurs dont ils assurent la reproduction ; on les appelle des insectes pollinisateurs. Ils sont souvent indispensables à la reproduction des végétaux à telle enseigne qu'il faut les protéger, voire les élever et les introduire dans nos champs cultivés (colza, luzerne, trèfle…).

D'autres sont entomophages : ils se nourrissent d'insectes et limitent ainsi leur pullulation. C'est le cas de la coccinelle appelée « bête à bon Dieu », qui détruit les pucerons. Elle est utilisée, ainsi que d'autres insectes moins célèbres, dans la lutte biologique bien préférable à la lutte chimique polluante pour l'environnement.

C'est donc des relations entre l'insecte et l'homme que j'aimerais vous entretenir à travers leur histoire respective qui devint coévolution il y a seulement 100 000 ans – avec l'apparition de l'homme – alors que l'insecte est apparu il y a près de 350 millions d'années.

Il y a 10 000 ans, l'homme inventa l'agriculture et l'élevage, créant de nouvelles conditions de vie pour les insectes. Ceux-ci, dès lors, devinrent des ennemis irréductibles ou des associés involontaires, ou encore furent domestiqués par l'homme. Un équilibre est aujourd'hui d'autant plus indispensable que l'augmentation de la population humaine nécessitera d'ici l'an 2100 de doubler la production agricole : or les insectes font perdre près de 30 % de la production de riz dans le monde… le riz qui constitue la nourriture de base des trois quarts de la population des pays en voie de développement.

Une lutte sans merci est engagée entre l'homme du XXe siècle et l'insecte, lutte qui revêt des aspects originaux grâce aux résultats de la recherche la plus performante – dont le génie génétique. Mais elle doit aussi s'appuyer sur l'existence d'une limitation naturelle des populations d'insectes. Ils ont, heureusement pour l'homme, de nombreux ennemis : parasites et prédateurs qu'il faut savoir préserver. Car les relations entre l'homme et ses productions, végétales et animales, et le monde des insectes sont complexes.

Première partie

L'INSECTE D'HIER À AUJOURD'HUI. LES RAISONS DU SUCCÈS

1

Un peu d'histoire de l'entomologie et des insectes

L'histoire de l'entomologie

Les insectes ont toujours été présents dans l'environnement humain, aussi n'est-il pas étonnant qu'ils existent en bonne place dans les figurations – peintures ou sculptures – des civilisations anciennes.

Chez les Égyptiens, par exemple, le scarabée sacré était l'emblème de la résurrection : il est présent sous forme soit de figurines peintes, soit de sculptures de plus ou moins grande taille. C'est ainsi qu'on peut admirer en très grande dimension le scarabée d'Aménophis III sur le lac sacré alors qu'il est présent dans de nombreux tombeaux sous forme d'amulettes. Les sauterelles sont également figurées sur des tombeaux (à Thèbes, Saqqarah...), en Haute-Égypte : ces insectes étaient déjà la huitième plaie de l'Égypte et des ravageurs de cultures bien connus des paysans. Deux criquets pèlerins figurent sur les bas-reliefs de la tombe de Méréroka, gouverneur de Memphis pendant la VIe dynastie égyptienne (2300 av. J.-C.).

En fait l'entomologie prend vraiment son essor en Grèce, avec Aristote (384-322 av. J.-C.), qui, dans son *Histoire des animaux*, distingue les animaux qui ont du sang (les Enaïma) de ceux qui n'en ont pas (les Anaïma). Dans ces derniers, il distingue quatre classes dont les Entoma, les insectes[1]. Ces derniers, pour lui, naissent par génération spontanée : c'est un de ses disciples, Théophraste (372-287 av. J.-C.), qui constate pour la première fois la transformation des chenilles en papillons.

Puis l'entomologie – comme d'autres sciences – reste marquée pendant des siècles du sceau d'Aristote. Il faut attendre le XVe siècle pour voir réapparaître le goût de la classification et de l'étude des insectes. Mais une science ne se développe que par l'écrit, le livre et l'impression. Au XVIe siècle une première tentative de classification est réalisée par Edward Wotton dans son *Traité des différents animaux* (1552). Puis Ulisse Aldrovandi (1522-1605) consacre un de ses quatorze volumes d'histoire naturelle aux insectes : il les divise entre aquatiques et terrestres[2] et prend en compte le nombre et la nature des ailes et des pattes (ouvrage publié à Bologne en 1602). L'Académie de Londres publie en 1634 un livre important sur les insectes intitulé : *Insectorum sive minimorum Animalium Theatrum* et qui provient de contributions multiples datant du XVIe siècle : Gesner pour l'iconographie, Wotton (vulgarisateur d'Aristote) pour les textes, complétés par Thomas Mouffet.

Avec la mise au point des premiers microscopes au XVIIe siècle on s'intéresse à l'anatomie. Un médecin italien, Marcello Malpighi (1628-1694), publie en 1669 le premier ouvrage sur l'anatomie du ver à soie au cours de son cycle de développement.

L'Italien Francesco Redi s'intéresse à l'origine des insectes et remet en cause les conceptions aristotéliciennes sur la génération spontanée. Il publie en effet en 1668, sous forme d'une lettre à Carlo Dati, ses expériences sur la reproduction des mouches où il introduit, pour la première fois, l'usage des témoins. 1668 est ainsi considéré par les plus grands biologistes, dont Jean Rostand, comme la plus grande date de la biologie : celle de la première révolution biologique[3].

Dans cette même lettre, Redi démontre la spécificité parasitaire des poux des oiseaux, note importante en parasitologie et aussi pour la notion d'espèce. Mais Redi, médecin, praticien, ainsi qu'observateur, poète et lexicographe, est ridiculisé par Malebranche qui dira de ses travaux sur les mouches, les poux : « Il est permis de s'amuser à cela quand on n'a rien à faire et pour se divertir. »

C'est à Jan Swammerdam (1637-1680, né à Amsterdam) que l'on doit le premier traité d'anatomie entomologique (*Histoire générale des insectes*, 1669). Il laisse un manuscrit, *Biblia naturae*, qui sera publié après sa mort (en 1737 et 1738) et où il introduit, pour la classification des insectes, l'existence ou non de métamorphoses.

Toujours est-il que, jusqu'au XVIIIe siècle, les Français brillent en entomologie par leur absence.

Le XVIIIe siècle sera celui de la systématique, dont celle des insectes avec Carl von Linné (1707-1778), médecin suédois. Il publie en 1735 son *Systema naturae*, dont une deuxième édition paraît en 1740 : la classification des insectes évolue (elle passe de 4 à 7 puis à 9 ordres) mais reste basée sur la morphologie de l'aile. La dénomination des ordres comprend le suffixe -ptère (du grec *pteron* : aile) :

– les Coléoptères (ailes postérieures enfermées dans des fourreaux cornés formés par les ailes antérieures) ; ex. : hannetons, coccinelles ;

– les Orthoptères (ailes droites) ; ex. : criquets, sauterelles ;

– les Hémiptères (ailes postérieures croisées à moitié cachées, ailes antérieures à demi coriaces) ; ex. : punaises ;

– les Lépidoptères (ailes couvertes d'écailles) ; ex. : papillons ;

– les Névroptères (ailes réticulées et membraneuses, dites aussi nervulées) ; ex. : fourmilion ;

– les Hyménoptères (ailes membraneuses liées ensemble deux par deux) ; ex. : abeilles, fourmis ;

– les Diptères (deux ailes) ; ex. : mouches, moustiques ;

– les Thysanoptères (ailes frangées) ; ex. : thrips ;

– les Aptères (sans ailes) ; ex. : poux.

Le XVIIIe siècle est aussi enfin celui d'un des plus grands entomologistes français : Réaumur (1683-1757) publie en 1736 ses

Mémoires pour servir à l'histoire des insectes[4], qui font date dans l'histoire de l'entomologie. C'est un observateur à la patience infatigable et d'une grande sagacité, d'après un de ses élèves, le Suisse Charles Bonnet (1720-1798). C'est ce dernier qui découvrira la parthénogenèse des pucerons ; c'est à lui aussi que l'on doit d'avoir baptisé la science des insectes : insectologie (1745)[5].

En 1760, Lyonnet publie un traité anatomique de la chenille du saule.

Le Suédois De Geer publie, de 1752 à 1778, un ouvrage en sept volumes consacré aux insectes : il introduit dans sa systématique des insectes les pièces buccales.

R. von Rosenhof publie de 1746 à 1761 *Divertissements entomologiques* (*Insectenbelustigungen*), un ouvrage d'une belle qualité artistique.

Le Danois Fabricius (1745-1808), élève de Linné, dans son *Systema entomologica*, propose une nouvelle classification (1775) basée essentiellement sur les pièces buccales[6]. Cette classification ne résistera pas à celle de Linné et surtout à celle de l'entomologiste français Pierre-André Latreille (1762-1833).

Latreille publie en effet, en 1796, son *Précis des caractères génériques des insectes* où il applique la méthode de classification naturelle : espèce, genre, famille, ordre sont les éléments de la systématique entomologique. Celle-ci a donc comme fondateur Latreille qui collabore, pour la partie entomologique, aux écrits de Lamarck, *Système des animaux sans vertèbres* (1802) et *Histoire naturelle des animaux sans vertèbres* (1815-1822), et à deux éditions du *Règne animal* de Cuvier.

Un autre entomologiste amateur français, Étienne Louis Geoffroy (1725-1810), pharmacien, classe les Coléoptères dans son *Histoire abrégée des insectes qui se trouvent aux environs de Paris.* Il se veut le défenseur des insectes et des entomologistes dont Réaumur. Il faut dire que même Buffon déclare « qu'une mouche ne doit pas tenir dans la tête d'un naturaliste plus de place qu'elle n'en tient dans la Nature ».

En fait, il faut avoir présent à l'esprit que pendant longtemps on a confondu – et nos collègues anglo-saxons le font encore – insectes et arthropodes. C'est à Lamarck (1744-1829) que revient, en 1800, le mérite d'avoir défini ce que sont les insectes : « animaux ovipares, subissant des métamorphoses, pouvant avoir des ailes et ayant, dans l'état parfait, six pattes articulées, deux antennes, deux yeux à réseau, et la peau colorée. Respiration par des trachées aérifères qui s'étendent dans toutes les parties ; aucun système de circulation ; deux sexes distincts ; un seul accouplement dans la vie. »

Cette définition est en partie seulement erronée, et se rapproche de celle que nous adoptons actuellement pour les insectes. En sont exclus les crustacés, les arachnides, les acariens et les myriapodes. Pourtant, même de nos jours, les traités d'entomologie médicale et (ou) vétérinaire prennent encore en compte les acariens, les arachnides et les myriapodes parce que vecteurs de maladies au même titre que les insectes au sens lamarckien du terme.

Même Léon Dufour (1780-1865), qui fut élève et ami de Latreille, s'intéresse, dans son œuvre entomologique, alors qu'il était médecin de Saint-Sever (Landes) – c'est donc un amateur éclairé ; il a publié près de 230 articles[7] –, aux arachnides et aux myriapodes.

Enfin, citons le plus connu, avec Réaumur, de nos entomologistes français, Jean Henri Fabre (1823-1915)[8]. Il est le père incontesté de l'éthologie des insectes et du courant « instinctiviste » de l'éthologie. Il publie, de 1879 à 1886, *Souvenirs entomologiques*, œuvre considérable d'un écrivain excellent observateur et même expérimentateur des insectes. Pour ne citer qu'un seul exemple resté célèbre, c'est lui qui met en évidence les phéromones, ces odeurs émises par la femelle d'un papillon et qui sont perçues par les antennes du mâle. Ce dernier viendra donc, guidé par l'odeur, rejoindre sa femelle à deux conditions démontrées expérimentalement par Fabre : primo, que l'odeur émise par la femelle diffuse dans l'air, ce qui n'est pas le cas si cette femelle est recouverte par une cloche en verre, secundo que cette odeur soit perçue par le mâle, ce qui n'est pas le cas si celui-ci est amputé de ses antennes. Fabre démontre ainsi qu'elles sont les récepteurs des odeurs.

Les travaux de Fabre ont ouvert la voie en France et à l'étranger à de nombreux travaux d'éthologie sur les insectes sociaux[9] : les termites, avec Pierre-Paul Grassé (1895-1985), entomologiste mais aussi biologiste contemporain qui a le plus écrit sur la biologie ; les fourmis, avec Rémy Chauvin (professeur à la Sorbonne, actuellement en retraite) ; les abeilles avec Karl von Frisch (1886-1982), Autrichien dont les élèves (on parle de l'école de von Frisch) ont décrypté le langage des abeilles, le langage gestuel, la danse des abeilles devenue classique comme exemple de système de communication. K. von Frisch, N. Tinbergen et K. Lorenz reçurent, pour leurs travaux d'éthologistes, le prix Nobel de physiologie et de médecine en 1973. Les Français furent les oubliés de ce prix Nobel alors qu'ils avaient été les précurseurs de l'éthologie[10].

Ainsi l'étude des insectes, l'entomologie, a fait progresser les différentes disciplines biologiques. Nous avons vu que le souci principal des entomologistes fut d'abord de classer les insectes, faisant progresser la systématique. L'observation de leur comportement a généré l'éthologie et fait découvrir par Ch. Bonnet la parthénogenèse chez les pucerons, c'est-à-dire la reproduction sans mâle qu'étudiera ensuite, chez d'autres espèces, Jean Rostand. C'est à partir de la descendance des drosophiles que Thomas H. Morgan a établi les bases de la génétique moderne. Mais Morgan n'est pas entomologiste. C'est à plus de quarante ans qu'il en vient à utiliser les drosophiles comme du matériel favorable à ses études sur les descendances ; père de la génétique, il reçoit le prix Nobel de physiologie et de médecine en 1933. Il était en fait antidarwinien, alors que maintenant les généticiens se servent de ses résultats comme preuve de l'évolution. Pour A. Langaney, par exemple, la génétique des populations permet d'affirmer que « l'évolution est un fait scientifiquement prouvé ».

Après F. Redi (1668) il faut citer August Weismann (1834-1914), le deuxième révolutionnaire de la biologie expérimentale. Ses travaux sur les disques imaginaux[11] des Diptères puis sur la lignée germinale ont généré de nombreuses recherches en biologie du développement.

La biologie et la physiologie moléculaires doivent beaucoup à David Keilin qui, après avoir travaillé à Paris (au laboratoire d'Évolution), retourne en 1916 à Cambridge où il s'intéresse à une substance, un pigment qu'il identifie chez l'œstre du cheval (*Gastrophilus intestinalis*) : c'est le cytochrome, qu'il retrouve dans tout le monde vivant (des microorganismes aux êtres les plus évolués). Cytochromes et cytochrome-oxydases l'occuperont, avec ses élèves, pendant près de quarante ans.

Il ne faut pas oublier de citer Louis Pasteur (1822-1895) qui est le premier à avoir étudié les maladies des insectes, notamment la pébrine du ver à soie (1865) ; il sauva ainsi la sériciculture très atteinte[12].

La physiologie des insectes s'est ensuite développée en Angleterre grâce aux travaux de V. P. Wigglesworth. Il est le premier à écrire en 1939 *Principle of Insect Physiology*, qui marque la physiologie expérimentale et en particulier l'endocrinologie des insectes. C'est à mon maître, le professeur J. J. Bounhiol (1905-1979) que l'on doit l'extraordinaire développement de l'endocrinologie comparée en France – comparée, c'est-à-dire entre Invertébrés et Vertébrés. Ses travaux sur les corps allates du ver à soie (*Bombyx mori*) (thèse en 1938) rivalisent d'habileté avec ceux de V. B. Wigglesworth sur la punaise (*Rhodnius*). Les uns et les autres illustrent actuellement nos manuels de physiologie des insectes.

Enfin la taxonomie (ou taxinomie), c'est-à-dire la systématique qui doit tant aux insectes, fait souvent l'objet de sarcasmes : nous comptons des poils sur les pattes, en d'autres termes, nous coupons les cheveux en quatre[13]. Pourtant grâce à un Allemand, Willi Hennig, la systématique phylogénétique qu'il a énoncée dès 1936, à vingt-trois ans, et publiée en détail en 1950, a conduit à une nouvelle révolution de la systématique : le cladisme. Elle se situe dans le concept biogéographique et donc écologique.

Ainsi l'entomologie a fécondé toute la biologie comme elle a été enrichie par la pensée des grands biologistes comme Lamarck, Darwin, Cuvier, Pasteur, Claude Bernard, même s'ils n'étaient pas entomologistes et même s'ils se montraient parfois critiques envers cette nouvelle discipline.

L'histoire des insectes

Comme les entomologistes ont laissé des écrits qui nous permettent de retracer l'histoire de l'entomologie, histoire récente liée à l'imprimerie, les insectes ont laissé des traces fossiles beaucoup plus anciennes qui relatent l'histoire des insectes.

Mais avant d'en faire la lecture, interrogeons-nous sur leur origine lointaine. D'où viennent-ils, comment ont-ils évolué pour avoir atteint une telle diversité, la plus extraordinaire du monde vivant ?

L'origine lointaine

Elle est difficile à étudier avec certitude ; aussi deux séries d'hypothèses ont-elles été émises :

– l'une fait dériver les insectes directement d'une souche marine, peut-être des Crustacés ;

– l'autre suppose qu'ils descendent d'un ancêtre terrestre, bien sûr issu lui-même d'une souche marine, mais qui serait commune à tous les Trachéates (myriapodes et insectes). Tillyard (1930) baptise *Protaptera* cet ancêtre hypothétique auquel il donne la valeur systématique d'une classe. Il ne se préoccupe pas de savoir d'où viennent ces Protaptères et les situe au Silurien (– 400 à – 350 millions d'années).

Wigglesworth, dans son ouvrage sur *La Vie des Insectes*[14], décrit l'ancêtre hypothétique des insectes de la façon suivante : « ce devait être un organisme vermiforme, avec le corps formé de segments annulaires portés chacun par une paire d'appendices ou pattes. Il devait se mouvoir surtout dans une direction ; les appendices de l'extrémité conductrice se seraient alors modifiés par le jeu de la sélection naturelle : certains pour saisir et manipuler la nourriture et l'amener à la bouche, d'autres, devenus organes des sens, étaient utilisés pour l'information. Au cours de cette évolution, les segments se seraient renforcés et auraient fusionné pour former une “tête”. Le système nerveux de cette région céphalique, abondamment pourvu de nerfs issus des nombreux organes sensoriels de cette partie directrice, se serait alors agrandi jusqu'à constituer un ganglion ou cerveau primitif, où toutes les impressions sensorielles auraient été reçues et intégrées et les mouvements de l'animal commandés en conséquence. Entre-temps, les appendices de l'extrémité caudale du corps se seraient aussi modifiés, certains pour assurer l'accouplement et la ponte, d'autres fonctionnant comme organes sensoriels. Cette créature hypothétique devait ressembler alors à une sorte de myriapode primitif ne mesurant pas plus de quelques millimètres de longueur. »

350 millions d'années d'histoire : l'arbre généalogique des insectes

Les plus anciens insectes fossiles sont des collemboles trouvés dans une ancienne tourbière d'Écosse (Rhinie) datant du Dévonien moyen, soit 350 millions d'années. Or, il existe actuellement des collemboles, insectes de petite taille (1 à 5 mm), qui ont deux caractéristiques fondamentales :

– ils sont aptères, c'est-à-dire qu'ils n'ont pas d'ailes ; on les appelle des Aptérygotes ;

– ils sont amétaboles, c'est-à-dire qu'ils muent avant et même après la maturité génitale, sans changer de forme ; ils ne font pas de métamorphose[15] et sont toujours semblables à l'adulte.

Les 350 millions d'années d'histoire des insectes sont donc caractérisés par deux événements d'une importance considérable :

– le développement des ailes et donc l'acquisition du vol ; il va permettre aux insectes de coloniser tous les biotopes terrestres ;

– le développement larvaire entrecoupé de mues et suivi d'une métamorphose aboutissant à l'adulte ou imago (imago : image de l'espèce, de l'adulte) sexuellement mûr qui ne mue plus (contrairement aux collemboles). États larvaire et imaginal peuvent se dérouler dans des biotopes différents : sol et air, eau et air..., créant des conditions meilleures de survie de l'espèce. Larves et adultes ne sont pas en compétition ; ils peuvent avoir des régimes alimentaires différents (larve herbivore, adulte carnassier, par exemple).

L'histoire des insectes est donc une histoire d'ailes et de métamorphose. Elle est aussi liée aux plantes et aux continents (biotopes), donc à l'environnement.

HISTOIRE D'AILES

Cette histoire est d'autant mieux connue que l'on a trouvé des ailes, le plus souvent à l'état fossilisé (sous forme d'empreinte).

Les insectes ailés – on les appelle des Ptérygotes – les plus anciennement connus datent du Carbonifère inférieur ou moyen (– 325 à – 300 millions d'années). Ils sont donc apparus après les Aptérygotes (type collemboles) que l'on ne peut donc considérer, comme certains l'ont fait, comme des Ptérygotes qui auraient perdu secondairement leurs ailes. Ces insectes ailés sont de très grande taille ; ils ressemblent à nos libellules actuelles qui auraient une envergure de 40 à 60 centimètres. Mais c'est un groupe qui s'est éteint au Permien (– 240 à – 200 millions d'années) et qui n'est donc pas l'ancêtre de nos libellules actuelles.

L'aile de ces premiers insectes ailés est d'un type primitif, dit

Paléoptère. Étalée horizontalement (ou verticalement), elle ne peut se replier vers l'arrière faute d'articulation spécialisée. Elle présente de fines nervures qui la renforcent ; une aile puissante pour des insectes géants, baptisés par certains « insectes dinosaures ».

L'aile proviendrait d'une expansion, sorte de lobe localisé sur la région dorsale de chaque segment du corps. Il y aurait développement préférentiel des lobes des deuxième et troisième segments thoraciques. Chez certains fossiles on observe des lobes développés sur le premier segment thoracique et même sur les segments abdominaux.

À ces ailes doivent s'adjoindre une musculature spécialisée, voire un système d'articulation qui aboutit aux vols très sophistiqués des insectes actuels.

L'évolution de l'aile se caractérise par l'acquisition d'une articulation qui permet à l'aile de se replier vers l'arrière ; tous les insectes ayant ce type d'aile sont dits Néoptères. Ils présentent, en leur sein, une évolution différente de l'aile antérieure et de l'aile postérieure :

– l'aile antérieure tend à se durcir et s'épaissir (tegminisation) ; elle recouvrira et protégera, au repos, l'aile postérieure. Elle peut devenir élytre, véritable fourreau protecteur des ailes membraneuses postérieures, qui seront les éléments actifs du vol. Ex. : les insectes Coléoptères. L'étude des insectes Néoptères fossiles témoigne de cette évolution régressive ;

– l'aile postérieure, membraneuse, s'agrandit d'une zone en éventail, la *neala* ou champ jugal. Son évolution[16] manifeste deux tendances : la réduction de la *neala* et la simplification des nervures. Cette réduction simplificatrice est conduite à l'extrême chez les Diptères (transformation des ailes en organes sensoriels, les balanciers – ou haltères –, voire disparition totale).

Les entomologistes pensent que l'évolution de l'aile des insectes est de type monophylétique ; elle s'est faite à partir d'un seul type archaïque.

HISTOIRE DE LA MÉTAMORPHOSE

Les premiers insectes Ptérygotes du Paléozoïque[17] et les formes actuelles apparentées (libellules, blattes, orthoptères...) sont des insectes sans métamorphose vraie, c'est-à-dire à métamorphose progressive. La larve ressemble à l'adulte, abstraction faite des ailes qui ne sont que sous forme d'ébauches extérieures, visibles (on les appelle pour cela des exoptérygotes), et qui à chaque mue grandissent progressivement. À la dernière mue larvaire, l'aile devient définitive et fonctionnelle (elle s'étale et durcit) alors que la maturité sexuelle est acquise.

En fait, alors que ce caractère typique de l'adulte se met en place progressivement, d'autres caractères plus obscurs de la larve disparaissent. À ces insectes à système progressif de transformation on a donné le nom d'insectes hétérométaboles. Ils sont de deux types :

– les paurométaboles ont même milieu de vie terrestre : c'est le cas des blattes ou des sauterelles ;

– les hémimétaboles, dont larves et adultes vivent dans des biotopes différents. Les caractères larvaires et adultes sont, de ce fait, plus marqués, et donc les transformations plus spectaculaires. Ainsi, la larve de libellule est aquatique, carnassière (avec des mandibules), respire l'oxygène dissous dans l'eau grâce à des trachéobranchies. Pendant sa vie larvaire les ailes à chaque mue s'allongent. La dernière mue se fait hors de l'eau. La libellule s'envole, très différente de la larve dont elle est issue : pièces buccales (masque), pattes, trachées, couleurs, etc. Il s'agit d'une demi-métamorphose, d'où le nom d'hémimétabole[18].

Enfin, il existe des insectes dont la forme larvaire est totalement différente de l'adulte. Ces larves n'ont même pas d'ébauches alaires visibles, c'est-à-dire externes ; elles sont internes, existent sous forme de disques imaginaux (disques alaires) : on dit que ce sont des endoptérygotes (par opposition aux exoptérygotes). La transformation de la larve en adulte (imago) est une méta-

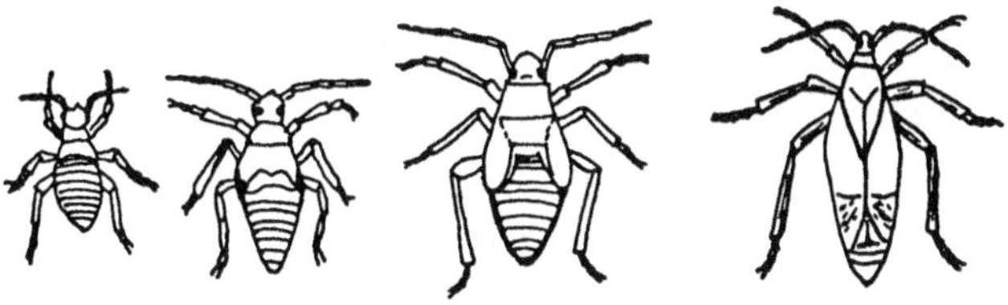

Développement d'un insecte hétérométabole (paurométabole) : la punaise

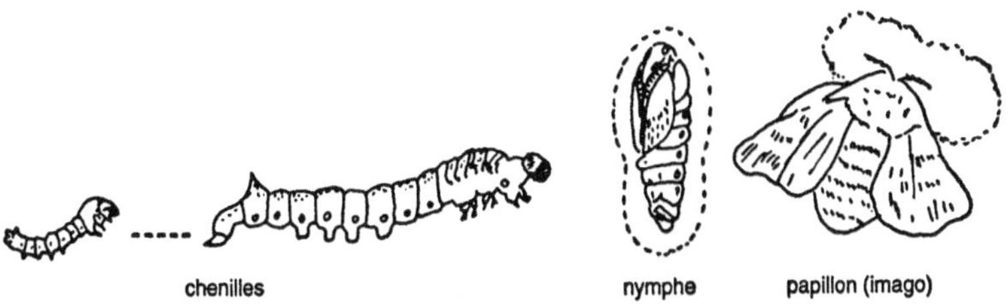

Développement d'un insecte holométabole : le ver à soie

Figure 1. – Le développement des insectes

morphose vraie qui nécessite un stade intermédiaire : la chrysalide, la nymphe ou la pupe, qui présente alors des ébauches alaires visibles. Mues larvaires, mue nymphale puis mue imaginale caractérisent le développement des insectes holométaboles. Les transformations qui affectent la larve puis la nymphe et enfin l'imago sont des histolyses, destructions de tissus larvaires, et des histogenèses, dont le développement des disques imaginaux préexistant dans la larve.

La métamorphose, contrairement à l'évolution de l'aile, n'est pas considérée par les entomologistes comme une acquisition monophylétique.

Si l'on essaie de voir les correspondances que l'on peut établir entre caractéristiques de l'aile et métamorphose, on peut dire, à quelques exceptions près, que :

– les aptérygotes sont des amétaboles ;

– les ptérygotes paléoptères sont des hémimétaboles ;

– les ptérygotes néoptères sont des paurométaboles et des holométaboles.

Sous-classe des Aptérygotes

Collemboles : Podures, Diploures : campodés, Protoures, Thysanoures : Lépismes.

Sous-classe des Ptérygotes

Les Paléoptères

Ephéméroptères : Ephémères, Odonates : Libellules, Demoiselles, Paléodictyoptères (fossiles).

Les Néoptères polynéoptères

Dictyoptères : Blattes, Mantes, Isoptères : Termites, Zoraptères, Plécoptères : Perles, Notoptères, Chéleutoptères : Phasmes, Embioptères, Orthoptères : grillons, sauterelles, criquets, Dermaptères : Forficules.

Les Néoptères oligonéoptères

Coléoptères : Carabes, Dytiques, Coccinelles, Longicornes, Bruches, Ténébrions, Staphylins, Lampyres... Strepsiptères, Mégaloptères, Raphidioptères, Planipennes : Fourmilions, Mécoptères : Panorpes, Trichoptères : Phryganes, Lépidoptères : Papillons, Diptères : Mouches, Moustiques, Taons, Siphonaptères : Puces, Hyménoptères : Abeilles, guêpes, fourmis.

Les Néoptères paranéoptères

Psocoptères, Mallophages : Poux des oiseaux, Anoploures : Poux des mammifères, Thysanoptères, Hétéroptères : Notonecte, Nèpe, Ranatre, Homoptères : Cigales, Cochenilles, Pucerons.

Tableau 1. – Classification actuelle des insectes (d'après A. Beaumont et P. Cassier)

Conclusion sur l'évolution des insectes

Cette évolution se manifeste, comme pour les autres groupes animaux, par l'apparition et même l'explosion de certaines espèces qui disparaissent pour être remplacées par d'autres. C'est le cas, par exemple, des Paléoptères du Paléozoïque remplacés au Permien par les Néoptères.

Ces phénomènes évolutifs sont liés à des variations climatiques et, dans le cas particulier des insectes, aux variations concomitantes des végétaux. Il y a donc une coévolution plantes-insectes tout à fait originale[19].

À leur début, les ancêtres des végétaux terrestres devaient vivre dans la mer, et les ancêtres des insectes devaient être également marins, se nourrissant des plantes marines. Quand celles-ci sortirent de la mer, elles durent d'abord vivre dans les milieux très humides, puis s'adapter à la vie aérienne en développant des stomates et des feuilles. On peut imaginer une évolution parallèle des insectes assurant une respiration transcutanée, en atmosphère humide, avant de développer stigmates et appareil trachéen (trachées). Cette lointaine origine et coévolution remonterait au Silurien.

Cette coévolution s'est maintenue lorsque les ailes se sont différenciées. Les premiers Paléoptères devaient vivre dans des forêts luxuriantes, sans saison marquée : leurs larves devaient être aquatiques, les adultes ailés devaient voler lourdement. Ils abondaient et atteignaient même des tailles gigantesques. Étaient-ils herbivores – c'est vraisemblable du fait de leurs mandibules (appareil buccal broyeur) – ou carnivores, ou les deux ? Difficile à dire.

Toujours est-il que le climat évolue : il devient progressivement plus sec, même aride, et les saisons deviennent bien marquées au Carbonifère. Ce régime saisonnier se manifeste chez les végétaux dont la croissance du bois devient périodique (les anneaux concentriques marquent bien les saisons). Les premières plantes à graines apparaissent (conifères, ginkgos...). Les Néoptères remplacent les Paléoptères, la métamorphose vraie apparaît (holométaboles). Les batraciens deviennent terrestres, les reptiles apparaissent avec des œufs comportant des annexes embryonnaires.

Graines des végétaux, annexes embryonnaires des Vertébrés terrestres, métamorphose des insectes se manifestent simultanément : ce sont de remarquables adaptations à un environnement aérien et aride.

Au Crétacé (– 140 à – 60 millions d'années), le développement important des Lépidoptères, des Hyménoptères et des

Diptères coïncide avec l'apparition des plantes à fleurs et à feuilles caduques.

Pour leur reproduction les végétaux deviennent de plus en plus dépendants des insectes pollinisateurs (ils sont floricoles ou [et] mellifères, c'est-à-dire producteurs de miel), et vous avez présente à l'esprit – depuis les observations de Darwin – cette magnifique adaptation, coévolution entre plantes et insectes.

Les feuilles qui tombent sur le sol vont former l'humus au sein duquel d'autres types d'insectes vont se développer, qu'il s'agisse de larves ou d'adultes.

Mais ce qui caractérise l'évolution des insectes par rapport aux autres espèces, c'est qu'en fait à la fin du Primaire ou au début du Secondaire (limite Permien-Carbonifère), c'est-à-dire il y a 200 millions d'années, toutes les familles actuelles d'insectes sont déjà représentées : c'est la période florissante des reptiles terrestres.

Le corollaire est qu'actuellement existent quelques types d'insectes qui sont connus depuis parfois plus de 200 millions d'années et inchangés depuis ces lointaines périodes. Comme si les modèles, étant très performants dès le départ, ont été conservés dans l'état jusqu'à nos jours : cela pourrait donner à certains des arguments antidarwiniens[20].

À l'opposé de cette grande stabilité existe, dans le monde des insectes actuels, une telle variabilité de forme, d'allure, de taille que l'on peut être assuré que l'évolution, la sélection naturelle chère à Darwin, a bien agi et agit encore. L'adaptabilité est extrême et l'on peut s'interroger sur les raisons du succès des insectes dans le milieu terrestre, non sans invoquer d'emblée leur grand nombre en espèces (plus d'1 million) et, par espèce, en individus du fait de leur très grande fécondité et vitesse de développement. Tout cela contribue à augmenter les chances de variation, donc d'adaptation à ce milieu terrestre défavorable. Il est en effet défavorable (par rapport au milieu aquatique, milieu originel) en ce sens que les êtres vivants subissent la pesanteur, manquent d'eau, sont soumis aux fluctuations climatiques. Mais les insectes s'adaptent à tout :

– à la pesanteur, ils répondent par leur petite taille – considérée par certains comme l'élément déterminant de leur succès sur terre –, par un exosquelette extrêmement rigide (tégument cuticulaire) ;

– au manque d'eau, ils répondent par l'économie d'eau par tous les moyens : tégument cuticulaire imperméable, respiration par des trachées, excrétion de produits déshydratés ;

– aux fluctuations climatiques et à leurs effets néfastes, dont le manque de nourriture, ils répondent par :

• le déplacement : le vol est leur plus belle invention et leur a permis de coloniser tous les biotopes ;

• leur développement, rapide ou lent, mais toujours synchrone, grâce en particulier à des arrêts de développement (les diapauses ou les quiescences), de la disponibilité en nourriture (végétaux par exemple). Nous avons vu également comment larves et adultes colonisent et exploitent des biotopes différents : la métamorphose est avec le vol une géniale invention ;

• l'organisation sociale (du groupe à la société selon les insectes) : c'est aussi une de leurs inventions anciennes puisque celle des termites date de plus de 50 millions d'années. Elle leur permet d'organiser, de structurer le biotope afin d'échapper à certaines contraintes : par exemple d'humidité (termitières), de chaleur (ruche d'abeilles), etc.

Ainsi grâce au vol, à la métamorphose et surtout à leur très grand pouvoir de reproduction, les insectes ont colonisé tous les biotopes continentaux, terrestres et d'eau douce. La mer n'est pas leur élément favori : même s'ils en sont issus, peu d'entre eux y sont retournés.

Ils participent au plancton aérien (en haute altitude, emportés par les courants aériens) comme ils contribuent à la faune des sols, même lorsque ceux-ci sont salés ou couverts de neige.

Ils s'adaptent à tout, même à l'homme et à ses productions : pétrole, insecticides, papier, mais surtout à ses productions animales et végétales (cultures) et à l'homme lui-même (sang…). On peut même imaginer qu'ils survivront à l'homme !

Le monde des insectes n'est pas en voie d'extinction.

2

L'insecte : organisation générale

Il est bien difficile, voire prétentieux, en quelques pages, de faire une présentation générale de l'insecte quand on sait qu'il en existe plus d'un million d'espèces. Je vais me contenter d'essayer, tant pour la morphologie externe, c'est-à-dire ce qui est visible de l'extérieur de l'animal, que pour l'organisation interne accessible par la dissection, d'indiquer ce qui est commun à tous les insectes puis ce qui les différencie les uns des autres.

Avant tout, l'insecte est un Arthropode[1], c'est-à-dire un individu dont les appendices (pattes…) sont articulés : le fonctionnement de ces articulations – les articles étant rigides – est fondamental.

Si je devais schématiser à l'extrême, je dirais que l'insecte est un animal dont le corps est divisé en trois parties – d'ailleurs le mot insecte vient du latin *insectum* qui signifie « divisé en parties » –, la tête, le thorax et l'abdomen. Ces parties (ou segments, ou tagmes) sont recouvertes d'une cuticule chitineuse et résultent de la fusion d'éléments unitaires, les métamères, eux-mêmes limités par des plaques cuticulaires : dorsales (tergites), latérales (pleurites) et ventrales (sternites).

La tête, c'est la zone sensorielle liée à la vie de relation (grâce à ses organes sensoriels : antennes, yeux…) et à la prise de l'alimentation grâce aux pièces buccales. Elle contient les centres nerveux cérébraux et sous-œsophagiens protégés par une capsule céphalique résistante.

Le thorax porte les pattes (trois paires) et les ailes (deux paires) : c'est donc une zone spécialisée dans la locomotion et qui contient pour cela une musculature importante et efficace.

L'abdomen ne porte pas d'appendice. C'est la partie de l'insecte chargée du métabolisme et de la reproduction. Son extrémité présente des différences entre mâle et femelle liées à la reproduction : accouplement et (ou) ponte.

Voyons dans le détail comment se présente cet insecte, de l'extérieur puis de l'intérieur.

Morphologie externe de l'insecte

Morphologie générale

LA TÊTE

Elle est formée de six segments soudés. Le premier (acron) porte les yeux, le deuxième (premier métamère) porte les antennes, le troisième porte le labre, le quatrième porte les mandibules et s'y ouvre la bouche, le cinquième les mâchoires ou maxilles (mx_1), le sixième la deuxième paire de mâchoires (mx_2) soudées entre elles et formant la lèvre inférieure ou labium.

Ces appendices spécialisés constituent les pièces buccales de l'insecte.

LE THORAX

Il est formé de trois segments appelés pro, méso et métathorax. Chacun porte une paire de pattes : chaque patte est formée d'articles (hanche, trochantère, cuisse, tibia et tarse).

Les segments méso et métathoraciques sont munis d'une paire d'ailes. Elles s'insèrent à la limite entre des tergites et des pleurites et sont des expansions du tergite (deux feuillets très fins appliqués l'un contre l'autre). À l'émergence, les ailes s'étalent et présentent un champ jugal, un champ vannal, et le rémigium (classification des insectes). Les ailes antérieures, coriaces, sont les élytres, alors que les ailes postérieures membraneuses servent au vol. Ailes antérieures et postérieures peuvent être attachées entre elles.

L'ABDOMEN

Il est formé primitivement de onze métamères indépendants et articulés.

Il se termine par le telson où s'ouvre l'anus.

Ce dernier est limité par trois plaques squelettiques : une dorsale (épiprocte), deux latérales (paraproctes) et des valves.

Entre le huitième et le neuvième segment s'ouvre l'orifice femelle (en fait sur le huitième).

Entre le neuvième et le dixième segment s'ouvre l'orifice mâle (en fait sur le neuvième).

Le nombre de onze est un maximum. Il est généralement de dix, voire de six chez les collemboles.

Au cours du développement embryonnaire il apparaît une paire d'appendices, ou pattes, par métamère à la face ventrale. Ils disparaissent ou persistent selon les insectes :

– chez les Aptérygotes (primitifs), ces appendices persistent et l'adulte présente des appendices rudimentaires (stylets) sur tous les métamères ;

– chez les Ptérygotes, ils disparaissent sur les métamères prégénitaux (avant le huitième chez les femelles, avant le neuvième chez les mâles). Ils deviendront des appendices modifiés à fonction reproductive (gonopodes) ou sensoriels (cerques) sur les autres métamères.

Enfin, signalons que sur les pleurites des huit premiers segments abdominaux s'ouvrent les orifices des trachées : les stigmates. Ils sont en fait au maximum au nombre de dix : huit abdominaux et deux thoraciques (méso et métathoraciques).

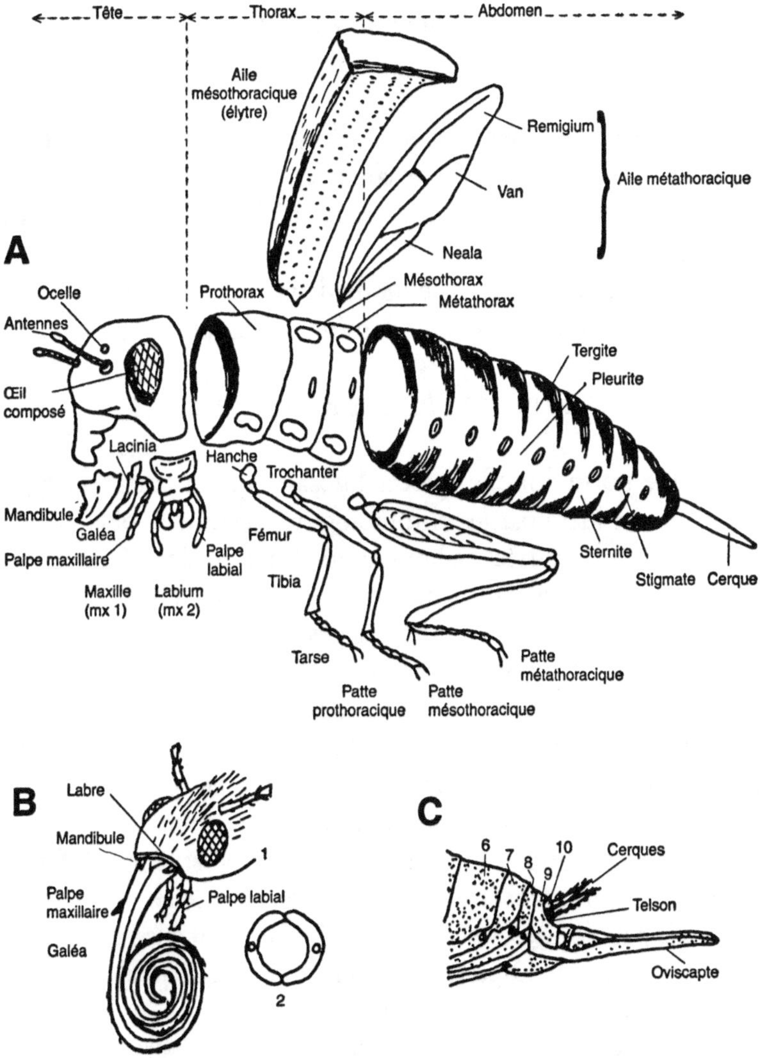

Figure 2. – Morphologie externe de l'insecte

A. Morphologie externe d'un insecte hypothétique à pièces buccales de type broyeur.

B. 1 : Pièces buccales d'un papillon : ce sont les deux galéas des maxilles qui forment la trompe. 2 : Coupe transversale de la trompe, il s'agit du type suceur-maxillaire.

C. Extrémité abdominale d'une sauterelle femelle caractérisée par son ovis-

Morphologie adaptative : quelques variations

À partir de ce schéma général d'organisation externe il faut signaler trois variations intéressant :

– la tête, les pièces buccales et les régimes alimentaires des insectes ;

– le thorax, les pattes et le mode de vie des insectes ;

– l'abdomen, l'extrémité abdominale et la reproduction.

LES PIÈCES BUCCALES ET LE RÉGIME ALIMENTAIRE

La tête porte donc les pièces buccales qui, à partir du type broyeur considéré par les entomologistes comme le plus primitif, se sont diversifiées, adaptées en fonction des régimes alimentaires. Ceux-ci sont très divers : les insectes sont herbivores, carnivores, omnivores ou saprophages.

À l'origine herbivores (phytophages), ils sont actuellement 40 à 50 % à être herbivores. Ils se nourrissent, selon les espèces, des différentes parties du végétal : feuilles (phyllophages : chenilles de Lépidoptères, tenthrèdes, hannetons..., chenilles mineuses à l'intérieur du parenchyme), bois (xylophages : termites, coléoptères capricornes, scolytides...), graines (charançons, bruches...), fruits (larves de nombreuses espèces), pollens et nectar des fleurs (abeilles, papillons), sève (pucerons). Ils mangent aussi des champignons (larves de Diptères) qu'ils sont parfois capables de cultiver (fourmis et termites champignonnistes).

Les carnivores sont soit des prédateurs, soit des parasites hématophages, soit des parasitoïdes.

Les prédateurs sont essentiellement entomophages (15 %) : ils se nourrissent d'autres insectes qu'ils tuent ; ils participent ainsi activement à la limitation des populations d'insectes. La coccinelle mange, par jour, 267 pucerons (d'après Raccaud-Schoeller). Ces entomophages sont donc d'utiles alliés de l'homme et certains sont utilisés en lutte biologique. Ils peuvent aussi s'attaquer à d'autres Invertébrés : les larves de lampyres (vers luisants) mangent des Gastéropodes (escargots).

Les hématophages (ectoparasites) ou suceurs de sang (taons, moustiques, puces...) s'alimentent du sang des Vertébrés à sang chaud (Mammifères, dont l'homme, mais aussi les Oiseaux). Par la salive qu'ils injectent, afin d'éviter la coagulation du sang, ils peuvent être vecteurs de maladies.

Les parasitoïdes sont des parasites qui – contrairement aux parasites vrais – tuent leur hôte. Ils pondent leurs œufs dans d'autres insectes aux différents stades de développement (œufs, larves, nymphe). Ce sont des Hyménoptères ou des Diptères. Eux aussi sont de plus en plus utilisés en lutte biologique (ex. : Trichogramme, Hyménoptère, Chalcidien).

Enfin, on ne peut pas passer sous silence le fait que des insectes s'alimentent aux dépens de produits élaborés par d'autres insectes ou d'individus de la même espèce. Ainsi, la teigne des ruches (*Galleria mellonella*) mange la cire des abeilles ; les fourmis élèvent des pucerons et s'alimentent des miellats qui suintent à l'extrémité de leur abdomen ; les termites échangent de la nourriture (c'est la trophallaxie) ; enfin, la glossine (mouche tsé-tsé) qui est vivipare fournit une alimentation lactée à ses jeunes, les glandes annexes de son appareil génital étant transformées en mamelles.

Des insectes souvent associés à l'homme sont, comme lui, omnivores : ils s'alimentent de végétaux et d'animaux (grillons, blattes...).

Enfin, certains insectes sont saprophages, c'est-à-dire qu'ils s'alimentent de matières organiques en décomposition, qu'elles soient d'origine animale ou végétale. Si ce sont des excréments, on dit qu'ils sont coprophages (bousiers, Coléoptères).

Les pièces buccales doivent donc être adaptées à ces différents régimes alimentaires.

L'appareil buccal broyeur (sauterelles, criquets) correspond à un régime omnivore, carnivore ou herbivore ; il comprend :

– le labre (lèvre supérieure) : ce n'est pas un appendice, c'est une lame sclérotinisée[2] sur sa face externe et qui sert à maintenir et pousser les aliments vers les autres pièces ;

– les mandibules : pièces dures et pointues, dentées et rigides assurant la mastication (broyage) par sa partie interne (région molaire), la partie antérieure (région incisive) servant à couper les aliments ;

– les mâchoires (ou maxilles) sont des appendices biramés typiques comprenant :

• une base à deux articles : cardo et stipes ;

• une rame externe, palpe maxillaire, qui sert à l'animal à sentir et palper les aliments : l'article terminal contient des éléments sensoriels gustatifs ;

• une rame interne double formée de deux lames masticatrices : la lacinia vers l'intérieur et la galéa vers l'extérieur. La lacinia, très fortement sclérotinisée, joue un rôle masticatoire ;

– les maxilles soudées forment le labium (ou lèvre inférieure) comprenant :

• le postmentum (fusion des deux cardos) ;

• le prémentum (fusion des deux stipes) ;

• deux palpes labiaux qui, comme les palpes maxillaires, servent à palper et sentir les aliments ;

• deux paraglosses externes (galéa) ;

• deux glosses internes (lacinia).

L'armature buccale est complétée par deux pièces sclérotinisées, à l'intérieur de la bouche :

– l'épipharynx du côté dorsal (face interne du labre) à rôle sensoriel (?) ;

– l'hypopharynx ou langue, du côté ventral, allongé et renflé, qui ressemble à une langue.

Le canal salivaire débouche à l'arrière et à la base de l'hypopharynx.

Les principales variations des pièces buccales affectent l'orientation générale, la structure et le fonctionnement.

L'orientation

La tête et les pièces buccales peuvent être, par rapport à l'axe longitudinal du corps, orientées de trois façons différentes :

– type hypognathe (criquet, sauterelle) : disposition fréquente chez les espèces herbivores. L'axe de la tête est vertical. Les pièces buccales sont insérées ventralement et donc dirigées vers le substrat ;

– type prognathe (larves et insectes prédateurs, carnivores) : l'axe de la tête est horizontal et de ce fait les pièces buccales sont dirigées vers l'avant ;

– type opisthognathe (punaise) : au repos, les pièces buccales insérées ventralement sont dirigées vers l'arrière.

La structure et le fonctionnement

Ils sont très liés au régime alimentaire et en particulier à la consistance des aliments. Ils témoignent de l'évolution des insectes et de leur aptitude à coloniser tous les biotopes, donc à disposer d'aliments variés.

Certains insectes ne s'alimentant pas à l'état adulte – c'est le cas de quelques papillons (*Bombyx* par exemple) ou de moustiques mâles –, l'appareil buccal s'atrophie[3] plus ou moins.

Enfin, il faut se souvenir que les insectes peuvent, au cours du développement, changer de régime alimentaire et donc d'appareil buccal : c'est le cas de la chenille qui est herbivore, alors que le papillon adulte est suceur.

Il est classique de distinguer cinq types d'appareils buccaux chez les insectes, étant entendu qu'existent de très nombreux cas intermédiaires :

– le type broyeur (criquets, blattes...) considéré comme le plus primitif pour une alimentation solide. La mandibule des herbivores a la partie incisive réduite alors que la région molaire est très importante. Chez les carnivores, c'est la région incisive qui prédomine. Les aliments solides sont donc dilacérés par les pièces buccales, imprégnés de salive et aspirés grâce au jeu des muscles dilatateurs du pharynx ;

– le type lécheur ou broyeur-lécheur est lié à l'utilisation d'aliments liquides (nectar des fleurs) mais avec encore la possibilité de mastiquer des aliments solides. C'est donc un type d'appareil encore primitif avec tous les degrés dans la réduction de la fonction de broyage. Le maximum de spécialisation est observé chez l'abeille domestique : les mâchoires et les palpes labiaux forment une gaine entourant la langue et l'ensemble constitue un tube permettant l'aspiration du nectar floral ;

– le type suceur est lié à une alimentation liquide directement accessible, avec perte de la fonction masticatrice. Des modalités distinctes ont été réalisées chez les papillons et les mouches. Chez les papillons, c'est la trompe qui sert à aspirer le nectar des fleurs grâce à un appareil de pompage. Cette trompe est formée par les deux maxilles développées et accolées ; elle est au repos enroulée en spirale. Ce type d'appareil est dit « suceur-maxillaire » et caractérise les Lépidoptères.

Les mouches ordinaires dites domestiques aspirent les liquides avec une trompe, comme les papillons, mais cette trompe n'est pas homologue ; c'est le labium dans ce cas qui est transformé en trompe molle soutenue par des pièces chitineuses. Le type est dit « suceur-labial » ;

– le type piqueur-suceur dérive du type suceur-labial (la mouche domestique), sans pièces nouvelles, par le durcissement du labium. Celui-ci devient alors perforant. Il permettra à l'insecte d'accéder à une alimentation liquide. Il s'agit d'atteindre les liquides nutritifs d'animaux (sang) ou de végétaux (sève). Le taon, la mouche tsé-tsé ou glossine, le moustique femelle pompent le sang des Vertébrés à sang chaud dont l'homme : on dit que ces insectes sont hématophages. La cigale, les pucerons pompent la sève des végétaux. Les punaises, selon les espèces, sont hématophages ou suceuses de sève. Chez ces insectes de type piqueur-suceur le pharynx réalise une pompe aspirante. La salive, qui est injectée grâce à une « pompe salivaire », a des effets multiples puisqu'elle peut être anesthésique local, venimeuse (parfois mortelle : prédateur tuant sa proie), diastasique (hydrolyse de la cellulose, de l'amidon, etc.), infectieuse. Virus, Protistes, champignons sont transmis par ces insectes vecteurs et sont responsables, chez l'homme, de nombreuses maladies : paludisme, maladie du sommeil, onchocercose, etc. Les végétaux réagissent parfois à leurs piqûres par production de galles (effet cécidogène).

LES PATTES ET LE MODE DE VIE[4]

Tout en gardant une même structure et un même nombre d'articles, les pattes, selon le mode de vie, présentent de profondes modifications.

Elles servent à la locomotion, c'est-à-dire, selon le milieu, à marcher, à sauter en milieu terrestre, et à nager en milieu aquatique.

La marche est celle d'un hexapode. Comment fait-on quand on a six pattes ? Le carabe, qui, parmi les Coléoptères, est un bon coursier, a six pattes identiques. Quand il court, trois pattes sont au sol, pendant que les trois autres sont en l'air. Celles qui sont au sol doivent faire trépied afin que l'animal ne soit pas déséquilibré : il s'agit par exemple des pattes pro et métathoraciques côté droit et de la patte mésothoracique du côté gauche.

Les chenilles de nombreux Lépidoptères ont, en plus des six pattes thoraciques, des excroissances abdominales nommées fausses pattes qui les aident dans leur déplacement. Ces fausses pattes sont des appendices charnus mus par des muscles locomoteurs et rendus turgescents par la pression du sang[5]. La chenille se déplace par reptation ; la contraction des muscles réalise une onde de mouvement, de l'arrière vers l'avant, qui assure l'avancée des fausses pattes.

Chez les chenilles arpenteuses de Géométrides, le mécanisme est modifié afin que les fausses pattes de la partie postérieure de l'animal viennent rejoindre la partie antérieure fixée par les pattes (les vraies). Celles-ci alors se libèrent et l'animal s'étire au maximum : il en résulte donc, à chaque opération, une avancée égale à la longueur de la chenille.

Le saut est assuré de différentes façons chez les insectes. Les sauteurs les plus fréquents, criquets, sauterelles qui nous donnent bien du mal quand nous essayons de les attraper, ont pour ce faire des pattes métathoraciques beaucoup plus longues que les autres. Il en est de même des puces[6]. Par contre, d'autres espèces sautent sans avoir à mettre en jeu leurs pattes. C'est le cas, par exemple, du collembole, du taupin (Coléoptère) et du ver du fromage. Pour ce dernier, des crochets de l'extrémité abdominale viennent se fixer sous la tête ; quand l'accrochage se défait, comme un ressort qui se détend, alors l'animal saute.

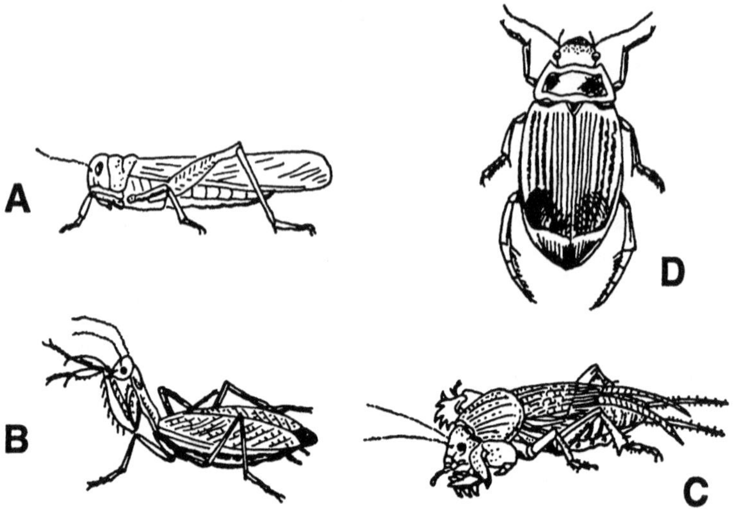

Figure 3. – Adaptation des pattes et mode de vie de quelques insectes

A. Criquet : patte métathoracique développée pour le saut.
B. Mante religieuse : patte prothoracique ravisseuse (tibia et fémur munis d'épines et de dents forment une pince).
C. Courtilière : patte prothoracique transformée en pelle (patte fouisseuse) pour creuser le sol.
D. Dytique : pattes postérieures aplaties et cilées en rame, pour nager.

La nage chez le dytique, le gyrin (Coléoptères), est la brasse, réalisée grâce aux pattes métathoraciques aplaties en rame dont la surface est agrandie par des soies latérales[7].

La notonecte (punaise aquatique) a adopté la nage sur le dos alors que le grand hydrophile et les autres Coléoptères aquatiques de la même famille nagent un « crawl simplifié » en agitant les pattes comme s'ils marchaient sur le sol.

Il existe, de plus, des espèces d'insectes aquatiques capables de se déplacer, non pas dans l'eau, mais sur l'eau : le rêve de beaucoup d'hommes ! Ils réalisent cet exploit par des sécrétions cireuses qui rendent hydrophobes certaines parties de leur corps, d'autres pouvant être hydrophiles. Le gerris patine sur l'eau des lacs, des étangs et des mares grâce à ses pattes méso et métathoraciques largement écartées dont les tarses portent de longues soies hydrophobes. Celles-ci provoquent à la surface de l'eau des dépressions dont l'ombre est visible au fond des mares peu profondes.

Qu'il s'agisse de marcher sur l'eau ou sur le sol, les pattes doivent assurer l'adhérence. Leurs extrémités présentent des griffes, des soies ou des éléments adhésifs qui permettent de véritables exploits à ces insectes capables de marcher sur une vitre à la verticale et même au plafond. La mouche domestique et d'une manière générale beaucoup de Diptères sont tout à fait exemplaires à cet égard.

De l'adhérence à l'accrochage il n'y a qu'un pas ! Il est vite franchi, par les poux des animaux et de l'homme, qui possèdent des griffes tarsiennes très efficaces.

Dans la terre aussi, des insectes se déplacent. Ils creusent des galeries, comme les taupes : c'est le cas des courtilières qui disposent de pattes prothoraciques (antérieures) transformées en véritables pelles. Ces pattes dites fouisseuses se retrouvent chez les bousiers et les larves des cigales.

Les insectes peuvent même s'affranchir du sol pour gagner le milieu aérien. J'ai eu l'occasion d'étudier une de ces espèces dont le cycle est alternativement aérien puis souterrain : il s'agit de la processionnaire du pin[8]. Le papillon sort du sol à l'aide de ses pattes mais surtout parce qu'il possède sur la tête un appareil dont Fabre avait compris le fonctionnement et que j'ai pu observer au microscope électronique à balayage. Il s'agit d'une tête-pelleteuse qui déblaie la terre sur une dizaine de centimètres, afin de permettre la progression du papillon vers l'atmosphère. Ce transfert de la terre à l'air est facilité par le fait que les ailes du papillon ne sont pas encore étalées ; leur extension se fera lorsqu'il sera sorti de terre.

L'absence de pattes n'est pas synonyme d'absence de locomotion. De nombreuses larves de mouches (asticots), d'insectes sociaux (termites, abeilles...), d'insectes xylophages qui creusent des galeries dans le bois dont elles se nourrissent (ce que veut dire xylophage), se déplacent par ondulation du corps, comme les chenilles dont nous avons parlé précédemment.

Enfin, les pattes, lorsqu'elles existent, ne servent pas seulement à la locomotion. Elles interviennent aussi dans la nutrition de l'insecte, sa reproduction, son nettoyage, etc.

Ainsi les pattes antérieures (prothoraciques) de la mante religieuse ou de la nèpe (aquatique), pattes ravisseuses, leur permettent de capturer des proies. Les pattes postérieures de l'abeille domestique et du bourdon sont des pattes collectrices, présentant des corbeilles pour la récolte des pollens.

Les pattes antérieures (prothoraciques) du dytique mâle possèdent des articles du tarse dilatés et garnis de disques adhésifs, sortes de ventouses qui servent à maintenir la femelle lors de l'accouplement.

Les mouches, coquettes, nettoient leurs antennes riches en appareils sensoriels en les frottant entre leurs pattes antérieures.

Les pattes de l'insecte ne servent donc pas seulement à la locomotion et nous verrons au chapitre 3 que, grâce aux appareils sensoriels qu'elles portent, elles participent à la vie de relation avec l'environnement[9].

L'EXTRÉMITÉ ABDOMINALE

Elle est très ornementée chez les insectes, par l'existence d'appendices non liés à la reproduction ou liés à celle-ci.

Les appendices non liés à la reproduction sont les cerques du onzième et dernier segment abdominal. Ils sont très variables en forme :

– filiformes et multiarticulés chez les thysanoures, les perles, les éphémères ;

– pinces chez les forficules ;

– simples.

Les appendices liés à la reproduction sont les génitalia, ou gonopodes. Ils participent à la ponte ou à l'accouplement.

Les gonopodes femelles sont portés par les huitième et neuvième métamères abdominaux ; ils entourent l'orifice femelle (situé entre le huitième et le neuvième métamère) et constituent l'oviscapte ou organe de ponte. Il est formé de trois paires de valves :

– une paire de valves ventrales ou antérieures (dépend du huitième métamère) ;

– une paire de valves dorsales ou latérales
– une paire de valves internes ou postérieures
} dépendent du neuvième métamère

Cet oviscapte est plus ou moins long selon les espèces, le mode et le lieu de ponte : par exemple dans du bois (et dans des insectes vivant dans le bois).

Il est transformé en aiguillon venimeux chez les Hyménoptères (abeilles, guêpes, fourmis) et ne participe pas à la fonction de reproduction. Cet aiguillon est normalement rentré. Des muscles, lors de la piqûre, l'expulsent ainsi que les glandes venimeuses.

Les gonopodes disparaissent chez beaucoup d'espèces évoluées (Lépidoptères, Coléoptères ou Diptères). L'oviscapte est alors constitué par le dernier segment abdominal. Celui-ci est tubulaire et s'étire au moment de la ponte. Au repos, il est télescopé dans les métamères antérieurs (ex. : mouche, tenebrion...).

Les gonopodes mâles dépendent du neuvième segment abdominal. L'orifice mâle est situé entre les neuvième et dixième segments abdominaux, en relation avec une chambre génitale dans laquelle se trouve rétracté l'organe copulateur ou phallus. Il est formé à partir de la membrane articulaire qui relie les neuvième et dixième segments. Il constitue un organe impair d'accouplement protractile qui peut être renforcé par des aires chitinisées du tégument (les sclérites). Il peut lui être annexé des pièces (les styles) qui servent lors de l'accouplement à retenir la femelle.

Ces génitalia du mâle diffèrent d'une espèce à l'autre ; ils sont spécifiques et servent donc pour la détermination des insectes.

Changement de forme

Dans une même espèce, des changements de forme existent indépendamment de ceux déjà évoqués et qui sont liés au cycle de développement normal de l'espèce. Chenille, nymphe, papillon sont les trois formes successives, lors du développement post-embryonnaire d'un insecte holométabole. Là, nous voulons évoquer les différences qui existent chez l'adulte et qui sont liées à la reproduction (dimorphisme sexuel), à l'effet de groupe, à la vie sociale ou à des facteurs environnementaux.

DIMORPHISME ET POLYMORPHISME SEXUELS

Comme indiqué précédemment l'extrémité abdominale différencie les organes sexuels mâles et femelles des insectes : organes copulateurs du mâle et organes de ponte des femelles. Chez ces dernières, l'ovipositeur peut avoir l'aspect d'une tarière longue et grêle, c'est le cas du grillon, ou bien l'aspect d'une tarière en lame courte et aplatie chez de nombreux Orthoptères baptisés Ensifères (ce qui signifie : en forme d'épée). Chez de nombreux Hyménoptères femelles qui pondent leurs œufs dans d'autres insectes, dont les larves qui sont dans le bois, existent des tarières très longues et très grêles.

Pour d'autres insectes ces différences s'amenuisent, voire disparaissent quand organes copulateurs ou organes de ponte sont rétractés dans l'atrium génital. Il est bien difficile alors de faire la différence entre mâle et femelle à l'aide de ces caractères sexuels primaires.

Heureusement pour les entomologistes, des caractères sexuels secondaires viennent à leur secours dans la détermination du sexe des insectes. Ces caractères sont soit très spectaculaires, soit beaucoup plus discrets. S'il est facile de distinguer un lucane mâle avec ses énormes mandibules d'un lucane femelle, un ver luisant femelle (Lampyre) sans aile et lumineux (la nuit) d'un mâle avec des ailes et sans organe lumineux, le travail se complique lors de l'observation des papillons. Et pourtant, les différences existent : elles portent sur les antennes du mâle souvent plus développées (elles servent à repérer la femelle), des taches sur les ailes (le papillon de la piéride du chou femelle présente quatre taches noires qui n'existent pas chez le mâle). Les entomologistes ont recensé ces différences parfois infimes qui portent sur la taille – d'une manière générale les mâles sont plus petits –, la couleur du corps, la forme particulière des antennes, des yeux, des pattes... Rappelons cette particularité des mâles de dytique qui possèdent des pattes antérieures munies de ventouses afin de tenir la femelle pendant l'accouplement.

Mais là où les entomologistes ont le plus de difficultés, c'est lorsque existent dans la même espèce plusieurs formes de mâles pour une seule forme de femelle et inversement plusieurs types de femelles pour un seul mâle. Ces polymorphismes sexuels ont été observés chez les forficules, où plusieurs types de mâles sont identifiables par leurs pièces caudales (en forme de pince) différentes, et chez des papillons femelles aux ailes colorées différemment : trois types de femelles pour un mâle (genres *Papillo* et *Colias*).

POLYMORPHISME ET GROUPEMENT

Des individus de la même espèce – indépendamment de leur sexe – peuvent présenter des formes différentes selon la densité de leur groupement.

Deux exemples sont bien connus : celui des criquets qui existent sous forme solitaire ou grégaire, celui des Aphides, c'est-à-dire des pucerons, qui sont aptères (sans ailes) ou ailés.

Les criquets

J'ai déjà eu l'occasion de vous dire qu'ils constituaient la huitième plaie de l'Égypte à l'état grégaire, car migrateurs.

Les deux espèces les plus caractéristiques sont :
– le criquet migrateur *Locusta migratoria migratoroïdes* ;
– le criquet pèlerin *Schistocerca gregaria.*

Ces criquets existent sous deux états, tellement différents qu'on les avait pris pour des espèces différentes : ainsi *Locusta migratoria* s'appelait aussi *L. danica.*

Les différences sont de plusieurs ordres :

Différences	*Forme solitaire*	*Forme grégaire*
Morphologiques :		
Différence sexuelle	Très marquée	Moins marquée
Couleur	Homochrome	Non homochrome
Éthologiques :		
– Déplacement	Peu important	Migrations (grande distance)
– Alimentation	Peu importante	Boulimique
– Reproduction	Grande fécondité	Fécondité réduite
Physiologiques :		
– Métabolisme	Sensibilité au lindane faible	Sensibilité au lindane forte
– Synthèse	Octopamine abondante	Octopamine peu abondante

Groupement et isolement permettent de passer d'une phase à l'autre. Ces changements s'effectuent dans la nature dans certaines conditions environnementales (température, humidité). C'est ainsi que, pour le criquet pèlerin, la pluie crée des conditions favorables à la prolifération. Quand ils deviennent plus de 500 individus à l'hectare, ils subissent l'« effet de groupe », un véritable stress dû à leur vue, leur contact (tactile), leur odeur, etc., qui modifie complètement leur équilibre hormonal, leur couleur, leur comportement. Les caractères solitaires deviennent des caractères grégaires qui sont transmis à leur descendance ; ils disparaissent totalement en deux ou trois générations.

Ces migrateurs vont alors livrer la guerre à l'homme ; ils forment de grands essaims de plusieurs millions d'individus dévastant le cinquième de la planète (1 essaim moyen = 100 millions d'insectes)[10].

En fait, les migrations du criquet pèlerin témoignent d'une stratégie opportuniste : selon les saisons, il migre. Il va vers le Sahel avec les pluies printanières, puis, quand la végétation disparaît, il revient vers l'Afrique du Nord. Pour Michel Launois[11], la dernière invasion généralisée était évitable si l'on n'avait pas interdit l'utilisation de la dieldrine. C'est en effet un insecticide rémanent (trente à quarante-cinq jours) – d'où son interdiction –, très efficace sur les populations de criquets et sur leurs jeunes larves.

Cette espèce ne pullule que tous les trente ou quarante ans. En effet, lorsque la sécheresse se fait sentir, l'alimentation manquant, les troupes se dispersent, meurent en grande quantité (de nombreux parasites, des maladies affaiblissent les troupes). Les survivants redeviennent des solitaires, et le restent de nombreuses années… jusqu'au retour des conditions favorables (pluies, température…).

En fait, les phases grégaire ou solitaire sont les phases extrêmes d'une série continue d'individus intermédiaires ou transiens.

Transiens congregans

Phase solitaria ↗↖ ↘↙ Phase gregaria

Transiens dissocians

Ce changement d'état fut découvert et décrit par Boris Ouvaroy[12], entomologiste anglais d'origine russe, qui fut, pour cette découverte, anobli par « Sa Gracieuse Majesté », en 1928. Ce changement, lié à des facteurs externes, est en fait dépendant de facteurs internes, endocriniens et en particulier de l'activité des corps allates.

Plusieurs espèces de criquets changent ainsi de phase et tous sont extrêmement destructeurs des cultures et des pâturages (Sahel). Le plus régulier de ces dévastateurs serait le criquet puant.

Il est bien difficile de lutter contre eux, en particulier lorsqu'ils sont en essaim. Il faudrait alors utiliser des insecticides très violents et donc dangereux pour les autres animaux (dont les oiseaux). La lutte biologique, en particulier par la bactospéine (extrait de *Bacillus thuringiensis*), est inefficace (le bacille est détruit dans le tube digestif). Les Américains pulvérisent un protiste (genre *Nosema*) qui parasite habituellement les criquets. On étudie aussi actuellement les effets des toxines de champignons.

Quant aux insecticides chimiques, les pyréthrinoïdes sont les plus efficaces, ainsi que le Dimilin (diflubenzuron) qui perturbe la mue (chez les larves).

Nos méthodes de lutte sont bien souvent inadaptées, mais heureusement les conditions météorologiques viennent régulièrement à notre secours !

Les pucerons (ou Aphides) (ordre des Homoptères)[13]

Ce sont aussi des espèces nuisibles aux cultures et qui présentent, selon les saisons et leur nombre, des différences de forme et de physiologie en particulier quant à leur reproduction (parthénogenèse alternant avec reproduction sexuée) :

– en automne, les Aphides sexués ou ovipares – les mâles ailés, les femelles aptères – réalisent une reproduction sexuée. Les femelles pondent un à huit œufs d'hiver. Les œufs sont diapausiques (en arrêt de développement) jusqu'au printemps ;

– au printemps, des œufs d'hiver sortent des pucerons. Ce sont des femelles aptères, parthénogénétiques et vivipares. Elles accouchent de pucerons tous femelles et parthénogénétiques : on les appelle les virgines. Selon leur densité, parmi les virgines aptères, apparaissent des virgines ailées : elles sont migrantes. Elles viennent coloniser d'autres végétaux, assurant ainsi la pullulation de l'espèce et sa propagation.

Chez les pucerons on a pu dissocier les facteurs responsables de ces différences de formes et de physiologies.

Si l'on maintient la mère en photopériode[14] courte (durée

d'éclairement de huit heures) et à température modérée, elle produira des descendantes ovipares. En éclairement long et température élevée, elle donnera naissance à des femelles parthénogénétiques.

Ce sont donc les conditions climatiques qui influencent le mode de reproduction.

Par contre, la production des individus ailés est à conditionnement social : ce sont les stimuli tactiles entre individus qui déterminent la production de formes aptères ou ailées. Cette production est d'ailleurs différente selon que les mères étaient elles-mêmes maintenues isolées ou groupées.

Conclusion

Pour Albrech (1977), qu'il s'agisse des phases du criquet ou du polymorphisme des pucerons, il est important de retenir que les facteurs de l'environnement (abiotiques ou biotiques) opèrent à l'échelon de la mère et retentissent sur la descendance. Il s'agit donc d'un phénomène à manifestation différée. Pour cet auteur, « le polymorphisme phénotypique, essentiellement non génétique, permet aux Aphides et aux Acridiens de résister aux rigueurs du climat dont l'action, sévère à court terme, ne risque guère de retentir sur l'évolution génétique de la population. L'animal se modifie en même temps que le milieu dans lequel il vit, alors que les modifications d'ordre génétique sont différées. Le polymorphisme phénotypique représente donc une alternative au polymorphisme génétique dont le mécanisme est rigide et, dans une certaine mesure, aveugle ».

Il faut de plus se rappeler que le groupement, phénomène biologique, a, chez les insectes, des effets sur la croissance, la mue et l'alimentation. Ainsi, chez la blatte (*Blatella germanica*)[15], on constate que la croissance se fait mieux en groupe qu'isolément. L'effet se transmet par les antennes : si on les ampute, la croissance est identique à celle des blattes isolées. De plus, on a montré qu'agissait un facteur nutritionnel. L'addition de déjections pulvérisées à l'alimentation des blattes isolées accélère la vitesse de croissance. À des concentrations trop fortes, elle l'inhibe.

Chez les chenilles de Lépidoptères grégaires (ex. : *Attacidae*, d'après Lemaire), en particulier dans le jeune âge, tous les animaux font leur mue en même temps : ils cessent de s'alimenter, s'immobilisent et muent tous ensemble.

Enfin, chez les chenilles de processionnaires du pin, groupe social fruste (groupement sans organisation), la prise de nourriture se fait en commun. Elles cessent de s'alimenter si elles sont isolées ou en nombre trop petit (10 individus) (des contacts tactiles « rechargent » la colonie) (Demolin).

POLYMORPHISME ET SOCIÉTÉ

Le phénomène social existe à la fois dans un ordre primitif, celui des Isoptères (ou termites) où l'on ne connaît pas d'espèce solitaire, et dans un ordre plus évolué, les Hyménoptères où l'on connaît, selon les familles, des espèces solitaires, sociales ou les deux : les fourmis sont toutes sociales ; les guêpes, les abeilles sont soit solitaires, soit sociales, avec des degrés divers dans l'organisation sociale.

Des phénomènes sociaux plus ou moins marqués existent dans d'autres ordres : Coléoptères, Orthoptères. C'est dire que le phénomène social est apparu dans des ordres variés, indépendamment de l'évolution générale de l'ensemble du monde des insectes.

Enfin, chez les Lépidoptères, comme indiqué précédemment, des groupements existent chez les chenilles : cas de la chenille processionnaire du pin. Elles construisent un nid commun (bourse de soie), s'alimentent, processionnant de concert… sans qu'une organisation sociale ne se manifeste.

Chez les insectes sociaux, les vrais, les plus anciens, type termites, l'organisation sociale avec partage des tâches et des fonctions (comportements différents) s'accompagne d'une morphologie, voire d'une physiologie différente. On parle des castes des termites où le polymorphisme est spectaculaire[16].

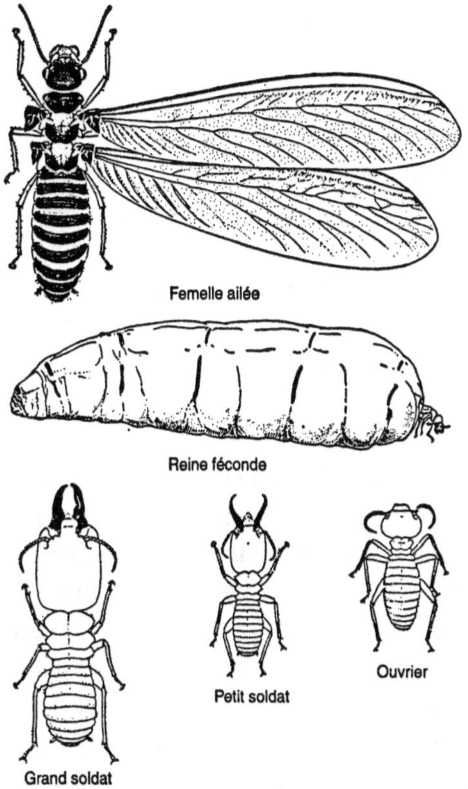

Figure 4. – Les différentes castes d'un grand termite africain

(D'après P.P. Grassé.)

La termitière peut contenir plusieurs millions d'individus provenant du couple fondateur : mâle et femelle, roi et reine, associés pour la vie[17].

De l'œuf pondu par la reine éclôt un jeune termite identique à l'adulte mais dépourvu d'ailes et d'yeux. Cette larve a trois destinées possibles :

– faire des mues, grandir et devenir un adulte ailé, sexué qui s'envolera pour assurer la reproduction et la formation d'une nouvelle termitière ;

– devenir un soldat avec des mandibules robustes fonctionnant comme des cisailles ;

– évoluer en ouvrier, c'est-à-dire grandir, sans acquérir les ailes, les yeux et la possibilité de se reproduire.

Ces deux dernières castes sont dites « neutres » car elles ne participent pas à la reproduction. Les soldats assurent la défense (physique et même chimique) de la termitière et des ouvriers allant chercher la nourriture. Ils ne sont plus capables – du fait de leurs grandes mandibules – de se nourrir et dépendent des ouvriers pour leur alimentation.

Les ouvriers assurent l'alimentation (liquide) par salive et éléments de bois prédigérés, de la reine, du roi, des soldats et des jeunes larves jusqu'à ce que celles-ci aient des mandibules fonctionnelles. Ils s'occupent aussi des œufs pondus, puis des jeunes larves.

Il existe dans la termitière un équilibre entre ces différentes castes, et la cohésion du groupe est liée comme nous le verrons ultérieurement aux odeurs (phéromones) échangées. Celles-ci agissent via des récepteurs sur le cerveau et les glandes endocrines qui y sont liées[18]. Ainsi phéromones et hormones conditionnent le développement des termites et de leurs castes.

Ces insectes sociaux très anciens (les termites existent, comme les blattes, depuis près de 250 millions d'années) causent des dégâts considérables dans les pays chauds (Afrique), où ils s'attaquent aux plantations (canne à sucre, manioc, coton, etc.) ainsi qu'aux arbres sur pied (de reboisement), mais aussi dans nos régions où ils colonisent nos habitations (charpentes) à condition qu'ils disposent d'eau. L'espèce *Reticulotermes santonensis* (de Saintonge) progresse depuis les Charentes sur toute la façade atlantique, endommageant les constructions humaines lorsque celles-ci présentent une certaine humidité.

L'ÉCOMORPHOSE: L'EXEMPLE DES COLLEMBOLES

Les collemboles sont des insectes amétaboles, sans métamorphose au cours de leur développement entrecoupé de mues. Et pourtant, Cassagnau, en 1955, crée pour ces espèces le terme d'écomorphose. Il s'agit d'individus qui apparaissent, dans des conditions écologiques particulières, très différents, quant à leur morphologie, des individus normaux. Les différences sont telles que certains auteurs les ont baptisés différemment.

Ces changements de forme s'observent chez des individus s'enfonçant dans le sol lors d'une période de sécheresse et d'augmentation de la température. Ils affectent les pièces buccales qui régressent, les productions tégumentaires (téguments épaissis, soies) et les appendices (pattes, appareil saltatoire : *furca*) qui sont modifiés.

À ces changements externes, pas toujours évidents, s'ajoutent de profondes modifications internes qui traduisent un ralentissement du métabolisme de l'animal (il est en arrêt de développement : estivation) : tube digestif régressé (mésentéron dégénéré), tissu adipeux hypertrophié (riche en réserves : protides, lipides, mais aussi en urates). Pendant l'écomorphose l'animal, qui a migré en profondeur, s'immobilise et ne s'alimente plus. Mais il continue à faire des mues. C'est-à-dire que son complexe endocrinien (et en particulier la glande de mue) fonctionne comme nous le verrons ultérieurement.

Le tissu adipeux (métabolique) a un rôle adaptatif dans l'intermue et dans la sortie de l'écomorphose (réponse à l'augmentation de température et à la diminution d'humidité).

Organisation interne de l'insecte

Elle n'est accessible que par la dissection, et les méthodes de la physiologie ont permis de comprendre le fonctionnement des différents appareils constitutifs de l'insecte.

Comme pour la morphologie, je voudrais, à partir de l'organisation interne générale – difficile à établir de manière simple sans être simpliste –, montrer les multiples adaptations de l'insecte qui se traduisent par des modifications de l'anatomie et de la physiologie de quelques appareils particuliers.

Je me limiterai ici à trois exemples[19] :

– l'appareil digestif et les régimes alimentaires, ce qui complétera utilement ce que nous avons vu précédemment en ce qui concerne les pièces buccales, éléments indispensables dans la prise de nourriture. C'est le plus souvent par ce qu'il mange que l'insecte est en compétition avec l'homme ;

– l'appareil respiratoire et le mode de vie : munis de trachées, comme les myriapodes (les mille-pattes), les insectes sont des Trachéates ; l'air atmosphérique vient s'échanger directement au niveau des tissus ; essentiellement aériens les insectes doivent s'adapter pour vivre dans le milieu aquatique ;

– l'appareil excréteur et les modes de vie, terrestre ou aquatique ; l'excrétion s'accompagne d'une indispensable économie d'eau chez les formes terrestres – les plus nombreuses – des insectes. Nous verrons comment l'appareil excréteur y participe.

Là encore, si je devais simplifier à l'extrême, je dirais que l'insecte comprend essentiellement les appareils suivants :

– un appareil digestif lui permet d'assimiler des aliments extrêmement variés ;

– un appareil respiratoire performant, fait de trachées, amène l'oxygène aux tissus afin qu'ils brûlent les sucres assimilés ;

– un appareil excréteur assure le rejet des déchets du métabolisme tout en économisant l'eau ;

– un appareil circulatoire fait circuler le sang qui véhicule les produits du métabolisme ;

– un appareil reproducteur incorpore certains produits du métabolisme afin de réaliser des œufs et donc d'assurer la pérennité de l'espèce ;

– enfin un appareil neuroendocrine, en liaison avec de nombreux appareils sensoriels, permet que les différentes fonctions soient coordonnées et aboutissent à un développement de l'individu et à la reproduction de l'espèce, en harmonie avec les conditions de l'environnement.

Organisation interne générale

L'insecte est constitué d'un certain nombre d'appareils dont les caractéristiques communes seront résumées ici étant entendu que nous aurons, par la suite, l'occasion d'approfondir certaines de ces notions.

Des muscles complètent cette organisation interne. Ils n'ont rien d'extraordinaire par rapport aux muscles des Vertébrés[20], mais pourtant ils participent aux exploits des insectes quant à leur force (poids soulevés et transportés), leur locomotion (saut de puce, battement des ailes, vol sur de grandes distances...). Ils contribuent aussi au fonctionnement des autres appareils par exemple pour la circulation du sang, la respiration, la reproduction (accouchement), etc.

L'APPAREIL DIGESTIF

Il comprend, comme chez tous les Arthropodes, fondamentalement trois parties :

– l'intestin antérieur ou *stomodeum* : il s'ouvre au niveau de la bouche entre les pièces buccales ; il est formé de l'œsophage, du jabot et du gésier. Les glandes salivaires lui sont annexées ;

– l'intestin moyen ou mésentéron : c'est à son niveau que débouchent les tubes de Malpighi, éléments constitutifs de l'appareil excréteur ;

– l'intestin postérieur ou *proctodeum* : il s'enfle en un rectum qui s'ouvre à l'extérieur au niveau de l'anus.

L'intestin antérieur et l'intestin postérieur, d'origine ectodermique, possèdent un revêtement (intima) cuticulaire, et assurent des fonctions mécaniques.

L'intestin moyen, d'origine endodermique, fabrique les enzymes digestives qui réalisent la digestion des aliments.

L'APPAREIL EXCRÉTEUR

Il comprend généralement deux types de reins :
– des reins d'élimination,
– des reins d'accumulation.

Les reins d'élimination sont les tubes de Malpighi. Ce sont des formations tubulaires qui débouchent dans la partie terminale de l'intestin moyen (à la limite avec l'intestin postérieur). Ces tubes baignent dans le sang (hémolymphe) d'où ils extraient des déchets azotés. Ceux-ci seront alors éliminés sous forme d'acide urique, d'urée, d'oxalate de calcium, parfois d'ammoniac.

Les reins d'accumulation sont des ensembles cellulaires qui concentrent des déchets, voire des substances toxiques (type insecticide) sans les évacuer. Ils ont des localisations variées dans l'insecte : cellules péricardiales (près du cœur), cellules à urates à l'intérieur du tissu adipeux, de l'intestin moyen, du tégument (hypoderme).

Les néphrocytes – cellules de grande taille dispersées dans l'organisme – absorbent et dégradent les éléments protéiques qui, rejetés dans l'hémolymphe, seront éliminés par les tubes de Malpighi. Ce ne sont donc pas de vrais reins d'accumulation.

L'APPAREIL CIRCULATOIRE

Il est extrêmement simple et comprend :
– un vaisseau dorsal ou cœur formé de chambres cardiaques qui communiquent entre elles par un système de valvules qui s'opposent au reflux du sang. Ces chambres communiquent aussi avec la cavité (sinus) péricardique par une paire d'ostioles munis de valvules. Le cœur, contractile, est suspendu dans le sinus péricardique par des muscles (aliformes) et des ligaments. Les muscles fixés sur les tergites dorsaux et le diaphragme dorsal assurent par

contraction la dilatation (diastole) du cœur, par relâchement la contraction du cœur et chasse (systole) du sang. Celui-ci circule donc dans le cœur, de l'arrière vers l'avant ;

– une aorte qui fait suite au cœur se prolonge vers la tête et s'ouvre entre le cerveau et le tube digestif. Le sang, après avoir circulé de l'arrière vers l'avant dans le cœur, tombe dans les lacunes ventrales, passe par le sinus périneural et revient au sinus péricardiaque pour réintégrer le cœur. Il s'agit d'un appareil circulatoire non clos par comparaison à celui de l'homme qui est clos (le sang circule toujours dans des vaisseaux). Le sang de l'insecte ou hémolymphe comprend, comme le sang de l'homme, un plasma liquide et des cellules (hémocytes). Le plasma est riche en eau. C'est une réserve importante d'eau qui a joué un rôle capital dans l'adaptation de ces espèces à la vie en région désertique. Il contient des éléments inorganiques, dont les ions (Na^+, Cl^-), et organiques : sucres (le tréhalose, sucre particulier du métabolisme des insectes), protéines et acides aminés, lipides. Ces derniers sont souvent liés aux protéines (lipoprotéines) comme le sont également les pigments qui colorent l'hémolymphe. Celle-ci est jaune, verte... mais il s'agit là de pigments d'origine alimentaire (ex. : caroténoïdes...) sans rôle respiratoire[21] ;

– les hémocytes qui sont des cellules nucléées d'origine mésodermique, fabriquées par des organes hématopoïétiques à localisation variable (souvent le long du vaisseau dorsal). Ils dérivent de cellules souches (prohémocytes) qui deviennent des plasmocytes doués du pouvoir de phagocyter des éléments étrangers – ce sont des défenseurs de l'organisme – ou des granulocytes qui interviendraient dans le métabolisme intermédiaire.

D'autres types cellulaires existent. Leur filiation est, comme leurs fonctions, parfois indéterminée.

L'hémolymphe constitue le milieu intérieur de l'insecte, au sens où l'entendait Claude Bernard. Baignant tous les tissus et organes, l'hémolymphe leur apporte les hormones (circulantes) et les produits de la digestion, métabolites (acides aminés, protéines) ou énergétiques (lipides, sucres), soit directement, soit après transformation au niveau du « foie de l'insecte », c'est-à-dire le tissu adipeux. Les sucres y sont transformés en tréhalose, les acides aminés en protéines. La vitellogénine, protéine femelle, est également synthétisée au niveau du tissu adipeux. Elle est ensuite incorporée dans l'ovaire pour fabriquer le vitellus de l'œuf. Cette protéine est absente du sang des mâles. Cela n'empêche pourtant pas ceux-ci, si un ovaire leur est greffé, de développer des œufs : l'ovaire fera du vitellus avec d'autres protéines. J'ai démontré ce phénomène chez plusieurs espèces de Lépidoptères[22].

En plus de ce rôle trophique, le sang de l'insecte joue, grâce aux cellules qu'il contient, un rôle dans la défense, voire même de défense immunitaire. Le processus habituel de défense des insectes est l'enkystement (ou encapsulation) de l'élément étranger par les cellules sanguines ; celles-ci forment autour de lui un pseudo-tissu (ou granulome) : c'est le cas lorsqu'il s'agit d'éléments de grosse taille (champignons entomopathogènes, larves de parasitoïdes…). Les éléments de petite taille peuvent être phagocytés par les cellules sanguines (plasmocytes). Mais, en plus de ces phénomènes presque mécaniques, une défense immunitaire, chimique, a été démontrée. Qu'il s'agisse de bactéries qui infectent l'insecte ou que celui-ci soit blessé (blessure tégumentaire par exemple), alors apparaissent, dans le sang circulant, des peptides antibactériens[23]. Mais, contrairement aux Mammifères, ce processus n'a pas de mémoire et devra être à nouveau induit pour se manifester. De plus, étant donné leur appareil circulatoire non clos, l'hémorragie est un risque grave chez l'insecte. Aussi, les cellules dites coagulocytes évitent parfois, selon les espèces, l'hémorragie par coagulation au niveau de la blessure. Beaucoup d'espèces sont dépourvues de ces cellules et meurent d'hémorragies.

Enfin, le sang, par sa pression, joue un rôle lors de la mue (exuviation : rupture de la vieille cuticule), lors de l'extension des ailes (ou des appendices), lors de l'extrusion des glandes odoriférantes…

L'APPAREIL RESPIRATOIRE

La respiration des insectes est assurée par des trachées caractéristiques de cette classe et qui constituent un système très perfectionné.

Les trachées s'ouvrent à l'extérieur par des orifices : les stigmates. J'ai déjà indiqué qu'il y en avait généralement dix paires : deux thoraciques (mésothoracique et métathoracique) et huit abdominales (Abd_1 à Abd_8).

Ces orifices sont en relation avec des troncs trachéens longitudinaux latéraux (TLL) et longitudinaux dorsaux (TLD) reliés entre eux par de courts troncs trachéens latéraux.

Une trachée est une invagination ectodermique et il n'est pas étonnant qu'elle ait la structure du tégument : hypoderme (simple) et cuticule interne (formée d'une endocuticule et d'une épicuticule). Cette dernière forme des anneaux, spires, etc., assurant un rôle fondamental d'ouverture de ces trachées. À leur extrémité les trachées devenues trachéoles très fines, au contact des tissus, organes, n'ont plus de cuticule et forment un voile où s'effectuent les échanges respiratoires.

Les stigmates ne sont pas toujours grands ouverts vers l'extérieur : ils peuvent posséder des dispositifs de fermeture qui jouent un rôle dans les échanges gazeux (dont l'humidité atmosphérique) ; ils s'opposent de plus à l'entrée de l'eau ou de particules solides.

L'air entre (inspiration) passivement lorsque les muscles qui unissent et relient les segments abdominaux, les plaques cuticulaires (tergites et sternites ou pleurites), se relâchent, augmentant au maximum le volume abdominal. Par contre le rejet d'air (expiration) est actif ; il provient de la contraction des mêmes muscles, contraction qui entraîne la diminution du volume viscéral.

Le sang, comme indiqué précédemment, n'a pas de fonction respiratoire car il est dépourvu de pigments respiratoires : il joue le même rôle que l'eau pour la solubilité de l'oxygène ou du gaz carbonique.

L'APPAREIL REPRODUCTEUR

Il est assez uniforme chez les insectes.

Chez le mâle, l'appareil reproducteur comprend deux testicules formés de nombreux tubes séminifères, deux canaux déférents renflés en vésicules séminales, des glandes accessoires (variables selon les espèces), un canal éjaculateur en relation avec le pénis. Ce dernier est formé de pièces chitinisées télescopées et capables de se dévaginer.

Chez la femelle, l'appareil reproducteur – construit sur le même modèle que celui du mâle – est formé de deux ovaires constitués de nombreux ovarioles (variables selon les espèces) où s'édifient les œufs, deux oviductes, un vagin où débouchent des glandes accessoires, la spermathèque (ou réceptacle séminal). De plus, chez beaucoup d'insectes, le vagin est en relation non seulement avec le réceptacle séminal mais en plus avec une poche copulatrice qui sert à l'accouplement.

LE SYSTÈME NERVEUX ET NEUROENDOCRINIEN

Le système nerveux de l'insecte est typiquement annélidien, entendez par là que, comme chez les Annélides (vers annelés formés de métamères), il est constitué d'une paire de ganglions nerveux par métamère ; par suite des regroupements des métamères en tagme (ou partie ; ex. : la tête), il y aura fusion de ganglions.

Ainsi le système nerveux de l'insecte comprend dans la tête :

– le cerveau (ou ganglions cérébroïdes) dorsal, au-dessus de l'œsophage, correspond à la fusion de trois paires de ganglions :

• protocérébron en relation avec les yeux, dont la partie médiane est appelée *pars intercerebralis* (PI) ;

• deutocérébron en relation avec les antennes ;

• tritocérébron en relation avec le labre.

Ce cerveau est réuni par un collier périœsophagien (c'est-à-dire qui fait le tour de l'œsophage) au ganglion sous-œsophagien ;

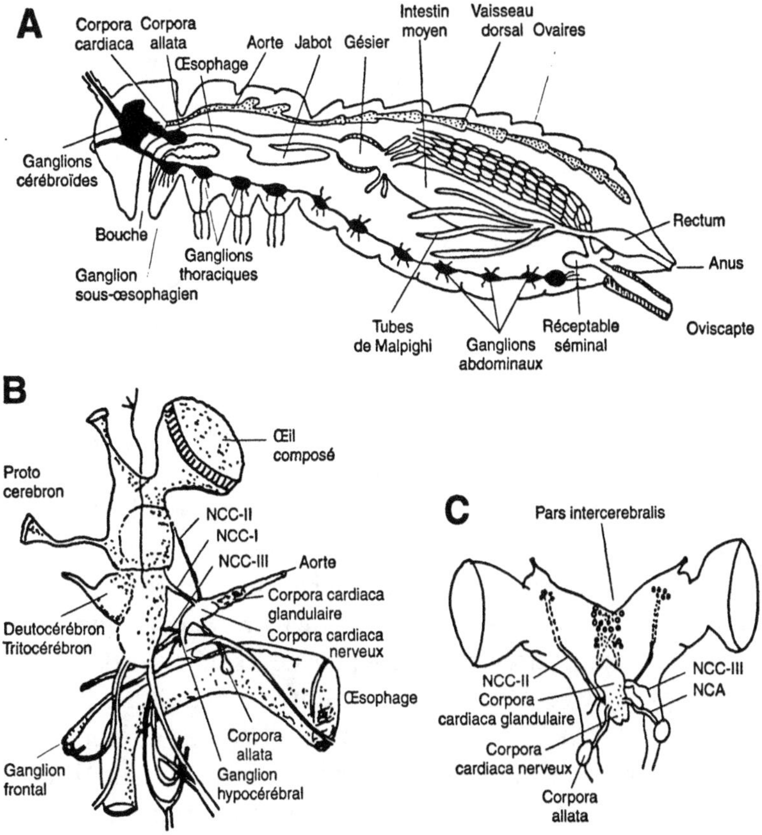

Figure 5. – Organisation interne d'un insecte

A. Appareils circulatoire, génital, digestif, excréteur et nerveux d'un insecte hypothétique.
B. Détails du complexe neuroendocrinien du criquet :
– à gauche : en vue latérale (d'après Albrecht, 1977) ;
– à droite : en vue postérieure (d'après Raabe, 1966, modifié par A. Girardie).

– le ganglion sous-œsophagien formé (comme le cerveau) par la fusion de trois paires de ganglions :

- une paire en liaison avec les mandibules ;
- une paire en liaison avec les maxilles mx_1 ;
- une paire en liaison avec les maxilles mx_2.

Dans le thorax se trouvent trois paires de ganglions thoraciques volumineux – une paire par métamère – en relation avec les appareils locomoteurs : pattes et ailes.

Enfin, dans l'abdomen existe une chaîne simple (la paire de ganglions par métamère est fusionnée) de ganglions abdominaux. Le dernier est le ganglion génital ; il est plus volumineux que ceux qui le précèdent par coalescence des ganglions des métamères 8 à 11 ; il innerve les gonopodes, les cerques, etc.

Ainsi, le système nerveux de l'insecte est fait de « cerveaux » successifs : deux dans la tête, trois dans le thorax et un dans l'abdomen. Les deux premiers sont en relation avec les organes sensoriels céphaliques de l'insecte pour la vision (yeux), l'olfaction (antennes, palpes) et le goût (sur les pièces buccales). Les thoraciques sont chargés de la locomotion (marche et vol) alors que l'abdominal est lié à la reproduction (accouplement, ponte…)[24].

Dans ces ganglions, on a mis en évidence l'existence de cellules de grosse taille capables de synthétiser des hormones – on les appelle des neurohormones – puis de les déverser dans l'hémolymphe : ce sont les cellules neurosécrétrices. Elles ont des localisations variables selon les espèces d'insectes et jouent des rôles variés (pas toujours complètement élucidés) dans la mue, la métamorphose, la reproduction. Les neurohormones sont des peptides ou des amines (dopamine, sérotonine, octopamine…), dont les séquences permettent de les comparer aux hormones d'Invertébrés ou de Vertébrés.

Les cellules neurosécrétrices du cerveau déversent leur sécrétion dans des organes annexés au cerveau, ce sont les corps cardiaques (CC)[25] – eux-mêmes en relation avec les corps allates (CA). Ces derniers synthétisent une hormone, l'hormone juvénile (JH), qui intervient dans la mue et la reproduction.

En plus de ce système nerveux central très lié aux grandes fonctions et aux appareils sensoriels externes, existe, chez l'insecte, un système nerveux sympathique qui dessert les principaux viscères. Selon sa position, ses relations et ses fonctions, on peut le diviser en deux parties :

– le système stomatogastrique en relation avec la partie antérieure du tube digestif. Il comprend le ganglion frontal sur le pharynx, relié au tritocérébron, le ganglion hypocérébral situé sous les corps cardiaques auxquels il est relié, les ganglions paraventriculaires (ou stomacaux) qui innervent jabot, gésier, coecums pyloriques et la partie antérieure du mésentéron ;

– le système sympathique *stricto sensu*, système impair, annexé à la chaîne nerveuse ventrale. Du nerf médian partent des nerfs transverses innervant tégument et musculature et des nerfs splanchniques qui bifurquent au niveau du ganglion génital et innervent l'intestin postérieur.

LES ORGANES SPÉCIAUX

Aux appareils précédemment décrits et qui ont leur équivalent chez d'autres animaux, s'ajoutent des organes originaux que l'on ne peut passer sous silence même si parfois leur fonction n'est pas connue avec certitude.

Les glandes de mue

Au nombre de deux, elles ont des localisations et des aspects variables – d'où des noms différents – selon les groupes d'insectes.

Chez les Lépidoptères, elles sont situées dans le prothorax, appliquées sur les trachées (une sur le côté latéral droit, l'autre sur le côté latéral gauche), d'où leur nom de glandes prothoraciques ou péritrachéennes.

Chez d'autres espèces, elles sont localisées dans la partie ventrale de la tête, d'où leur nom de glandes ventrales.

Chez les Diptères, elles forment avec les corps cardiaques et les corps allates l'anneau de Weismann.

Quoi qu'il en soit, les glandes de mue, comme leur nom l'indique, ont pour fonction de sécréter l'hormone de mue, l'ecdysone (de *ecdysis* : mue), ou plutôt les ecdysones (ce sont des stérols), car comme nous le verrons ultérieurement (chapitre 4) elles sont multiples et participent activement à la mue de l'insecte.

Les ecdysones sont aussi produites par les cellules folliculaires de l'ovaire et jouent un rôle important dans la reproduction et l'embryogenèse[26]. Enfin, L. et P. Joly ont démontré que les glandes prothoraciques du criquet produisent, en plus des ecdysones, une protéine : la téléotropine, qui joue un rôle dans la croissance et la différenciation. Celle-ci vient d'être isolée et testée par leurs élèves.

Le tissu adipeux

Il est parfois baptisé « foie » de l'insecte, mais c'est alors un super-foie car possédant d'innombrables fonctions.

Il forme, le plus souvent, une gaine continue autour du tube digestif et tapisse la face interne du tégument. Il comprend à la fois des adipocytes, cellules adipeuses, riches en lipides, glucides et protides, et des cellules à urates qui interviennent, comme indiqué précédemment, comme rein d'accumulation.

Le tissu adipeux intervient dans le métabolisme de l'insecte comme un foie, par exemple dans le métabolisme énergétique (transformation et stockage des sucres, des lipides). De plus il fabrique des protéines à rôle varié, en particulier la vitellogénine déjà citée, qui est libérée dans l'hémolymphe et transportée à l'ovaire où elle contribue à la formation du vitellus de l'œuf. Enfin, il participe à l'excrétion : c'est bien un « super-foie » !

Les œnocytes

Ce sont des cellules associées en grappe de raisin (d'où leur nom) formant des amas métamériques près des trachées. Elles subissent des modifications en fonction des mues et leur ultrastructure est celle de cellules fabriquant des stérols : on avait envisagé leur participation au métabolisme des stérols, en particulier de l'ecdysone. En fait, elles synthétisent la couche cireuse qui recouvre la cuticule.

Quelques adaptations

VARIATIONS DE L'APPAREIL DIGESTIF ET RÉGIME ALIMENTAIRE

Le tube digestif est rectiligne, sans distinction fonctionnelle des trois segments chez les insectes primitifs et chez de nombreuses larves.

Chez les insectes à alimentation solide (végétariens, carnivores ou omnivores), le tube digestif est sinueux, plus long chez les végétariens (herbivores) que chez les carnivores. Sa longueur est maximale chez les espèces coprophages (qui se nourrissent d'excréments). La partie antérieure a un gésier musculeux et avec des dents pour dilacérer les aliments solides.

Chez les insectes à alimentation liquide, le jabot ou le mésentéron, ou les deux, peuvent être développés pour accumuler le liquide qui sera digéré progressivement :

- hypertrophie du jabot (Diptères, Lépidoptères) ;
- hypertrophie du mésentéron (puces, poux) ;
- hypertrophie du jabot et du mésentéron (Lépidoptères).

La cigale, qui mange des végétaux, a l'intestin postérieur enroulé autour de l'intestin antérieur. Ce dispositif permet à l'eau de passer directement de l'intestin antérieur à l'intestin postérieur (court circuit) et assure ainsi une alimentation solide et nutritive au mésentéron.

On a donc des adaptations, en fonction de régimes alimentaires, très variées. De plus, les régimes, pour une même espèce, peuvent différer entre mâle et femelle, ou au cours du développement (larve et adulte).

Si l'intestin antérieur réalise le stockage ou le broyage des aliments, c'est l'intestin moyen qui assure la digestion. Des enzymes digestives (diastases) sont synthétisées à cet effet soit par les cellules du mésentéron soit par des symbiotes[27] (Protistes, zooflagellés[28]), comme c'est le cas chez les termites. L'intestin postérieur, par sa paroi rectale, participe à la réabsorption de l'eau (économie pour l'insecte).

Comme pour les Vertébrés, la croissance d'un insecte est fonction des aliments (qualité et quantité) qu'il ingère : ceux-ci doivent contenir acides aminés indispensables, vitamines[29], eau, etc., en quantité suffisante.

Le mésentéron présente de plus des adaptations en fonction des régimes alimentaires :

– membrane péritrophique : dans le mésentéron, le bol alimentaire solide est enveloppé par une membrane péritrophique d'origine variée qui a pour rôle de protéger les cellules intestinales des particules alimentaires qui pourraient être destructrices de l'intestin. Ce rôle protecteur est attesté par le fait que cette membrane n'existe pas chez les insectes à alimentation liquide : hématophages ou insectes qui prédigèrent les aliments (devenus ainsi liquides) avant de les absorber (par exemple chez certains Coléoptères). Lorsqu'elle existe, cette membrane péritrophique joue un rôle d'ultrafiltre (elle laisse passer les diastases et les produits de la digestion) et elle sera évacuée, emballant et moulant les fèces de l'insecte. Elle se renouvelle donc en permanence ;

– diastases : elles sont aussi variées que les régimes alimentaires des insectes[30]. Elles sont fabriquées par les cellules intestinales elles-mêmes ou des microorganismes symbiotiques qui vivent dans l'intestin de l'insecte. Leur synthèse serait sous contrôle de neurohormones du cerveau. La prise alimentaire (repas de sang) chez les moustiques a une influence sur les enzymes fabriquées. De plus, il a été démontré que le repas de sang chez des punaises (*Rhodnius*) déclenche l'activité neuroendocrine de l'insecte et donc la reproduction.

Lors de l'écomorphose du collembole son tube digestif passe par trois phases avec disparition de la lumière intestinale. C'est une évolution vers le non-fonctionnement du tube digestif, évolution liée aux conditions environnementales et relayée par le système neuroendocrinien. L'hormone juvénile (JH) est devenue déficitaire ; d'ailleurs le précocène, qui est une anti-JH, enclenche, lorsqu'on l'applique à des animaux normaux, l'entrée en écomorphose. Par contre, l'injection de JH fait sortir l'insecte de sa torpeur écomorphique. Il ne faut pas oublier, comme indiqué précédemment, que même sans s'alimenter en écomorphose le collembole continue à muer : l'ecdysone est donc toujours présente en quantité suffisante.

Enfin, par leur alimentation, les insectes peuvent absorber des agents pathogènes destructeurs de leurs cellules intestinales. C'est le cas de certaines bactéries, dont le bacille de Thuringe (*Bacillus thuringiensis*). Cette bactérie synthétise un cristal protéique qui provoque, par exemple chez de jeunes chenilles de Lépidoptères, la destruction (lyse) de l'appareil digestif entraînant leur mort. Cette particularité sera utilisée en lutte biologique : la bactérie ou (et) son cristal protéique seront employés comme insecticide biologique, en particulier contre les chenilles de Lépidoptères.

APPAREIL RESPIRATOIRE ET MODE DE VIE

Les insectes sont dans leur grande majorité des animaux terrestres munis de trachées. Ils sont aussi aquatiques, vivant en eau douce. Ils vivent plus exceptionnellement dans des liquides biologiques (sang d'autres insectes) : ce sont des parasitoïdes. Les uns et les autres doivent adapter leur respiration et leur appareil respiratoire à ce mode de vie aquatique.

Vie terrestre

L'appareil trachéen comprenant stigmates, trachées, trachéoles est tout à fait typique de la vie aérienne terrestre, caractéristique de la majorité des insectes.

L'anatomie comparée des appareils trachéens montre une évolution adaptative depuis les formes les plus primitives aptérygotes où le système trachéen présente une disposition métamérique, jusqu'à devenir anastomosé chez les Ptérygotes (troncs longitudinaux latéraux, dorsaux, ventraux). Les bons voiliers disposent de sacs aériens à disposition très variable, métamérique chez le criquet (par exemple), très nombreux chez le hanneton (le volume d'air ainsi emmagasiné = demi-volume de l'insecte).

Ces sacs aériens sont également très volumineux chez les abeilles et les mouches ; ce sont de vraies extensions des troncs trachéens. Ils jouent donc un rôle important dans le déplacement des insectes (vol : dont celui des Lépidoptères qui ont également des sacs aériens). Ces sacs servent aussi de caisse de résonance pour l'émission des sons qui facilitent le système de communication intraspécifique.

Vie aquatique

Des insectes se sont adaptés primitivement ou secondairement à la vie en eau douce ; on dit qu'ils sont dulcicoles. Ce sont :

– Odonates, Éphémères, Perles : Hémimétaboles ;

– Névroptères, Hémiptères, Trichoptères, Lépidoptères, Coléoptères, Diptères.

Ces adaptations concernent essentiellement les formes larvaires sauf chez des Coléoptères et des Hémiptères dont les larves et les adultes sont aquatiques. Elles sont plus ou moins importantes. Certaines formes aquatiques respirent l'air atmosphérique, d'autres formes sont capables d'utiliser l'oxygène dissous dans l'eau ou contenu dans les lacunes aérifères des végétaux :

– à la surface de l'eau ; ex. : gerris, hydromètre. Ces insectes ont, grâce à des soies hydrophobes à l'extrémité des tarses, le même type de respiration que les insectes aériens ;

– sous l'eau avec cloche de plongée (caisson) : ces insectes conservent une respiration aérienne ; ex. : *Carabus* (sous les pierres, lors des marées hautes), *Nonagria* (larve de Lépidoptères, dans les marais, dans les tiges creuses de Typha) ;

– sous l'eau avec tube ou siphon respiratoire, comme les scaphandriers, en relation avec l'air atmosphérique et le système trachéen par une seule paire d'orifices (stigmates) respiratoires postérieurs ; ex. : larve d'éristale (ver à queue), larve et imago de nèpe, ranatre. L'orifice des stigmates à la base d'un long tube (siphon) laisse pénétrer l'air mais pas l'eau[31] ;

– sous l'eau en emportant des bulles d'air atmosphérique accrochées à des soies hydrophiles (localisation très variée). Il est nécessaire pour l'insecte de remonter en surface très régulièrement afin de renouveler l'air ; ex. : notonecte, gyrin, dytique, hydrophile. Le gyrin, ayant des bulles à l'extrémité de l'abdomen ou sous les élytres, remonte à la surface et fait émerger son extrémité distale (stigmate postérieur fonctionnel). L'hydrophile avec des stigmates antérieurs seuls fonctionnels doit émerger tête et thorax pour la respiration.

Chez ces insectes, l'air emporté sert non seulement pour la respiration mais aussi joue un rôle hydrostatique ; il permet à l'insecte de regagner la surface dans la position la plus favorable au renouvellement de l'air. Il joue enfin le rôle d'une branchie physique : l'oxygène de cette réserve étant utilisé par l'insecte, sa concentration devient inférieure à celle de l'oxygène dissous qui diffuse vers elle[32]. Cela peut être suffisant pour les insectes de petite taille[33] ; par contre, pour les insectes de plus grande taille, c'est insuffisant et ils doivent remonter à la surface. Ainsi, dans une eau bien oxygénée, notonecte et hydrophile restent respectivement 7 heures et 36 heures sans avoir à remonter en surface.

Des insectes utilisent l'air des plantes aquatiques soit en déchirant les tiges ou les racines (larves de Curculionides), soit grâce à des stigmates ou crochets perforants situés à l'extrémité d'un appareil qui perfore les tissus végétaux (larves de Culicides, larves de Chrysomélides). Ainsi ces appareils permettent de capter l'oxygène contenu dans les cavités aérifères de la plante (aerenchyme).

Enfin, l'oxygène dissous dans l'eau peut être utilisé par les insectes :

– soit à travers le tégument (on parle de respiration cutanée ou transcutanée) ; ex. : larve de chironome, simulie... dont le système trachéen est plein de liquide. Chez les chironomes, l'hémoglobine du sang favorise la fonction respiratoire du sang ; c'est une exception chez les insectes ;

– soit grâce à des branchies ; respiration branchiale.

Les branchies sont :

– soit trachéennes (trachéobranchies) ; ex. : branchies abdominales des éphémères, branchies rectales des larves de Trichoptères, branchies anales des Odonates ;

– soit sanguines : ce sont des expansions tégumentaires à parois minces riches en hémolymphe (sans trachée) ; ex. : papilles ventrales des chironomes, papilles anales des larves de moustique. Les espèces qui utilisent l'oxygène dissous par les branchies ont aussi la possibilité de le faire à travers les téguments : on peut expérimentalement supprimer les branchies trachéennes des éphémères sans dommage si l'O_2 est abondant dans le milieu et si leur activité n'est pas trop importante (période hivernale) ;

– soit stigmatiques ou spiraculaires : ce sont des prolongements tégumentaires au niveau des spiracles qui permettent la respiration aquatique et aérienne (atmosphère humide) ; ex. : tipule, simulie sont adaptées à ces deux modes de vie.

L'appareil respiratoire présente donc des adaptations aux différents modes de vie des insectes, de l'air à l'eau ou de l'eau à l'air. Précisons que les insectes endoparasites (parasitoïdes), dans les liquides de l'hôte, vivent en grande majorité en utilisant l'oxygène dissous à travers leur tégument (respiration transcutanée). Certains sont capables d'utiliser l'air des trachées de leur hôte (larves de Tachinides, de Chalcidiens), voire même l'air atmosphérique ; ils perforent le tégument de l'hôte afin que les stigmates sortent à l'extérieur (hypoderme). Ils présentent donc des adaptations du même type que les espèces aquatiques.

APPAREIL EXCRÉTEUR ET MODE DE VIE

L'appareil excréteur est sûrement, chez l'insecte, l'un des appareils qui contribuent le plus à l'économie de l'eau[34] quel que soit le milieu où vit l'insecte, terrestre ou aquatique.

Les tubes de Malpighi sont les organes excréteurs principaux de l'insecte. Ils sont absents chez certaines Aptérygotes et remplacés par des glandes céphaliques. Chez les Aphides (pucerons), le tube digestif assure la fonction excrétrice.

Quand ces tubes existent, leur nombre est fixe par espèces ou dans un ordre donné (d'après Beaumont et Cassier) :

- 2 chez les Lépidoptères ;
- 4 chez les Diptères, Aphaniptères, Hyménoptères ;
- 4 à 6 chez les Coléoptères ;
- 2 à 4 chez les Hémiptères ;
- 50 à 60 chez les Odonates et les Plécoptères ;
- 100 à 300 chez les Orthoptères.

Il s'agit d'un tube fin, aveugle, baignant dans l'hémolymphe d'où il va extraire les déchets du métabolisme, et se jetant dans l'intestin à la limite entre mésentéron et proctodeum.

Ce tube est formé généralement d'une assise de cellules à bordure en brosse (ou plateau strié). Il est souvent entouré par une gaine musculaire qui contribuerait, par contraction, à la circulation de l'urine. Celle-ci se forme dans la partie distale du tube, la partie moyenne assure une réabsorption de l'eau (économie indispensable) ; la partie proximale, pleine de sphérocristaux, sert au transit vers l'intestin.

Normalement les extrémités distales des tubes de Malpighi sont libres dans l'hémolymphe. Or, chez de nombreuses chenilles de Lépidoptères et chez les larves et les adultes de Coléoptères, elles s'appliquent et s'incluent dans la paroi digestive du proctodeum (tunique mésodermique du rectum) : elles forment alors des cryptonéphridies.

Ce dispositif est adapté à une économie d'eau : courant d'eau en circuit fermé qui va de l'intestin aux tubes de Malpighi avec retour des tubes de Malpighi vers l'intestin.

L'excrétion met donc en jeu les tubes de Malpighi et l'intestin (rectum) pour réaliser l'urine ; on parle de diurèse. Ce mécanisme est sous contrôle endocrinien. Deux types d'hormones ont été mises en évidence :

– des hormones diurétiques qui favorisent la formation d'une urine abondante ;

– des hormones antidiurétiques, à effet opposé, pour la récupération d'eau.

Ces hormones sont sécrétées par des cellules neurosécrétrices situées, selon les espèces considérées, à différents niveaux du système nerveux. Il peut s'agir du cerveau (chez beaucoup d'espèces) ou d'autres ganglions : mésothoracique (chez *Rhodnius*), abdominal (dernier ganglion chez *Periplaneta*).

L'homéostasie de l'insecte résulte du jeu de ces hormones régulées par les variations de l'environnement. En effet, pour maintenir leur concentration en eau constante, les insectes s'adaptent différemment selon qu'ils sont terrestres ou vivent en eau douce ou saumâtre.

Milieu terrestre

Les insectes terrestres perdent de l'eau par :

– transpiration : elle est limitée par le tégument cuticulaire imperméable mais une absorption d'eau active (de l'air) par le tégument est possible ;

– respiration · l'air des trachées est saturé en eau, aussi le rythme fermeture-ouverture des stigmates est régulé en fonction de l'humidité atmosphérique ; ce rythme diminue si l'humidité est plus faible ;

– excrétion : la récupération d'eau se fait au niveau des tubes de Malpighi et ensuite du rectum assurant une économie d'eau importante, eau venant de l'alimentation (aliment et boisson).

Il existe aussi la possibilité d'utiliser l'eau métabolique (d'oxydation des graisses, des sucres, etc.), bien démontrée chez les espèces dont l'alimentation est pauvre en eau ; ex. : ténébrion (ver de farine), larve de *Tineola* (mite ou teigne des vêtements).

Afin d'illustrer la complexité de ces interactions entre le milieu extérieur (environnement) et le milieu intérieur de l'insecte dont la concentration en eau doit rester constante (homéostasie), je prendrai l'exemple de la régulation hormonale hydrique du criquet (J. Proux, 1991).

C'est une espèce grégarisable et migratrice qui change de biotope ; elle a donc à sa disposition une alimentation différente et subit des conditions climatiques changeantes avec les milieux fréquentés. Ces variabilités nécessitent donc une régulation hydrique dont la complexité est à la hauteur des enjeux vitaux pour l'insecte.

L'insecte reçoit l'eau par l'alimentation, la boisson (si l'aliment est sec) et produit de l'eau métabolique : l'ensemble forme les gains.

Il perd de l'eau par transpiration, respiration et excrétion[35] : ce sont les pertes. Si la première est peu modifiée par la richesse (ou pauvreté !) en eau de l'alimentation, par contre l'excrétion en eau est réduite, de même que le rejet par la respiration lorsque l'alimentation est sèche (air sec).

L'économie d'eau par la respiration est réalisée grâce à une ouverture moins fréquente des stigmates.

C'est la diurèse qui va être réduite afin d'assurer l'économie d'eau. Deux types d'hormones agissent :

– les hormones diurétiques (HD) favorisant l'excrétion de l'urine primaire par les tubes de Malpighi ;

– les hormones antidiurétiques (HAD) qui augmentent la réabsorption d'eau et d'ions au niveau rectal.

Les hormones diurétiques

Elles ont deux origines différentes :

– cérébrale : HD cérébrale repérée dans la partie nerveuse des CC (CCN) et donc d'origine cérébrale (PI) ;

– ganglion sous-œsophagien (GSO) : deux cellules neurosécrétrices de ce ganglion sécrètent l'AVP-like Insect Diuretic Hormon (AVP-like IDH) qui existe sous deux formes : monomère (Mm) et dimère (Dm). Ce dimère provient du monomère et est abondant quand l'animal doit faire une diurèse importante : alimentation riche en eau. C'est le monomère qui prédomine en cas de sécheresse. Les facteurs externes agissent donc sur cette production de la forme de l'hormone.

La libération de cette hormone diurétique du GSO est sous la dépendance de deux facteurs d'origine cérébrale :

– l'un venant de la PI est inhibiteur (–) ;

– l'autre venant des cellules neurosécrétrices sous-ocellaires médianes (CNS-SOM) est excitateur (+).

L'hormone[36] agit, au niveau du tube de Malpighi, via l'AMP-cyclique.

Les hormones antidiurétiques

Elles vont agir au niveau du rectum et sont d'origine cérébrale et glandulaire :

– cérébrale : les neuroparsines (NP)[37] d'origine cérébrale (PI) s'accumulent dans la partie nerveuse des CC et vont agir sur le rectum par l'intermédiaire de deux messagers : le calcium (Ca^{++}) et le diacylglycérol (DG). Les neuroparsines ont d'autres fonctions (métabolique, énergétique et phasaire). Une autre neurohormone : la Chloride Transport Stimulating Hormone (CTSH) favorise la réabsorption active du chlore, l'eau suivant de façon passive ;

– glandulaire : hormone antidiurétique (HAD glandulaire) dont la sécrétion est contrôlée par l'octopamine (OA), neurohormone des cellules neurosécrétrices latérales du cerveau.

Eau douce

Chez les insectes vivant en eau douce, l'hémolymphe est hypertonique par rapport à l'eau douce dans laquelle ils sont plongés. Il en résulte, quant à l'osmose et à la diffusion, une entrée d'eau par osmose et une sortie de sels par diffusion.

Figure 6. – Excrétion et contrôle hormonal chez un insecte

A. Système excréteur d'insecte (tubules de Malpighi, rectum), principaux transports épithéliaux et modifications osmotiques urinaires (d'après J.E. Phillips, 1983) ;
B. Schéma général de la régulation hormonale de la diurèse chez le criquet migrateur (d'après J. Proux, 1991).

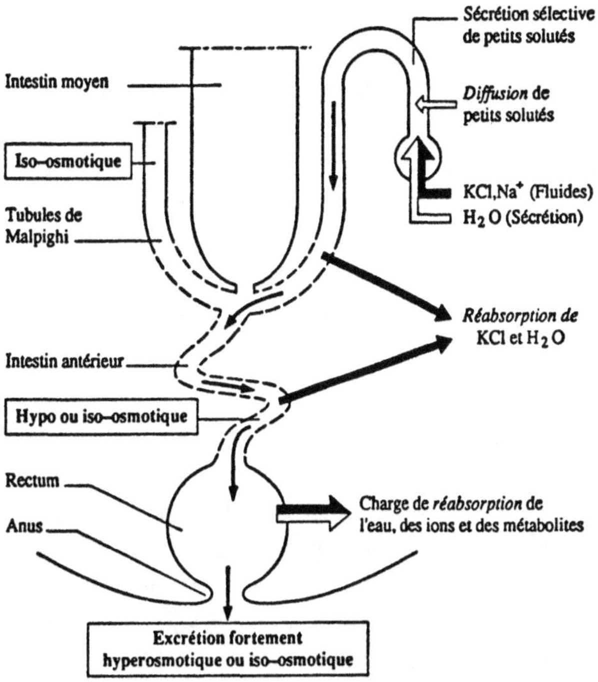
Sécrétion sélective
de petits solutés
Intestin moyen
Diffusion de
petits solutés
Iso–osmotique
Tubules de
Malpighi
KCl,Na+ (Fluides)
H2 O (Sécrétion)
Réabsorption de
KCl et H2O
Intestin antérieur
Hypo ou iso–osmotique
Rectum
Charge de réabsorption de
l'eau, des ions et des métabolites
Anus
Excrétion fortement
hyperosmotique ou iso–osmotique

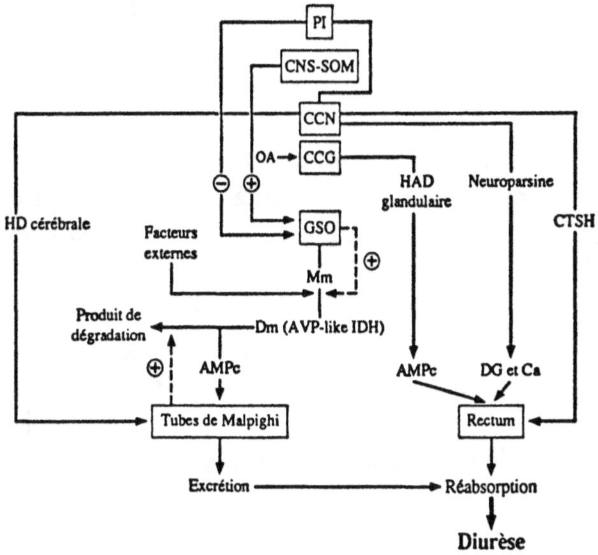
PI
CNS-SOM
CCN
OA
CCG
HAD
glandulaire
Neuroparsine
HD cérébrale
CTSH
GSO
Facteurs
externes
Mm
Produit de
dégradation
Dm (AVP-like IDH)
AMPc
AMPc
DG et Ca
Tubes de Malpighi
Rectum
Excrétion
Réabsorption
Diurèse

Ils vont réagir en produisant une urine abondante et diluée : peu de réabsorption d'eau rectale alors que celle des ions Na^+, K^+, Cl^- est importante. Cette récupération de sels n'étant pas suffisante, les larves aquatiques de *Culex, Aedes, Chironomus*... possèdent des papilles anales, expansions tégumentaires remplies d'hémolymphe, qui entourent l'anus et assurent le pompage des sels de l'eau vers l'animal.

Chez les larves de libellules qui ne possèdent pas de papilles anales le pompage des sels se fait au niveau de la corbeille branchiale.

Eau saumâtre ou salée

L'hémolymphe des insectes est hypotonique par rapport au milieu. Ils perdent donc de l'eau par osmose, font une urine plus concentrée et boivent de l'eau salée. D'où un problème de transit (intestinal) de l'eau et des sels à contre gradient : le tube digestif a un contenu hypertonique par rapport à l'hémolymphe ; le transfert doit être actif.

Ces insectes supportent de fortes variations de salinités. Au maximum 20 % de ClNa dans le Lac Salé (Utah) où vit une larve de Diptère (*Ephydra cinerea*).

Ainsi, qu'il s'agisse de sa morphologie, de son anatomie ou de sa physiologie l'insecte présente, à partir d'un schéma type, une multitude de variations correspondant à des adaptations à son environnement. Il n'y a pas un insecte mais des insectes aux formes variées, aux potentialités adaptatives extraordinaires. Ils ont cependant en commun quatre éléments responsables de leur grand succès évolutif et qu'il nous faut aborder maintenant ; le tégument, l'aile et le vol, la mue et la métamorphose, la reproduction. Ces éléments sont adaptés aux conditions environnementales, ce qui contribue au succès écologique des insectes.

3

Le tégument des insectes

Le tégument des insectes est un élément de leur réussite en milieu terrestre. Il possède à la fois une structure particulière qui en fait un véritable « imperméable » à l'eau et à l'air, et un ensemble de dérivés qu'on appelle productions tégumentaires. Celles-ci permettent aux insectes de se protéger et de percevoir l'environnement dans lequel ils se déplacent. Cet environnement possède deux composantes : l'une abiotique, physico-chimique (dont les facteurs climatologiques) ; l'autre biotique (relations intraspécifiques et interspécifiques).

Ces divers aspects doivent être abordés, non seulement parce qu'ils permettent de comprendre le succès évolutif des insectes, mais encore parce qu'ils sont utiles à l'homme afin d'imaginer des méthodes de lutte performantes contre les insectes.

Le tégument, la cuticule et les productions tégumentaires

Tégument cuticulaire : structure et composition

Le tégument de l'insecte est formé d'un épiderme (hypoderme) monostratifié[1] constitué de cellules banales et de cellules spécialisées ; l'ensemble est recouvert d'une cuticule.

Les cellules banales, épithéliales, sont productrices de la cuticule. Elles ont une activité cyclique en fonction des mues ; leur forme, leurs organites constitutifs changent selon que les cellules sont en activité, c'est-à-dire fabriquent de la cuticule, ou au repos (entre deux mues : on dit « en intermue »). Elles contiennent parfois des pigments et de ce fait contribuent à la coloration de l'insecte.

Les cellules spécialisées participent à la fabrication des soies, des sensilles et autres éléments sensoriels, voire même à la fabrication des écailles, chez les papillons. D'autres cellules sont glandulaires et ont des rôles variés (dans la fabrication de la cuticule et dans la production des phéromones attractives) (voir plus loin).

La cuticule est formée de trois couches, de l'intérieur vers l'extérieur :

– l'endocuticule (ou procuticule) ;
– l'exocuticule (ou procuticule) ;
– l'épicuticule.

Les deux premières couches sont seules chitineuses, d'où leur regroupement sous le nom de procuticule, alors que l'épicuticule extérieure, très mince, est non chitineuse.

La procuticule (endo + exocuticule) contient de la chitine et des protéines. La chitine, substance souple et molle, perméable et incolore, représente 33 à 55 % de son poids sec : c'est un polymère de la N-acétylglucosamine rappelant étrangement la cellulose (polymère du glucose).

Les protéines représentent 25 à 37 % du poids sec de la cuticule. Il s'agit de :

– l'arthropodine associée en complexe glycoprotéique ;
– l'arthropodine tannée par des quinones, qui forme la sclérotine (sclérotinisation) ; elle est colorée et contribue avec les mélanines à la coloration de la cuticule ;
– la résiline, protéine particulière, formant avec la chitine un réseau tridimensionnel à mailles géantes, dont les caractéristiques rappellent celles du caoutchouc.

L'endocuticule souple ne contient pas de sclérotine, mais un

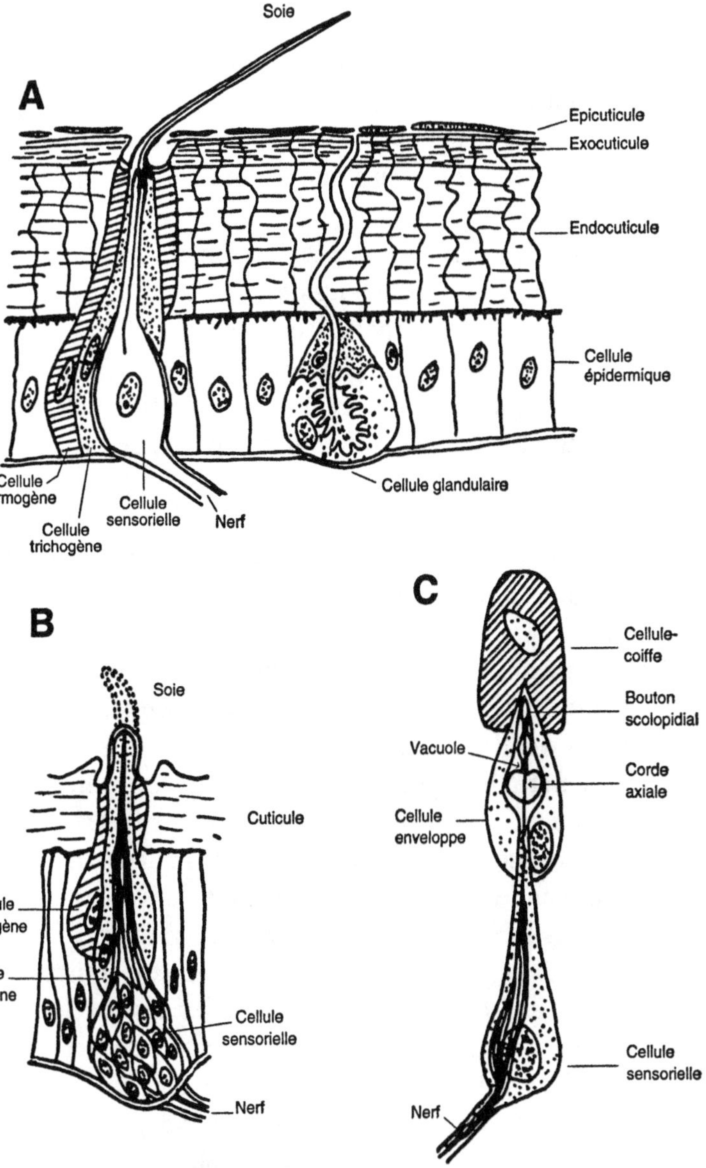

Figure 7. – Tégument de l'insecte et éléments sensoriels.

A. Organisation générale du tégument avec en place une soie sensorielle.
B. Sensille olfactive.
C. Mécanorécepteur (scolopidie) d'un acridien (d'après Schwabe).

peu de résiline. L'exocuticule, très rigide du fait de la sclérotine, disparaît complètement dans les zones articulaires si importantes pour les mouvements des appendices.

L'épicuticule, malgré son extrême finesse (0,03 µm à 4 µm, selon les espèces), comprend quatre couches, de l'intérieur vers l'extérieur :

– épicuticule interne formée de protéines ;

– cuticuline, constituée de lipides ;

– cire[2], disposition monomoléculaire ;

– cément, sécrété par des glandes dermiques (glandes de Verson chez les Lépidoptères) à la surface de l'épicuticule, de nature variable selon les espèces, mal connu : lipides, ou protéines tannées...

Enfin, la cuticule, en plus de ses protéines constitutives, contient des substances d'excrétion et des protéines exogènes, pompées dans l'hémolymphe. Il s'agit de protéines hémolymphatiques.

Le tégument de l'insecte contient, en effet, soit dans l'épiderme, soit dans la cuticule, des substances d'excrétion qui y sont stockées. Ainsi, des sels minéraux, des composés azotés peuvent former de véritables petits « calculs » dans les cellules épidermiques. Il peut s'agir également de pigments (biliaires, telle la biliverdine des chenilles de piéride du chou) qui colorent le tégument. Les bandes jaunes des guêpes sont dues à des microcristaux d'urates localisés dans l'épiderme. L'aspect métallique des ailes de certains Coléoptères est lié à la présence de cristaux intracuticulaires. De même, la couleur des ailes des papillons est le résultat de l'accumulation de substances de déchets dans les écailles qui sont des productions tégumentaires originales des Lépidoptères (ex. : ptérines des ailes de piéride).

En conclusion, le tégument joue un rôle de « rein d'accumulation »[3] et même de détoxification puisque des insecticides ingérés pourront s'y retrouver accumulés, ce qui aura une conséquence au plan écologique : effet toxique au long des chaînes trophiques.

Tégument, perméabilité à l'eau et aux insecticides

La cuticule est imperméable à l'eau, non par l'ensemble chitine + protéines de la procuticule, ensemble hydrophile contenant de l'eau, mais par l'épicuticule riche en cires et en lipides. Cette couche lipidique de surface est imperméable, elle empêche l'eau de pénétrer ainsi que les insecticides en solution dans l'eau.

Par opposition, les composés liposolubles – certains insecticides de contact sont dans leur grande majorité liposolubles – pénètrent dans la cuticule.

La pénétration est fonction de l'épaisseur de la cuticule ; celle-ci varie d'une espèce à l'autre et pour une même espèce en fonction du stade de développement. Par exemple, l'épaisseur peut augmenter d'une mue à la suivante, ce qui fait que les stades jeunes sont plus sensibles aux insecticides que les stades âgés (ex. : chenilles de Lépidoptères).

Mais la pénétration varie aussi, et surtout, en fonction de la nature chimique (et de l'agencement des molécules) des différentes couches. Les insecticides liposolubles sont d'abord dissous par les cires de l'épicuticule. Ils doivent ensuite passer la barrière hydrophile que représente la procuticule (exocuticule puis endocuticule). Ce n'est plus alors la liposolubilité qui entre en jeu, mais le coefficient de partage entre l'huile et l'eau.

Ainsi, selon sa liposolubilité et son coefficient de partage, un insecticide pénètre plus ou moins profondément dans la cuticule jusqu'à l'hémolymphe. Il peut être stocké dans la cuticule, voire transformé par elle :

– stocké partiellement ; ex. : le malathion chez les sauterelles ;

– transformé ; ex. : le malathion[4] en malaxon encore plus toxique, par la cuticule de *Schistocerca gregaria*[5].

L'adsorption[6] active d'eau à travers la cuticule et le tégument est cependant possible chez certaines espèces : c'est le cas des termites qui adsorbent la vapeur d'eau atmosphérique des galeries de la termitière.

On a pu suivre sur une blatte le devenir d'une goutte d'eau tritiée (0,5 mm^3 placé sur le thorax disparaît en 8 à 10 mn) qui traverse la cuticule puis l'épiderme pour atteindre l'hémolymphe. On peut ainsi imaginer que la vapeur d'eau atmosphérique permet en quelques jours de remplacer l'eau corporelle interne de l'insecte. D'où, souvent, la nécessité d'élever les insectes dans une atmosphère saturée en eau : ils prennent du poids à jeun, uniquement en adsorbant la vapeur d'eau. C'est un mécanisme actif qui est mis en œuvre, encore mal expliqué, mettant en jeu à la fois les cellules épithéliales qui pompent et les canaux existant à travers la cuticule (pores de tailles variées).

Tégument et imperméabilité à l'air

La cuticule est généralement considérée comme imperméable à l'eau et à l'air.

Pour ce dernier élément, la respiration transcutanée sera rare ; elle existe cependant chez quelques espèces de petite taille (Aptérygotes : collemboles, protoures) ou des larves parasites de Diptères ou d'Hyménoptères. Chez ces espèces vivant en milieu humide, les échanges transcutanés se font au niveau des zones articulaires souples.

Pour la grande majorité des insectes, le tégument forme des trachées, c'est-à-dire des invaginations tubulaires, sorte de tuyauteries largement ouvertes grâce à des spirales de chitine. Ces trachées s'ouvrent au niveau des stigmates, ouvertures latérales situées sur les pleurites, parfois munies d'un système d'obturation, une paire de stigmates par segment du corps entre le mésothorax (deuxième segment thoracique) et le huitième segment abdominal. Dix paires de stigmates (au maximum chez les insectes actuels) amènent l'air dans les trachées jusqu'aux organes internes où sont assurés les échanges respiratoires, comme indiqué précédemment.

Ce mécanisme très original a de plus l'avantage d'assurer une grande économie d'eau.

Exosquelette et endosquelette

La cuticule constitue une carapace externe de l'insecte, véritable exosquelette qui permet à l'insecte, animal terrestre, de résister à la pesanteur. Elle est souple au niveau des articulations par absence de l'exocuticule.

Elle s'enfonce en apodèmes, apophyses, crêtes internes, etc., dans l'animal, constituant un endosquelette qui rigidifie l'ensemble.

La tête sera ainsi transformée en une boîte crânienne extrêmement résistante protégeant les organes neuroendocrines (cerveau, corps allates, corps cardiaques, ganglion sous-œsophagien) et dont les crêtes internes renforcées serviront à l'insertion des muscles. En particulier, sur la charpente interne appelée *tentorium*, s'attachent les muscles des pièces buccales dont les muscles mandibulaires.

Dans le thorax, l'endosquelette est très développé ; il comprend des crêtes pleurales, des crêtes sternales formant la furca (crête bifide) pouvant s'associer aux précédentes. Sur cet ensemble s'attachent les muscles des pattes et des ailes.

Enfin, l'abdomen présente entre chaque segment des zones intersegmentaires (replis) qui s'invaginent, formant des apophyses. Sur celles-ci s'insèrent les muscles qui assurent de faibles mouvements abdominaux jouant un rôle capital dans la respiration.

Conséquences

L'existence de la cuticule a comme corollaires les mues et les métamorphoses dont nous avons déjà vu l'existence et l'importance pour les insectes et dont nous étudierons ultérieurement les mécanismes cytologiques et neuroendocrines.

Nous verrons alors qu'au cours du développement l'importance de la cuticule ou l'importance relative des différentes couches varient. Ces variations ont des conséquences sur la physiologie de l'insecte. À titre d'exemple, citons déjà le cas de la boîte crânienne chez la piéride du chou. Celle-ci devient très fine, transparente, alors que les mues larvaires s'effectuent. La lumière qui peut ainsi traverser la boîte crânienne informe le cerveau sous-jacent ; celui-ci commande ou non l'arrêt du développement (diapause) de l'animal.

Quelques productions tégumentaires protectrices : écailles, soies et poils urticants

Des cellules spécialisées de l'hypoderme participent à la fabrication d'éléments protecteurs : écailles, soies, poils urticants. Ce sont les cellules trichogènes qui fabriquent soies ou écailles et les cellules tormogènes qui élaborent, à la base de ces productions, une socquette cuticulaire de fixation.

Les écailles sont l'apanage des Lépidoptères. Elles couvrent le corps du papillon en se recouvrant les unes les autres à la manière des tuiles d'un toit. Nous avons pu montrer, grâce au microscope électronique à balayage, que ces écailles possèdent un système de trous et de crochets qui permet l'assemblage de l'ensemble.

Ces écailles peuvent avoir pour fonction de protéger la ponte lorsque celle-ci est réalisée. Les femelles de papillon possèdent alors à l'extrémité de leur abdomen une touffe très épaisse d'écailles. Celles-ci sont déposées sur les œufs afin de recouvrir et protéger la ponte en particulier des facteurs physiques mais aussi biologiques ; elles gênent les prédateurs et rendent difficile la ponte d'autres insectes dans ces œufs (parasitisme fréquent entre insectes). De plus, et c'est le cas du papillon de la processionnaire du pin, les écailles qui recouvrent la ponte rendent celle-ci homochrome, c'est-à-dire de la même couleur que les bourgeons du pin, elle sera de ce fait encore plus difficile à repérer par les prédateurs ou les parasites.

Les chenilles de Lépidoptères sont souvent très velues, ornementées de longues soies. Ces chenilles ne sont pas forcément dangereuses même si elles font ou essaient de faire peur. Par contre, des chenilles porteuses de soies courtes peuvent être urticantes. C'est le cas des chenilles processionnaires du pin ou du chêne, de la chenille du Bombyx « cul brun » dans nos régions européennes. Ces chenilles possèdent sur leur dos des glandes urticantes – glandes tégumentaires constituées uniquement de cellules trichogènes (processionnaires) ou de cellules trichogènes et de cellules tormogènes (Bombyx « cul brun ») – qui produisent des poils urticants. Ceux-ci sont de petite taille (150 à 250 µm), ont une allure de harpon ou de fléchette, et se détachent facilement du corps de la chenille dès que celle-ci est agressée. Ces poils constituent un environnement défavorable aux prédateurs et l'on comprend facilement que ces chenilles en aient peu (oiseaux).

Ainsi les insectes sont protégés, en plus de leur tégument, par des productions tégumentaires extrêmement variées et efficaces. Ils sont de plus informés en permanence des changements de l'état de leur environnement par un arsenal très sophistiqué d'organes sensoriels d'origine tégumentaire.

Les organes sensoriels tégumentaires

Percevoir l'environnement est une nécessité vitale pour l'insecte. Qu'il s'agisse de facteurs physico-chimiques abiotiques (lumière, température...) ou de facteurs biotiques (autres partenaires : physiquement [contact] ou chimiquement [odeurs appelées phéromones]), l'insecte doit être informé. Pour cela il dispose sur son corps, c'est-à-dire en surface, d'organes sensoriels plus ou moins différenciés qui seront en relation avec une cellule sensorielle, cellule nerveuse – on l'appelle neurone – qui transmettra l'information (après l'avoir ou non modifiée) vers le système nerveux profond (cerveau ou autres ganglions nerveux). Il en résultera une réponse, un comportement particulier de l'insecte.

Le trio stimulus-récepteur-réponse doit donc être toujours présent à notre esprit.

Selon le stimulus des récepteurs différents seront mis en jeu, informant en permanence l'insecte : quelques exemples vont être pris. Ils concernent successivement :

– la lumière perçue par des photorécepteurs (yeux simples ou yeux composés) ;

– les odeurs (phéromones) et substances chimiques auxquelles sont sensibles des chimiorécepteurs (sur antennes ou autres parties de l'insecte) ;

– enfin, son, bruit, vibrations sont perçus par des mécanorécepteurs à localisation extrêmement variée sur le corps de l'insecte.

Lumière et photorécepteurs

Comme nous l'avons indiqué précédemment avec l'exemple de la chenille de piéride, l'insecte peut être informé directement – c'est-à-dire sans l'intermédiaire de photorécepteurs – des variations de la lumière. Cette sensibilité générale du corps à la lumière est retrouvée chez de nombreuses chenilles de Lépidoptères qui s'orientent grâce à elle.

Des espèces cavernicoles aveugles, des espèces qui vivent à l'obscurité (dans des farines, des bois, etc.) ont également une sensibilité tégumentaire à la lumière en l'absence de photorécepteurs spécialisés.

Ceux-ci, lorsqu'ils existent, et c'est le cas chez la grande majorité des insectes, contiennent des cellules photoréceptrices chargées de former une image qui sera analysée par le système nerveux central (le protocérébron). Ils assurent donc la vision de l'insecte. Ce sont soit des yeux « simples » : ocelles ou stemmates, soit des yeux « composés » ; ces derniers sont les mieux connus quant à leur fonctionnement.

LES YEUX « SIMPLES » : OCELLES ET STEMMATES

Les ocelles, quand ils existent, sont au nombre de trois, disposés en triangle sur la tête. Un ocelle comprend :

– une cornée unique, cuticule transparente renflée en une lentille biconvexe ;

– des cellules épidermiques cornéagènes, productrices de la cornée, et transparentes ;

– des cellules visuelles avec une partie réceptrice, le rhabdomère ; elles peuvent s'associer : alors, les rhabdomères forment un rhabdome. Les axones des cellules visuelles constituent un nerf ocellaire qui établira des relations synaptiques avec des neurones provenant de la *pars intercerebralis* (PI) du cerveau.

La cornée produit une image qui se forme en dessous du niveau des cellules visuelles. L'ocelle n'est donc pas concerné par la vision des formes mais seulement par les variations d'éclairement : lumière-obscurité.

Les stemmates ou ocelles latéraux existent seuls chez les chenilles des Lépidoptères ; ils sont, selon l'espèce, au nombre de un, six ou sept de chaque côté de la tête. Leur structure est variable mais ils peuvent présenter : cornée, cristallin, cellules visuelles et rhabdome.

L'image se forme sur le rhabdome et donne une vision de forme par points : un par stemmate, soit douze points si 6×2 stemmates. En bougeant la tête, la chenille établit une image composite.

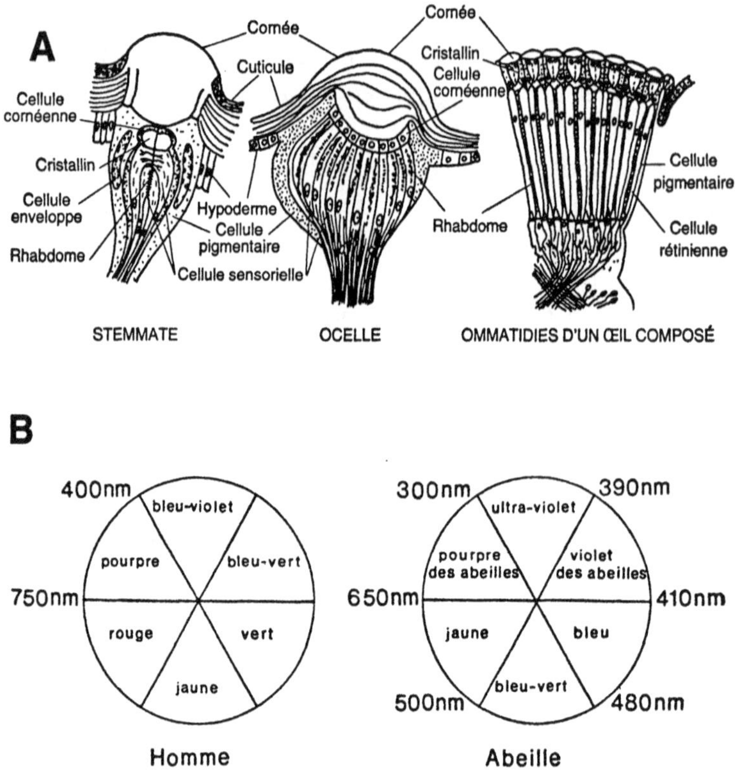

Figure 8. – Les yeux des insectes et la vision

A. De l'œil simple à l'œil composé : stemmate, ocelle et ommatidies d'un œil composé.
B. Perception des couleurs chez l'homme et chez l'abeille.
(D'après J. Raccaud-Schoeller, 1980.)

LES YEUX COMPOSÉS

Ils existent chez la plupart des imagos ainsi que chez les larves des hétérométaboles. Ils occupent une grande surface sur le côté de la tête, couvrant un large champ de vision dans toutes les directions.

Ils sont composés d'un grand nombre d'unités, les ommatidies. Ce nombre est à mettre en relation avec le mode de vie ; il est plus élevé chez les espèces à vol rapide. Ainsi les yeux des libellules comportent jusqu'à 10 000 ommatidies.

Chaque ommatidie comporte :

– une cornée (ou cornéule) élaborée par deux cellules cornéagènes latérales ; elle est renouvelée à chaque mue (c'est une cuticule transparente) ;

– un cristallin ou cône cristallin, corps réfringent constitué de quatre éléments juxtaposés sécrétés par quatre cellules cristalliniennes : c'est un dioptre qui transmettra la lumière, la concentrant vers le rhabdome ;

– une rétinule, formée de six à huit cellules allongées qui dans leur axe constituent la partie photosensible ou rhabdome.

Chaque ommatidie est isolée par des cellules pigmentaires formant deux manchons superposés : un manchon supérieur ou externe de cellules pigmentaires iridiennes et un manchon inférieur ou interne de cellules rétiniennes.

Selon la position de ces manchons, il est possible de distinguer deux catégories d'ommatidies et donc deux catégories d'yeux composés fonctionnant différemment : œil par apposition et œil par superposition.

Œil par apposition

Les cellules pigmentaires forment un manchon continu. En conséquence, chaque ommatidie ne perçoit que les objets situés dans l'angle qu'elle couvre : 1° chez l'abeille, 7 à 8° chez d'autres insectes (le forficule)[7]. Chaque point lumineux d'un objet n'est reçu que par une ommatidie : l'image totale d'un objet est une mosaïque de points. C'est un œil par apposition que l'on trouve généralement chez les espèces diurnes.

Œil par superposition

Les cellules pigmentaires forment un manchon discontinu. Les cellules rétiniennes sont reliées par un long pédoncule et de ce

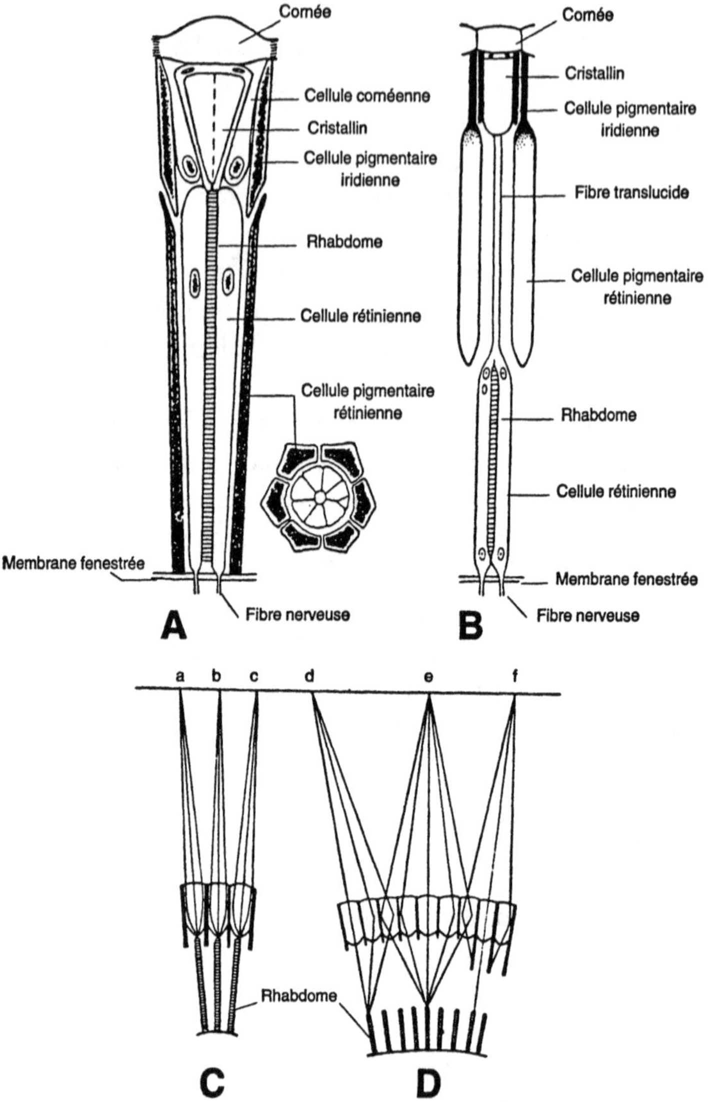

Figure 9.

A et B. : Représentations des 2 principaux types d'ommatidies : ommatidie par apposition (A) et ommatidie par superposition (B) ; C et D. : Mode de formation de l'image dans une ommatidie par apposition (C) et par superposition (D). a à f. : points lumineux et rayons lumineux.
(D'après A. Beaumont et P. Cassier, 1973.)

fait ne sont pas enveloppées par le manchon pigmentaire. Il en résulte que les rayons lumineux obliques peuvent atteindre le rhabdome d'une ommatidie voisine et des autres : l'image se forme par superposition.

C'est un mécanisme qui permet de récupérer de la lumière et fonctionne chez des insectes qui vivent en lumière faible : insectes nocturnes.

De plus, à la base des ommatidies, le système trachéen constitue une base réfléchissante, captant la lumière faible.

La distinction entre espèces diurnes et œil par apposition et espèces nocturnes et œil par superposition n'est pas toujours confirmée par l'observation. D'ailleurs, on connaît, chez le gyrin par exemple, un œil formé de deux parties orientées différemment, l'une fonctionnant par apposition, l'autre par superposition.

LA PHYSIOLOGIE DE LA VISION ET SON RÔLE BIOLOGIQUE

Pour l'ensemble du monde animal, l'insecte ne faisant pas exception, les pigments visuels sont des rhodopsines (une protéine, l'opsine, et un chromophore, le rétinal, dérivé de la vitamine A 1). Ils sont situés dans les rhabdomères des cellules rétiniennes. Ils captent certaines longueurs d'onde, ce qui modifie l'activité électrique (dépolarisation) de la cellule rétinienne. Le potentiel électrique gagne la fibre nerveuse qui prolonge la cellule rétinienne et aboutit au cerveau après trois relais. Ces relais (cellules) forment les masses ganglionnaires des lobes optiques volumineux des insectes.

Il existe de nombreuses adaptations de l'œil à la quantité de lumière disponible. Les pigments des cellules pigmentaires peuvent migrer, s'étaler ou se concentrer à certains niveaux, selon la lumière disponible. La quantité de rhodopsine peut également varier : elle augmente avec l'obscurité.

La vision des couleurs (qualité) n'est pas la même que chez l'homme. Alors que notre spectre de la lumière visible s'étale du rouge au violet, celui des insectes s'étend dans l'ultraviolet (UV) (jusqu'à 300 nm). Cette particularité nous fait utiliser les lampes à UV comme piège lumineux des insectes et a de plus comme conséquence une vision du monde différente de la nôtre. Les UV sont réfléchis par les fleurs à leur périphérie alors qu'ils sont absorbés au centre ; cela crée un motif qui guide l'insecte pour la recherche du nectar. De la même façon, les ailes des papillons réfléchissent les UV, créant des images susceptibles d'être interprétées par les partenaires sexuels.

D'une manière générale la vision des couleurs n'est pas la même chez l'insecte et l'homme[8].

Enfin, l'insecte est même capable de détecter la direction de la polarisation de la lumière. Cette caractéristique lui permet de s'orienter par rapport au soleil même si celui-ci est caché !

Les ocelles, comme indiqué précédemment, ne jouent pas un rôle dans la vision ; par contre, ils jouent « un rôle dynamogène essentiel » (d'après Cassier). Leur stimulation permet à l'insecte de répondre aux sollicitations du milieu extérieur : il est actif, tonique grâce à ces ocelles. Cachez-les par un vernis opaque ou détruisez-les par cautérisation et vous constaterez que l'insecte devient de plus en plus indifférent aux modifications des facteurs externes.

Leur rôle pendant le vol est capital ; les formes aptères de fourmis sont dépourvues d'ocelles.

Enfin, les insectes « voient » la lumière indépendamment des yeux composés ou des ocelles à travers leur cuticule : vision dermatoptique. C'est vrai chez des insectes cavernicoles (coléoptères) aveugles : ils fuient « à la vue » d'une lumière de bougie.

Les chenilles de Lépidoptères dont les stemmates ont été supprimés sont attirées par la lumière. Lorsque la mue vient de se produire et que la cuticule est encore non pigmentée, l'insecte est très sensible à la lumière.

Il faut aussi avoir présent à l'esprit que la lumière est porteuse d'énergie et que l'insecte développe parfois un comportement (tropisme) vis-à-vis de ce facteur. Par exemple, les cherche-midi ou soldats (*Pyrrhochoris apterus*) s'exposent au soleil[9].

Odeurs et chimiorécepteurs

La communication chez les insectes est affaire d'odeurs échangées entre congénères, entre partenaires sexuels parfois à des kilomètres. L'expérience princeps de Fabre sur le grand paon de nuit (*Saturnia pyri*) et la démonstration qu'il fit du rôle des antennes (récepteurs) dans la détection des odeurs (phéromones) ont ouvert la voie à de nombreuses recherches.

ORGANES ÉMETTEURS

Chez les Lépidoptères, qui ont été les plus étudiés pour des raisons économiques, les phéromones sont produites par des organes odorifères (émetteurs) situés au voisinage des orifices génitaux. Des poils ou des écailles modifiés sont en relation avec une glande épidermique ou des replis tégumentaires riches en cellules glandulaires : ce sont donc des glandes à sécrétion externe d'origine ectodermique.

Chez le ver à soie, dès que le papillon sort de la nymphe, après avoir étalé ses ailes, la reproduction est possible car les œufs sont prêts à être pondus. La femelle se met alors en position d'appel : elle extruse ses glandes odoriférantes situées de part et d'autre de l'ovipositeur. Au repos cet ensemble est rétracté à l'intérieur de l'extrémité abdominale.

Chez les blattes, selon les espèces, ce sont les femelles ou les mâles qui attirent le partenaire grâce à un comportement (posture) d'appel qui n'est pas destiné à être vu, mais qui a pour but d'assurer une bonne diffusion des phéromones. Ainsi, les glandes atriales[10] de la femelle de *Periplaneta* sont dévaginées, comme les glandes odoriférantes des papillons. Le mâle de *Blatta orientalis* étire son abdomen et l'enfle pour que les glandes tergales produisent la phéromone mâle ; la femelle attirée adopte alors une position d'appel en extrusant ses glandes atriales ; elle monte ensuite sur le dos du mâle pour lécher les produits des glandes tergales qui sont aphrodisiaques…

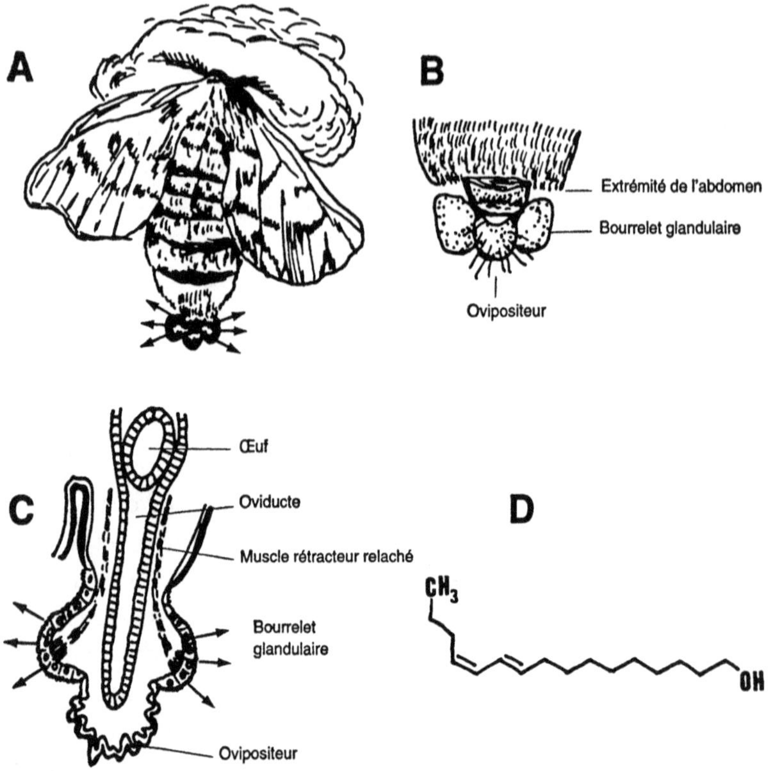

Figure 10. – Émission de phéromone, le bombycol, par le papillon femelle du ver à soie (*Bombyx mori* L.)

A. Papillon femelle en position d'attraction.
B. Détail de l'extrémité abdominale en vue dorsale.
C. Coupe histologique de l'extrémité abdominale.
D. Formule chimique du bombycol.
(Modifié d'après D. Bourgoin-Front et J.J. Bounhiol, 1963.)

Chez les insectes sociaux, également bien étudiés quant à leur système de communication qui assure la cohésion du groupe, les glandes épidermiques ont des localisations multiples : près de la bouche, de l'anus ou d'autres parties du tégument (glandes sternales). Les sécrétions sont émises dans l'atmosphère, ou déposées sur un substrat, ou mouillent le tégument de l'insecte. Aussi est-il difficile alors de dire si la perception est de nature olfactive ou gustative.

La production des phéromones serait sous contrôle hormonal (JH) et neurohormonal (PBAN)[11]; des recherches sur les Lépidoptères sont en cours à l'Université Bordeaux I en collaboration avec l'INRA (Ch. Gadenne et F. Couillaud) afin de préciser le niveau de ces interventions.

SUBSTANCES ÉMISES : LES PHÉROMONES[12] ET SUBSTANCES ALLÉLOCHIMIQUES

Le terme phéromone est dû à P. Karlson et M. Lüscher (1959) (de *pherein*, transporter, et *hormon*, exciter). On devrait dire phérormone, mais pour des raisons phonétiques on parle de phéromone. Ce terme a été créé pour les insectes et étendu à d'autres Invertébrés, Vertébrés et végétaux.

« Ce sont des substances sécrétées par un organisme, souvent par une glande spécialisée, et qui, reçues par un individu de la même espèce, provoquent une réaction spécifique, un comportement particulier ou un processus évolutif » (d'après Karlson et Lüscher).

Elles ont une action à distance, ce qui implique l'état de vapeur dans l'air ou de solution dans l'eau. Elles agissent à dose moléculaire et leur isolement est laborieux et met en jeu des techniques perfectionnées. Chez les insectes par exemple, il a fallu vingt ans à A. Butenandt pour isoler le bombycol du *Bombyx mori* femelle : 500 000 glandes prélevées, extraction par solvants organiques, chromatographie en phase gazeuse, spectrométrie de masse, spectrométrie RMN, etc.

Les phéromones des insectes

On distingue plusieurs types de phéromones : phéromones sexuelles, phéromones de trace, phéromones d'agrégation, phéromones de marquage territorial.

Phéromones sexuelles

C'est à Fabre que l'on doit les premières observations sur l'existence des phéromones sexuelles des insectes : attraction à distance par une femelle des mâles de *Saturnia pyri.*

Le bombycol est la première phéromone sexuelle à avoir été isolée. Il s'agit d'un alcool, l'hexadécadiénol.

De nombreuses phéromones de Lépidoptères ont été étudiées. Il s'agit de composés qui sont des alcools ou des acides à longue chaîne avec 12 à 16 atomes de carbone. Ces composés sont parfois estérifiés (acétates). Il suffit de peu de modifications dans la structure de la molécule pour que la phéromone devienne inhibitrice ou antagoniste.

De plus, chez les Lépidoptères, on a parfois mis en évidence un mélange de phéromones. Les phéromones sexuelles sont attractives, elles préparent à l'accouplement[13]. Elles sont généralement produites par les femelles, mais peuvent l'être par le mâle, par exemple chez certains Coléoptères (peu étudiés).

Phéromones de trace

Elles ont pour but le marquage de la nourriture ou des routes conduisant à celle-ci. La fourmi coupeuse de feuilles marque sa route avec un ester pyrrolique. Le termite *Reticulitermes* excrète un alcool tri-insaturé.

Chez les termites, il est possible qu'il y ait marquage par des substances non spécifiques provenant de la nourriture, et même qu'il y ait attirance par des substances fournies par le bois en décomposition. Ils peuvent alors les accumuler et s'en servir comme marqueur de trace.

Des insectes marquent également leur nourriture, par exemple avec la sécrétion de leurs glandes mandibulaires (citral, néral, géranial, etc.), ce qui attire d'autres individus.

Chez les abeilles solitaires, les glandes de Dufour sécrètent des lactones qui auraient un rôle dans le marquage du nid.

Il faut enfin signaler que ces phéromones de trace servent de guide à des insectivores pour trouver des nids d'insectes (nids de fourmis par exemple).

Phéromones d'agrégation (ou grégaires)

Chez les Coléoptères, où il est difficile de séparer les phéromones sexuelles des phéromones d'agrégation, on a constaté que poudre de bois et déjections agissaient sur l'agrégation des mâles et des femelles. Il s'agit de terpènes. Chez *Ips confusus*, trois alcools terpéniques ont été identifiés. Il semble que ce soit au niveau de la flore intestinale que les terpènes végétaux d'alimentation soient transformés en phéromones d'attraction. Les travaux de C. Chararas vont tout à fait dans ce sens ; chez un Scolytide, une bactérie du tube digestif est responsable de la bioconversion d'un terpène en substance attractive pour les autres Scolytides.

Phéromone de grégarisation

Chez le criquet migrateur qui existe sous forme solitaire et grégaire, Molte, en 1970, a décrit l'existence d'une phéromone, la locustone (5-ethyl-guaiacol), dont le rôle est discuté. De nouvelles études ont été entreprises (Fuzeau-Braesch).

Phéromones sociales

Chez les insectes sociaux comme les abeilles, l'organisation sociale est le résultat d'un jeu subtil de nombreuses phéromones émises soit par les ouvrières (glandes abdominales de Nasonoff), soit par la reine et qui ont un rôle déterminant (voir plus loin le rôle multiple de la substance royale des glandes mandibulaires de la reine).

Phéromones d'alarme

Chez les insectes vivant en société ou qui sont momentanément groupés, des systèmes complexes d'interrelation font appel à des phéromones nombreuses. Parmi elles, les phéromones d'alarme sont bien connues chez les fourmis.

Les glandes mandibulaires excrètent des terpènes (citronellal, géranial, etc.), les glandes de Dufour (dans l'abdomen) fabriquent trois hydrocarbures et deux méthylcétones. Toutes ces substances sont des phéromones d'alarme. Une fourmi attaquée décharge des phéromones qui attirent la voisine qui décharge à son tour… ainsi de suite, et toute la fourmilière est en défense.

De même, on a mis en évidence que l'abeille qui pique un individu (homme) injecte avec le venin de l'acétate, du propionate et du butyrate d'isoamyle, ce qui va inciter ses congénères à venir piquer le même individu (odeur de banane de la piqûre bien connue des apiculteurs).

Les phéromones d'alarme ont été aussi mises en évidence chez les termites.

Phéromones à rôle multiple ou physiologique : la substance royale des reines d'abeilles (Apis mellifica)

Les glandes mandibulaires de la reine d'abeille sécrètent des substances biologiquement actives à rôle multiple : attraction des abeilles ouvrières vers la reine suivie du léchage du corps de la reine par les ouvrières. Elles absorbent ainsi la substance royale qui bloque le développement de leurs ovaires[14]. La substance est ensuite transmise avec la nourriture et de bouche à bouche dans la colonie (trophallaxie). La substance royale est inhibitrice de la construction des cellules royales (inutile d'élever une deuxième reine !). Enfin, cette substance participe en partie à l'attraction des mâles vers la reine lors de la sortie de celle-ci.

La substance royale est donc à la fois une phéromone sociale et sexuelle, et elle agit comme une antihormone.

Elle se distingue des autres phéromones par son seuil d'activité beaucoup plus élevé (100 mg/jour dans 200 abeilles entraînent l'inhibition de construction de la cellule royale) car il s'agit d'une phéromone qui doit être ingérée (récepteurs gustatifs ou autres, mais pas antennaires) et qui a une activité étroitement liée à sa structure.

Il faut dire de plus que, dans la cohésion et la structuration de la société des abeilles, agissent conjointement les phéromones de la reine et les substances de la glande de Nasonoff des ouvrières.

Les substances allélochimiques (d'après C. Chararas)[15]

L'insecte est attiré (ou repoussé) par d'autres odeurs que celles de ses partenaires (phéromones). Il est sensible aux odeurs des végétaux, terpènes émis par ceux-ci, qui le renseignent sur leur existence et leur état physiologique. Il peut être également attiré ou repoussé par les odeurs d'autres espèces d'insectes.

Relation plante-insecte

Le végétal émet un « spectre d'odeurs » (terpènes et composés de transformation) qui lui est caractéristique – selon son état physiologique – et qui est responsable de ce que C. Chararas nomme l'attraction primaire des insectes.

Une première attaque d'insectes provoque un affaiblissement du végétal dont le spectre d'odeurs est alors modifié. Il devient alors attractif pour une autre espèce d'insecte. Ainsi, le végétal, par vagues successives, sera colonisé par les différentes espèces d'insectes.

De plus, la spécificité des insectes ravageurs pour un végétal déterminé s'explique parce qu'il produit des substances qui sont, pour l'insecte, soit phagostimulantes, soit antiappétentes, soit toxiques (insecticides).

Enfin, certaines fleurs émettent des signaux chimiques attractifs pour les insectes pollinisateurs. L'exemple le plus spectaculaire est sûrement celui de ces Hyménoptères mâles attirés par les odeurs (terpènes) d'une orchidée, odeurs identiques à la phéromone sexuelle de la femelle d'Hyménoptère.

Relation insecte-insecte

Dans le cas des relations de prédation ou de parasítisme, les insectes proies ou hôtes peuvent émettre des substances de défense toxiques ou répulsives. Inversement, le prédateur ou le parasite produisent des substances toxiques pour la proie ou l'hôte. Elles sont généralement synthétisées par des glandes spécialisées. Il s'agit soit de terpènes (termites, chrysomèle), soit d'alcaloïdes (coccinelles, fourmis) qui ont une activité insecticide tout à fait comparable à des insecticides commerciaux.

LES CHIMIORÉCEPTEURS

Ils sont localisés sur les antennes mais aussi sur les pièces buccales, les pattes et l'ovipositeur. Ces structures sont baptisées sensilles et sont constituées sur le même plan, comportant trois catégories d'éléments cellulaires d'origine ectodermique :

– une ou plusieurs cellules sensorielles avec fibres nerveuses en liaison avec un centre nerveux ;

– des formations cuticulaires articulées avec le tégument de l'insecte qui ont une forme variée et sont chargées de transmettre le stimulus externe ;

– des cellules annexes qui ont pour rôle de former des éléments cuticulaires ou de protéger les cellules sensorielles.

Quelques exemples illustrent bien cette organisation.

Soie sensorielle

La plus simple comprend une cellule sensorielle d'où part un nerf alors qu'elle envoie un prolongement (processus distal de la cellule sensorielle) à l'intérieur du canal de la soie. La soie est sécrétée par une cellule trichogène. Sa base présente une zone articulaire fabriquée par la cellule tormogène.

De nombreuses sensilles tactiles (sensilles trichoïdes) sont des soies innervées (ou sensorielles) très simples réparties sur tout le tégument de l'insecte, et particulièrement nombreuses sur les antennes, les pattes, les palpes, les cerques, etc. Ce sont les organes du toucher de l'insecte. Il est difficile de séparer ce qui est mécanique de ce qui est chimique.

Sensilles olfactives et (ou) gustatives

Goût et odorat sont très développés chez l'insecte, mais les organes sensibles sont souvent difficiles à distinguer.

Sur les antennes, les sensilles olfactives abondent (elles sont plus nombreuses chez le mâle que chez la femelle) ; elles exis tent aussi sur les pattes (tarses) et les palpes.

Les papilles gustatives sont abondantes sur les pièces buccales (palpes), l'épipharynx mais aussi sur les tarses de nombreux insectes (papillon, mouche) : ils goûtent avec leurs pattes !

La sensibilité est très différente selon les sensilles, leur organisation, leur localisation ; elles assurent donc à l'insecte une sensibilité de contact ou à distance (plusieurs kilomètres parfois), ce qui lui permet de choisir l'aliment, le lieu de ponte, le partenaire sexuel…

La sensibilité est finalement très variable. Ainsi, chez le bombyx mâle, le seuil de sensibilité au bombycol est de une molécule par sensille. La femelle est insensible à sa propre odeur. Chez les Scolytides, l'agrégation est due aux actions combinées d'un mélange de phéromones de l'insecte et des terpènes de l'arbre. Ce ne sont d'ailleurs pas les mêmes sensilles qui sont mises en jeu.

De nombreuses expériences sont actuellement menées quant à l'utilisation (sensibilité, diffusion, etc.) des phéromones en lutte biologique, piégeage sexuel, confusion sexuelle, etc., ou en méthode d'avertissement (le piégeage informe sur la présence d'insectes), donc en méthodes de lutte à mettre en œuvre.

Sons et organes chordotonaux et tympaniques

Les insectes communiquent aussi par le son qu'ils produisent ou réagissent à des sons d'autres origines.

PRODUCTION DE SONS : LES ORGANES STRIDULANTS

Les insectes produisent involontairement ou volontairement des sons qui mettent en jeu ou non des appareils spécialisés.

Ils font du bruit en volant : bourdon, mouche, moustique…

Ils font du bruit aussi en se « dépliant », c'est-à-dire en faisant fonctionner rythmiquement leurs articulations (en particulier abdominales pour la respiration) : bruit de fond de la ruche par exemple.

Ils font du bruit volontairement en frappant, en cognant sur les parois en bois ou en terre des loges où ils vivent : soldats de termites (frappant avec leurs mandibules), Coléoptères dans leur galerie (ex. : genre *Anabium*, dont le bruit est qualifié d'« horloge de la mort ») ;

Ils font du bruit en frottant deux parties de leur corps qui réalisent ce que l'on appelle leur appareil stridulant : le criquet stridule par frottement des tubercules du fémur des pattes postérieures contre les nervures radiales des ailes antérieures ; le grillon, la sauterelle frottent aile antérieure et aile postérieure ; les criocères (Coléoptères, Chrysomelidae) grattent leurs élytres sur leur abdomen, etc.

Chez la cigale, la phonation est réalisée grâce à la vibration de membranes logées dans la cavité du premier segment abdominal, mues par un muscle particulier. La vibration est amplifiée par une cavité abdominale. La stridulation est surtout le fait des mâles.

LES RÉCEPTEURS : MÉCANORÉCEPTEURS, OU SENSILLES SCOLOPOPHORES OU SCOLOPIDIES

L'insecte est sensible aux sons, aux vibrations, aux variations de tension (externe ou interne), il possède donc un sens auditif et de manière générale un sens mécanique.

Il n'est pas étonnant que l'on baptise sous le terme général de mécanorécepteurs les sensilles sensibles à ces facteurs mécaniques et que, selon leurs destinées, elles soient nommées différemment. Elles ont cependant toute une organisation unitaire de base, calée sur celle que nous avons vue précédemment pour les sensilles sensorielles et baptisée scolopidie.

La scolopidie comprend trois parties :

– la cellule sensorielle fusiforme se termine par une vacuole réfringente surmontée par un tube rigide : le clou scolopal terminé par un bouton (bouton ou clou scolopidial). Cette zone terminale est traversée dans toute sa longueur par un filament tendu : la corde axiale. L'autre extrémité de la cellule sensorielle se prolonge par un nerf ;

– la « cellule enveloppe » entoure l'extrémité scolopidiale ;

– la « cellule-coiffe » surmonte l'extrémité scolopidiale.

La « cellule enveloppe » (cellule trichogène) sécréterait l'extrémité scolopidiale et la corde tendue qui est la partie sensible aux tensions, vibrations, sons, etc. La « cellule-coiffe » (cellule tormogène) s'étire parfois, formant un filament suspenseur relié au tégument.

Ces éléments sont soit isolés, soit regroupés en organes aux noms divers : organe tympanique, organe de Johnston... Ce sont des propriocepteurs qui renseignent l'insecte sur ses propres mouvements. Ils sont d'autant plus nombreux et importants que l'insecte est un Arthropode, donc un animal articulé : membres, segments du corps se déformant sans cesse, les mécanorécepteurs informent en permanence l'insecte sur ces déformations dues aux mouvements, mais aussi à la pesanteur agissant sur son exosquelette rigide. Ils sont nombreux à l'intérieur de l'insecte : ce sont des propriocepteurs par opposition aux extérocepteurs qui renseignent l'animal sur ce qui se passe à l'extérieur.

Une vibration du sol, vibration que vous faites quand vous marchez, sera perçue par le grillon qui arrêtera de chanter. Il ne vous a pas vu, pas entendu parler, il a enregistré votre présence par la vibration du sol produite par votre déplacement.

L'organe de Johnston des antennes des mouches est formé chez ces espèces d'un maximum de scolopidies. Il joue un rôle essentiel dans le contrôle du vol (vitesse). Chez les insectes aquatiques, il intervient dans le contrôle de la nage. Chez certains moustiques (type *Culex*) mâles, il permet la localisation des femelles par le bruit de leurs ailes.

Il en est de même de l'abeille qui capte, dans l'obscurité de la ruche, les signaux sonores émis par la danseuse; elle évalue sa position par rapport à cette dernière et en déduit la direction de la source de nourriture. Car, contrairement à ce que l'on a cru pendant longtemps, les abeilles ne sont pas sourdes[16] !

Les organes tympaniques sont bien évidemment les organes auditifs les plus spécialisés. Ils ont des localisations variables selon les espèces : abdominale (Acridiens), thoracique ou abdominale (papillons), pattes prothoraciques (courtilières). Ils ont des rôles également variés. Généralement, ils sont présents chez les espèces productrices de son et alors ils jouent un rôle important dans les relations de communications intraspécifiques : la sensibilité est maximale pour une certaine fréquence, celle de l'espèce; on dit donc qu'elle est spécifique.

Les organes tympaniques sont également présents chez les insectes qui ne chantent pas : c'est le cas chez les papillons (Noctuidae). Ils jouent alors un rôle dans les relations interspécifiques; ces papillons entendent les ultrasons émis par les chauves-souris insectivores. Ils peuvent ainsi échapper à leur prédateur en localisant d'où vient le son émis.

L'insecte dispose donc d'un arsenal d'instruments sensoriels qui l'informent en permanence sur les modifications de son environnement. Par rapport à l'homme, il est sensible aux ultraviolets, à la lumière polarisée, aux ultrasons… Il voit donc mieux et entend mieux (ou autrement) que l'homme. Il a de plus un sens magnétique de l'orientation (magnétite interne).

Ses organes sensoriels sont en relation avec un système nerveux interne, métamérique, très développé, dont le cerveau sera le principal centre d'association des sensations perçues. Son cerveau est aussi lié au système endocrine, formant un appareil neuroendocrinien particulièrement performant. Il assure à l'insecte une physiologie adaptée aux changements de l'environnement (écophysiologie).

Conclusion

Le tégument de l'insecte constitue donc pour celui-ci sa première enveloppe écologique. Il n'a donc pas recours à l'artifice du « vêtement ». On connaît bien sûr quelques exceptions, à savoir des insectes qui se parent d'objets pris dans le milieu : en eau douce, les larves de phrygane (porte-bois ou vers laineux des pêcheurs) se déplacent dans un fourreau soyeux recouvert de morceaux de bois, de coquilles (de planorbes) ; en milieu terrestre, les larves de psychides (Lépidoptères) se construisent un fourreau de soie qu'elles recouvrent de particules de terre, de morceaux de feuilles. L'insecte passe ainsi plus facilement inaperçu dans son milieu.

Grâce à leur tégument et en particulier aux pigments qu'il contient, les insectes se fondent dans leur environnement et il faut un œil bien exercé pour les repérer. Ce mécanisme est l'homochromie et l'on connaît beaucoup d'espèces d'insectes qui sont homochromes pour le milieu dans lequel elles vivent. Si en plus de la couleur identique les insectes ont une forme semblable aux éléments du milieu, on parle alors d'homotypie : insecte en forme de brindille (les phasmes), en forme de feuille (les phyllies), à allure et couleur d'écorce ou de lichens… les exemples sont multiples et ces dissimulations sont incontestablement un avantage pour l'insecte qui échappe ainsi aux prédateurs.

À l'opposé de l'homochromie, des insectes se protègent grâce à des taches vivement colorées. Le corps de certains insectes porte par exemple des taches protectrices semblables à des yeux (ailes des papillons) : elles sont destinées à prévenir les attaques ou à les détourner vers des parties moins vitales du corps. Ces couleurs voyantes sont parfois associées à une odeur ou à un mauvais goût de l'insecte : cas du « criquet puant ». Les prédateurs font vite leur apprentissage et associent couleur voyante à insecte immangeable.

Le tégument étant presque l'unique élément de protection de l'insecte, on verra donc que sa cuticule fait l'objet de nombreuses recherches pour lutter contre les insectes. Inhiber la synthèse de chitine, voire de certaines protéines qui y sont associées, modifier l'imperméabilité tégumentaire, rendre le tégument poreux par pénétration de mycélium de champignons dans les pores afin d'entraîner la déshydratation de l'insecte, faciliter la pénétration de certains insecticides… telles sont quelques-unes des pistes actuellement suivies pour lutter contre les insectes.

4

Le développement des insectes : mues et métamorphose

C'est parce qu'ils ont le corps recouvert d'une carapace rigide, la cuticule, que les insectes, pour grandir, sont obligés de faire des mues. Ils abandonnent la vieille cuticule (exuvie) alors qu'ils viennent d'en fabriquer une plus grande, en utilisant d'ailleurs une partie importante des matériaux de l'ancienne.

Ce phénomène de la mue existe chez tous les êtres à corps couvert d'une carapace (Arthropodes). Chez les insectes, des mues peuvent même se produire pendant le développement de l'embryon. Elles s'accompagnent parfois de transformations profondes : les métamorphoses. Enfin, au cours du développement embryonnaire ou du développement post-embryonnaire, peuvent apparaître des périodes d'arrêt de développement – ce sont les diapauses – qui permettent de faire coïncider le développement avec des conditions environnementales favorables, en particulier la disponibilité en aliments. Que deviendrait une chenille processionnaire du chêne si son éclosion se produisait au mois de janvier, alors que les chênes n'ont pas de feuilles ?

De l'œuf à l'adulte, la vie de l'insecte est entrecoupée de ces épisodes : mues, métamorphoses, diapauses, dont le nombre et les modalités présentent une diversité extraordinaire, à l'image du monde des insectes.

Le développement embryonnaire

L'œuf de l'insecte est très riche en vitellus. Celui-ci est situé au centre de l'œuf ; le développement embryonnaire se fait à ses dépens mais nécessite aussi de l'eau et de l'air.

L'œuf d'insecte est généralement recouvert, protégé, par une enveloppe rigide, le chorion, mais cette enveloppe n'est pas imperméable. À un pôle, dit hydropyle, l'eau est absorbée et permettra le développement embryonnaire. Le manque d'eau – anhydrobiose – en période de sécheresse empêche le développement ; l'œuf est en état de dormance ou quiescence[1] qui cesse dès que l'eau devient disponible. L'air (oxygène) est également absorbé à travers le chorion grâce à des pores, canalicules ou autres dispositifs différents selon les espèces.

Ainsi, grâce au vitellus, à l'eau et à l'oxygène, le développement embryonnaire va pouvoir se réaliser à l'intérieur de cette enveloppe qu'est le chorion.

La segmentation de l'œuf débute par la division du noyau de fécondation. La multiplication de ce noyau s'accompagne d'une migration des noyaux formés vers la périphérie de l'œuf – comme s'ils fuyaient le vitellus central – où ils forment une couche régulière, l'ébauche de l'ectoderme. Au pôle postérieur, un amas de noyaux sera à l'origine des cellules sexuelles (germen). L'ectoderme s'épaissit en une bande germinative, ébauche du futur embryon. Dans l'axe de cette bande germinative apparaît alors un sillon ou gouttière gastrale. La gastrulation s'amorce et conduit à la différenciation de l'ectoderme, de l'endoderme et du mésoderme, les trois feuillets embryonnaires de l'insecte.

Au moment où la gouttière gastrale se referme, il se forme au-dessus de l'embryon une cavité amniotique.

L'ectoderme se différencie en profondeur en deux cordons cellulaires, ébauches de la chaîne nerveuse. Au niveau de chaque segment, il s'invagine pour donner une paire de trachées. À l'avant et à l'arrière de la gouttière gastrale fermée, l'invagination de l'ectoderme réalise l'intestin antérieur et l'intestin postérieur. Le reste de l'ectoderme constitue le tégument de l'insecte.

Le mésoderme forme, par segment, une paire de sacs cœlomiques, qui se dissocie et d'où dérivent muscles, cœur, tissu adipeux… et se réalise alors la cavité générale de l'insecte.

L'endoderme se différencie dans l'axe de l'embryon, formant l'intestin moyen, qui s'abouche à l'intestin antérieur et à l'intestin postérieur d'origine ectodermique.

Plus tard se forment les appendices, en principe une paire par segment de l'avant vers l'arrière. Apparaissent ainsi les antennes, puis les pièces buccales, les trois paires de pattes et enfin des appendices abdominaux. Pour ceux-ci, il ne s'agit que d'ébauches qui avortent sauf les derniers : stylets copulateurs et cerques.

L'embryon baigne, au cours de son développement, dans le liquide amniotique. À la fin de son développement, alors que sa cuticule est formée, l'embryon aspire par son pharynx ce liquide amniotique et occupe ainsi la totalité de la coque de l'œuf. Il doit ensuite rompre ce chorion pour faire l'éclosion. Là commencent les difficultés !

Le chorion étant souvent très rigide, les efforts musculaires de la jeune larve pour le rompre seraient vains si des dispositifs spéciaux n'existaient pas. Il s'agit souvent de zones de moindre résistance (sillon de l'œuf de mouche), de clapet (opercule des œufs du phasme), qui facilitent la rupture du chorion. De plus certaines larves sont munies, à la naissance, sur leur tête, d'un « ouvre-œuf » (*ruptor ovi*), sorte d'épine ou lame dentée chitineuse. Cette cuticule embryonnaire (dont l'ouvre-boîtes) est souvent abandonnée à l'éclosion (mue embryonnaire[2]). Enfin, certains embryons dissolvent le chorion de l'œuf par des enzymes (chitinases et protéases) émises dans le liquide amniotique ; c'est le cas des acridiens et l'on a démontré que ces enzymes sont produites par les appendices du premier segment abdominal, devenus glandulaires.

Ainsi, la larve qui sort de l'œuf[3] passe de la vie aquatique (liquide amniotique) à la vie aérienne, terrestre. Elle ressemble ou non à l'adulte, mais, en toute hypothèse, devra subir des mues pour grandir.

La mue

Nous venons d'indiquer qu'elle pouvait avoir lieu dans l'embryon. Chez les insectes primitifs, type collembole, la mue persiste même chez l'adulte. C'est dire qu'il s'agit d'un phénomène général et d'une grande importance pour l'insecte.

La mue est donc le processus par lequel l'insecte renouvelle son tégument, sa cuticule et en même temps toutes les productions tégumentaires cuticulaires : soies, poils urticants, appareils sensoriels, trachées, parties antérieure et postérieure de l'intestin… C'est un phénomène histologique qui se déroule en plusieurs étapes.

Un insecte qui mue cesse de s'alimenter, s'immobilise. Les cellules de l'hypoderme se détachent de l'ancienne cuticule et commencent à en sécréter une nouvelle : d'abord l'épicuticule, puis l'exocuticule, enfin une partie de l'endocuticule. En même temps, l'hypoderme exsude entre ancienne et nouvelle cuticule un liquide, le liquide exuvial, riche en enzymes (chitinases et protéases). Ces enzymes ont pour fonction de digérer une grande partie de l'endocuticule de l'ancienne cuticule, ce qui facilitera le phénomène d'exuviation : élimination de ce qui reste de l'ancienne cuticule et que l'on appelle l'exuvie (10 à 20 % de la cuticule). Se débarrasser de l'ancienne cuticule est – comme sortir de l'œuf – une opération délicate. Elle n'est possible que parce que l'ancienne est digérée en grande partie (80 à 90 %) et parce que existent des lignes de moindre résistance, endroit où la cuticule n'est pas sclérotinisée.

L'exuviation se produit alors que le liquide exuvial a été absorbé à travers la nouvelle cuticule – les matériaux sont réutilisés pour la synthèse cuticulaire – et grâce aux contractions des muscles une pression interne fait rompre la cuticule le long des lignes de moindre résistance. L'insecte s'extrait alors par la fissure de l'ancienne cuticule.

Pendant et juste après l'exuviation, l'insecte se gorge d'air afin d'avoir le corps distendu à l'extrême. La cuticule encore souple se déplisse au maximum puis, à l'air, elle va se durcir et se colorer (mélaniser).

La mélanisation est un phénomène rapide : il est réalisé en une heure. Par contre, le durcissement est plus lent : il peut durer plusieurs jours voire plusieurs semaines. Il correspond à la fois à la sclérotinisation (transformation de la cuticule en sclérotine) et à l'accroissement en épaisseur des couches profondes de la cuticule.

La croissance

La mue permet la croissance de l'insecte. Il s'agit d'une croissance discontinue. Chaque espèce présente un nombre fixe de mues (deux à six en moyenne) séparées par des stades. Chaque stade correspond à une forme et conserve des dimensions fixes. La croissance en longueur des larves se traduit par une courbe en escalier. La croissance en poids se traduit par une courbe continue mais sinueuse puisque, entre deux mues, l'insecte se nourrit abondamment – son poids augmente – et qu'à l'approche de la mue il arrête de s'alimenter – alors, son poids diminue.

Mues et croissance sont généralement liées, mais peuvent ne pas l'être dans certaines conditions. J'ai déjà évoqué le cas du collembole en écomorphose, qui mue alors qu'il ne s'alimente pas. C'est aussi le cas de la larve de *Tineola* (teigne) qui, bien nourrie, fait 4 mues larvaires en 26 jours de développement alors qu'en cas de jeûne son développement dure 900 jours avec 40 mues (d'après Raccaud-Schoeller) ! L'insecte peut même devenir de plus

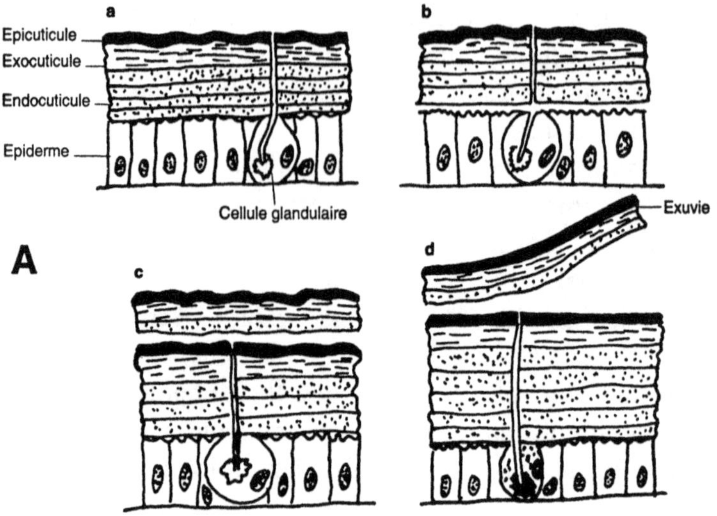

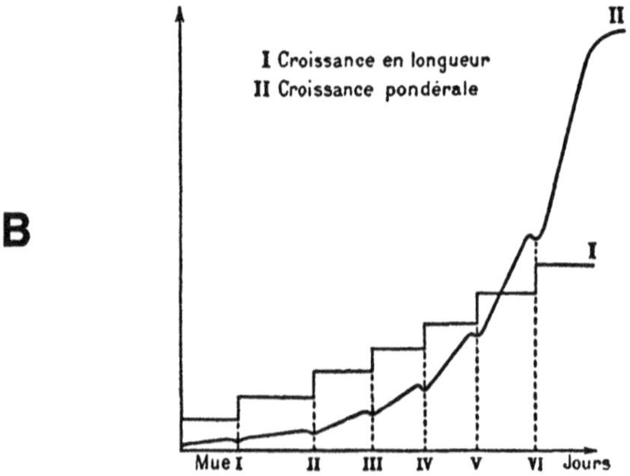

Figure 11. – Mue et croissance des insectes

A. Les étapes successives de la mue. a = tégument au repos, b = début de la mue : la cuticule se sépare de l'épiderme et commence sa lyse (apolyse), c = sécrétion de la nouvelle cuticule et résorption de l'ancienne, d = exuviation et fin de synthèse de la nouvelle cuticule.
B. La croissance d'un insecte hétérométabole.
(D'après H. Boué et R. Chanton, 1958.)

en plus petit tout en muant : on rapporte le cas d'un petit Coléoptère, *Trogoderma*, qui mesurait 8 mm au moment de sa mise à jeun et 1 mm après cinq ans de jeûne (il pesait alors 1/600e du poids initial) (d'après Wigglesworth).

Le développement post-embryonnaire : mues et métamorphose

À l'éclosion, le jeune ressemble ou non à l'adulte.

Chez les insectes primitifs (protoures, thysanoures et collemboles), le jeune, à la naissance, est parfaitement identique à l'adulte. Les mues successives n'affectent que sa taille. À la dernière, ses gonades deviennent fonctionnelles et l'armature génitale bien visible : cette mue est dite imaginale et l'individu formé est un adulte sexué ou imago. Ces insectes sans métamorphose sont dits amétaboles.

Les autres insectes sont des métaboles car le jeune ressemble un peu ou pas du tout à l'adulte et subira une transformation : la métamorphose. Celle-ci sera incomplète chez les hétérométaboles et complète chez les holométaboles. Rappelons que les hétérométaboles ont été subdivisés en quatre catégories :

– les paurométaboles (Orthoptères, Isoptères, Hétéroptères) ont des larves qui ne diffèrent de l'imago que par l'absence des ailes et des organes génitaux. Larves et adultes ont le même mode de vie (même milieu) : exemple du criquet ;

– les hémimétaboles (Odonates) ont des larves aquatiques alors que les adultes sont terrestres : exemple de la libellule ;

– les paléométaboles (Éphéméroptères) ont été séparés des hémimétaboles parce que leurs larves aquatiques présentent des caractères primitifs, en particulier la persistance d'appendices abdominaux archaïques à rôle respiratoire. L'adulte est terrestre ;

– les néométaboles (Thysanoptères, Hémiptères) ont des stades pré-imaginaux séparés en stades larvaires sans fourreaux alaires puis en stade nymphal avec fourreaux alaires présentant tous les autres caractères morphologiques des adultes.

Les holométaboles constituent la grande majorité des insectes : Coléoptères, Lépidoptères, Diptères, Hyménoptères. La larve, juste éclose (premier stade), diffère complètement de l'adulte. Sa biologie et son régime alimentaire sont différents de ceux de l'adulte. Après plusieurs mues larvaires, pendant lesquelles elle grandit identique à elle-même, elle se transforme en nymphe (ou chrysalide des Lépidoptères, pupe des Diptères) grâce à une mue nymphale. Il s'agit d'un stade immobile à l'intérieur duquel ont lieu histolyse des tissus larvaires et histogenèse des organes de l'adulte. De la nymphe sortira l'adulte pourvu d'ailes : c'est la mue imaginale.

Mues larvaires (quatre à six), mues nymphale et imaginale entrecoupent donc le développement d'un insecte holométabolc.

Les larves des holométaboles

Ces larves sont morphologiquement, anatomiquement et physiologiquement différentes de l'adulte. Aussi n'est-il pas mauvais de les décrire car la relation avec l'adulte n'est pas évidente.

On distingue plusieurs types de larves :

– les larves campodéiformes, par analogie avec un petit thysanoure du genre *Campodea*. Ce sont des larves marcheuses ou nageuses, à corps allongé, téguments durs, bouche prognathe, pièces buccales de type broyeur. Les antennes et les pattes thoraciques sont bien développées. L'abdomen est terminé par deux pinces articulées et longues. Ex. : carabe, dytique, staphylin ;

– les larves mélolonthéiformes, dont la larve du hanneton ou ver blanc (*g. Melolontha*) sert d'exemple. Il s'agit d'une larve épaisse, à corps mou, blanchâtre, avec un gros abdomen arqué. Elle n'a pas d'yeux, ni d'antennes, et les pattes sont réduites. L'appareil buccal est de type broyeur. On les trouve dans le sol ou le bois en décomposition. Elles se nourrissent de racines ou de débris végétaux. Ex. : Coléoptères Scarabéidés ;

– les larves éruciformes (de *eruca* : chenille). Ce sont les chenilles des papillons (Lépidoptères). Elles ont un corps allongé, cylindrique, mou, avec une tête bien marquée munie de pièces buccales broyeuses (fortes mandibules). Elles marchent grâce aux pattes thoraciques articulées et aux fausses pattes abdominales. Elles sont phytophages et capables de sécréter de la soie grâce à une filière sur le labium. Ex. : Lépidoptères, Hyménoptères (tenthrèdes) ;

– les larves vermiformes ou apodes, dont l'aspect rappelle plus ou moins celui des asticots des Diptères. Elles n'ont ni pattes ni appendices locomoteurs. Le corps est peu ou pas différencié en trois parties. Les pièces buccales sont de type broyeur ou atrophiées. Elles se nourrissent de substances liquides ou de matières en décomposition (dont les excréments). Ex. : Diptères (asticots des mouches).

La métamorphose

Les larves deviennent des adultes grâce à la métamorphose qui comporte une phase intermédiaire caractérisée par l'immobilité et l'absence d'alimentation. C'est la nymphose qui produit la nymphe.

Les nymphes sont nues et libres (Coléoptères) ou fixées. Si elles sont enfermées dans un cocon, on parle alors de chrysalides (Lépidoptères). Enfin, quand elles sont enveloppées par l'exuvie de l'asticot qui a produit la nymphe, ce sont les pupes (Diptères).

La métamorphose débute donc à la nymphose (mue nymphale), se poursuit durant toute la vie nymphale et s'achève avec la mue imaginale. Elle se caractérise par :

– des phénomènes d'histogenèse, c'est-à-dire d'édification, de développement d'organes caractéristiques de l'adulte et restés indifférenciés pendant la vie larvaire sous forme de disques imaginaux : disques alaires (ils deviendront des ailes chez l'adulte), disques des pattes, disques des yeux, etc. ;

– des phénomènes d'histolyse, c'est-à-dire de destruction d'organes larvaires (exemple : l'appareil digestif) ;

– des phénomènes de remaniement d'appareils communs à la larve et à l'adulte (exemple des muscles qui se dédifférencient puis se redifférencient pour devenir de type imaginal).

Déterminisme des mues et métamorphoses

Les mues ont, en particulier chez les insectes holométaboles, des qualités différentes. Mues larvaires, mue nymphale et mue imaginale se succèdent au cours du développement et la larve, la nymphe et l'adulte ne se ressemblent pas. Comment, au plan physiologique, expliquer ces phénomènes et leurs différences qui ont intrigué nombre de biologistes ?

Grâce à des expériences *princeps* – je ne citerai ici que celles de Bounhiol et de Fukuda –, à des analyses chimiques (biochimiques), on a pu montrer que c'est le jeu de deux hormones qui conditionne les mues et leur qualité.

Ces deux hormones sont l'ecdysone et l'hormone juvénile. Elles sont respectivement produites par les glandes de mue[4] et les corps allates, glandes stimulées par des neurohormones[5] produites par les cellules neurosécrétrices du cerveau, lui-même informé par les facteurs de l'environnement. Elles vont agir sur les récepteurs des cellules cibles : le tégument, les disques imaginaux (des ailes, des appendices...).

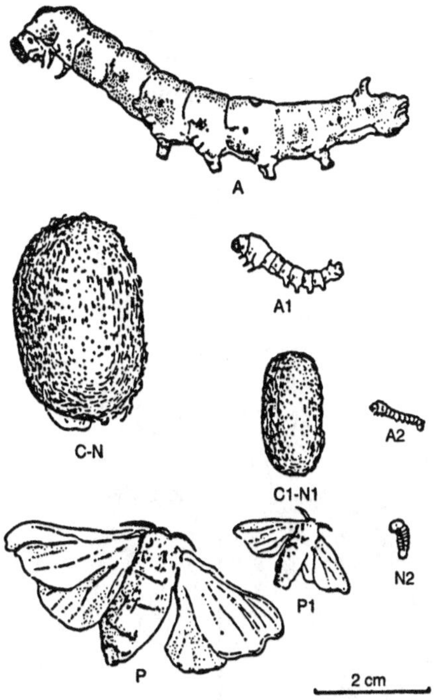

Figure 12. – Résultat de l'ablation des corps allates : métamorphose prématurée

A, ver du dernier stade (après quatrième mue) ; C-N, le cocon qu'il a filé quelques jours après et contenant la nymphe normale ; P, le papillon normal qui en est sorti ; A1, ver à l'avant-dernier stade au moment de l'ablation des CA ; C1-N1, le cocon qu'il a filé et P1 le papillon prématuré obtenu ; A2, ver très jeune, quelques jours après la deuxième mue et, au-dessous, la nymphe minuscule, N2, en laquelle il s'est transformé (sans filer de cocon) après l'ablation des corps allates. (D'après Bounhiol 1937, expériences *princeps*.)

Pour simplifier, je dirai que lorsque agissent successivement l'homme juvénile – hormone de jeunesse, ce qui veut dire maintien de l'état jeune – et l'ecdysone, la mue réalisée est de type larvaire : une larve grandit en une autre larve.

Lorsque, après quatre à six mues larvaires selon les espèces, les corps allates cessent de sécréter l'hormone juvénile, alors l'action de la seule ecdysone provoque la nymphose, puis la mue imaginale, c'est-à-dire la métamorphose. En l'absence d'hormone juvénile, l'insecte prend un coup de vieux !

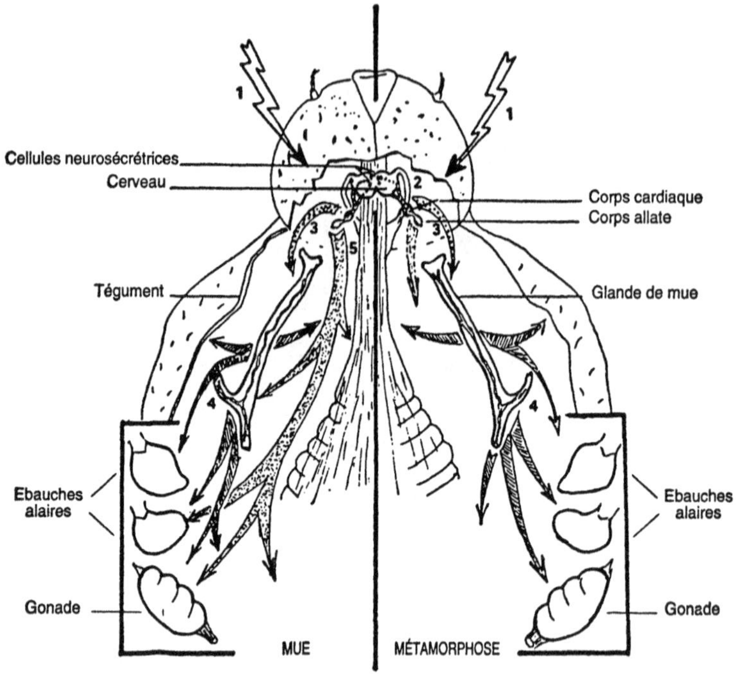

Figure 13. – Schéma récapitulatif des interactions hormonales au cours des mues larvaires (à gauche) et de la métamorphose (à droite)

1. Signaux extérieurs : lumière, température... ; 2. Neurosécrétions (transport nerveux)... ; 3. Neurosécrétions : transport sanguin (émises par C.C.) ; 4. Hormone de mue ; 5. Hormone juvénile (émise par C.A.). (D'après J.J. Lahargue et L. Lavenseau, 1990.)

Dans le détail, les biochimistes ont pu montrer que ces hormones existent sous plusieurs états.

L'ecdysone, ou hormone de mue, est la première hormone isolée par P. Karlson et ses collaborateurs (1965). Les ecdysones sont des stéroïdes qui conservent complet le squelette du cholestérol. L'α-ecdysone a d'abord été isolée, puis la ß-ecdysone, enfin la 20, 26 dihydronyecdysone.

Dans la glande de mue la synthèse de l'α-ecdysone se fait à partir du cholestérol qui doit être obligatoirement apporté par l'alimentation, l'insecte étant incapable d'en faire la synthèse. L'α-ecdysone passe dans le sang, puis est concentrée en ß-ecdysone dans le tissu adipeux : elle est alors plus active et sera véhiculée par une protéine-porteuse jusqu'aux organes cibles.

Les ecdysones sont rapidement éliminées de l'organisme ou inactivées (et stockées : reins d'accumulation). Elles agissent en stimulant les synthèses protéiques (cuticulaires) du tégument et des disques imaginaux[6] via la synthèse d'ARN par les cellules. L'hormone se fixe sur un récepteur cytoplasmique qui la transporte dans le noyau. Le complexe récepteur-hormone agit sur l'ADN :

– soit par dérépression, c'est-à-dire en se combinant avec le répresseur ;

– soit directement en se liant à l'opéron mettant en fonctionnement les gènes qui codent la synthèse des protéines de la mue.

Il faut dire que des ecdysones ont été trouvées chez les végétaux : phyto-ecdysone (en C27). Est-ce un moyen mis en œuvre par le végétal pour lutter contre les insectes phytophages ? Toujours est-il que de nombreuses larves d'insectes se nourrissent de végétaux riches en phyto-ecdysones. Y a-t-il adaptation dans le cas du ver à soie (*Bombyx mori*) par exemple ?

L'hormone juvénile – on devrait dire les hormones juvéniles – est produite par les corps allates[7], glandes d'origine ectodermique qui se sont mises en relation avec les corps cardiaques. Elles ont pour fonction non seulement de maintenir les caractères larvaires (effet juvénilisant), mais en plus, à l'état adulte – les corps allates reprenant leur fonctionnement –, d'assurer la vitellogenèse (rôle gonadotrope) et l'activité des glandes annexes de l'appareil génital.

L'hormone juvénile[8], hormone liposoluble, est un dérivé terpénique en C15 apparenté au farnesol. Elle existe sous trois états : JH_1, JH_2 et JH_3. JH_1 et JH_2 à effet juvénilisant chez les larves, JH_3 à effet gonadotrope et seulement fabriquée chez l'adulte. Ces JH sont véhiculées par des protéines-porteuses qui non seulement les transportent, mais en plus les protègent des dégradations (action d'estérases).

Les arrêts de développement

Qu'il s'agisse du développement embryonnaire ou du développement post-embryonnaire, ceux-ci ne sont pas continus. Ils sont marqués par des arrêts, conditionnés par les facteurs de l'environnement ; on parle de quiescences et de diapauses. Elles peuvent se produire selon les espèces aux différents stades : œuf, larve (chenille), nymphe et adulte.

Il est classique en effet de distinguer, dans les arrêts de développement – ce que les Anglais nomment « dormances » –, les quiescences des diapauses.

Les quiescences sont des arrêts, à la fois de l'activité extérieure et du développement interne, se produisant sous l'influence directe des conditions environnementales défavorables. Il semble que, chez les insectes, ces quiescences puissent se produire à n'importe quel stade de développement. Le retour des conditions favorables entraîne la reprise du développement.

J'ai indiqué précédemment le cas de quiescence des œufs de moustiques privés d'eau, œufs qui reprennent leur développement et l'achèvent dès que l'eau est à nouveau disponible. J'ajouterai un exemple que j'ai eu l'occasion de tester au laboratoire et qui existe dans la nature, à savoir la quiescence des chenilles processionnaires du pin. Celles-ci cessent de s'alimenter si la température devient inférieure à 7 °C et ce, aussi longtemps que dure le froid.

Les diapauses sont également des arrêts de la morphogenèse et de l'activité mais se produisant, en apparence, sans relations évidentes avec les conditions environnementales. De ce fait, le retour à l'activité (sortie de diapause) ne se fait que quelques mois plus tard dans des conditions environnementales qui ne sont pas forcément opposées à celles de l'entrée en diapause.

L'état de diapause se révèle être un état physiologique de vie ralentie (pas de total arrêt de développement) qui anticipe des conditions environnementales difficiles.

Je prendrai deux exemples pour illustrer ces mécanismes et montrer leur conditionnement environnemental.

Diapause embryonnaire du ver à soie

La diapause embryonnaire se produit, selon les espèces considérées, à différents stades du développement.

La femelle du bombyx du mûrier (*Bombyx mori*) ordinaire ou « univoltine » (un cycle de développement, soit une génération par an) pond en juin-juillet des œufs qui, bien que la température extérieure soit de 25 à 28 °C, ne fourniront des larves que neuf à dix mois plus tard, c'est-à-dire au printemps suivant, alors que la température n'est que de 15 ou 16 °C. L'œuf pondu commence son développement embryonnaire : segmentation et formation de la bandelette germinative (en 24-36 heures) puis cesse toute activité de prolifération. C'est la diapause embryonnaire. Elle a été bien étudiée par un chercheur japonais, S. Fukuda, qui a démontré que le conditionnement était à la fois environnemental et endocrinien (donc externe et interne) :

– à 25 °C et en photopériode longue de l'été, l'hormone de diapause est sécrétée (via la stimulation du cerveau) par le ganglion sous-œsophagien (2 cellules neurosécrétrices) afin de faire réaliser avant l'hiver des œufs diapausiques (ils sont très pigmentés par accumulation de 3-hydroxykynurénine) ;

– à 15 °C et en photopériode courte, une inhibition de la synthèse de l'hormone de diapause se produit et conduit à la réalisation d'œufs à développement direct (fin de printemps).

La diapause embryonnaire du ver à soie peut être rompue expérimentalement soit par des traitements thermiques, soit par des traitements chimiques. J.-J. Bounhiol, par ces dernières méthodes, maintient en développement continu pendant dix générations une race univoltine.

Diapause nymphale de la piéride du chou

La piéride du chou est un Lépidoptère qui, dans nos régions, produit deux ou trois générations d'avril-mai à septembre-octobre. Lorsque la photopériode diminue, les chenilles produisent des nymphes diapausiques qui passeront la mauvaise saison cachées dans des anfractuosités de mur. En avril-mai apparaîtront des papillons issus de ces nymphes diapausiques, qui produiront une nouvelle génération.

C'est la diminution de la photopériode qui induit l'entrée en diapause. Il suffit, au laboratoire, d'apporter un complément de lumière (lumière artificielle) à ces chenilles pour empêcher l'entrée en diapause (16 heures de lumière par jour).

La chenille enregistre l'information photopériodique. J. Claret a montré qu'elle perçoit cette information à un moment précis de son cycle de développement : 5 jours (entre 3e et 4e mue). Cette période correspond, comme l'a démontré J.-J. Bounhiol, avec une moindre opacité de sa boîte crânienne. C'est donc une quantité plus ou moins grande de lumière qui va agir directement[9] sur le cerveau de l'insecte (cellules neurosécrétrices) pour lui faire produire des hormones (neurohormones) qui vont stimuler le complexe endocrinien. Dans le cas d'une photopériode faible, la non-stimulation de la glande prothoracique par les cellules neurosécrétrices prothoracotropes du cerveau entraîne une baisse de taux d'ecdysone et l'entrée en diapause.

L'injection d'ecdysone à une nymphe diapausique entraîne la levée de diapause. Le même résultat est obtenu par la mise en parabiose[10] d'une nymphe diapausique et d'une nymphe non diapausique (à développement dit direct) riche en ecdysone.

Le cerveau de cette espèce contient les photorécepteurs (pigments caroténoïdes), à moins que ce ne soient les cellules neurosécrétrices elles-mêmes qui soient photoréceptrices. L'augmentation de la photopériode (et/ou de la température) se traduira par une stimulation déclenchant, *in fine*, la sortie de la diapause[11].

Ainsi, les facteurs externes de l'environnement, et en particulier la lumière, constituent une information qui sera traduite en hormones (via le cerveau) et sera responsable de l'entrée en diapause ou de la rupture de celle-ci. La diapause est donc pour l'insecte un état de vie ralentie qui lui permet de passer la mauvaise saison.

Cet état est caractérisé par un rythme respiratoire plus lent et une très grande accumulation de produits énergétiques : sucres, lipides et même protéines. Ceux-ci permettent de résister au froid.

Durée de vie de l'insecte

Dans nos régions tempérées, le développement des insectes est conditionné par les facteurs de l'environnement, de telle sorte qu'ils effectuent un cycle complet de développement dans l'année. Ils passent la mauvaise saison en diapause dans l'œuf, la larve ou la nymphe.

Mais il existe beaucoup de variantes à ce schéma de cycle annuel de développement. Comme nous venons de le voir pour la piéride du chou, celle-ci, pendant la période chaude, fait deux ou trois générations en développement continu : chaque cycle de développement dure donc quelques semaines (selon les conditions environnementales). Seule la dernière génération voit son cycle allongé de plusieurs mois par la diapause nymphale.

Cet allongement du cycle peut être bien supérieur à l'année. La diapause peut être renforcée, c'est-à-dire prolongée d'une, deux ou plusieurs années. C'est ainsi que l'on peut citer, chez les Lépidoptères des régions tempérées, le cas de la processionnaire du pin dont le cycle classiquement annuel peut être allongé – c'est la diapause nymphale qui est renforcée – jusqu'à devenir un cycle biennal, triennal et même quinquennal, selon la température subie par les chenilles au cours de leur développement larvaire. G. Demolin a dénombré sept types de populations caractérisées par des aptitudes à donner des cycles différents. Le plus difficile à expliquer, dans une population issue de la même ponte – donc même génération –, c'est que peuvent coexister jusqu'à trois types de durée de cycle : par exemple, 35 % en cycle annuel, 45 % en cycle biennal, 20 % en cycle triennal.

S'il y a des durées de vie différentes dans une même espèce selon les latitudes, dans un même groupe d'individus issus d'une

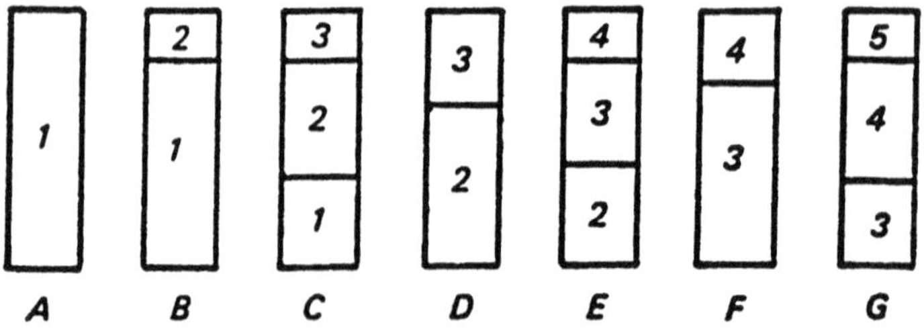

Différents types de populations de processionnaires du pin caractérisés par leurs aptitudes à donner des cycles différents :

annuel (1), biennal (2), triennal (3), etc. (Parmi ces possibilités, les populations du type F et G sont exceptionnelles.) Ex. A = 100 % en cycle annuel ; B = 80 % en cycle annuel et 20 % en cycle biennal, C = 35 % en cycle annuel, 45 % en cycle biennal et 20 % en cycle triennal, etc.
(D'après G. Demolin, 1974).

même ponte, il n'est pas étonnant qu'entre espèces les différences soient astronomiques. Les unes bouclent leur cycle de développement en quelques jours, les autres en plusieurs années : trois ans chez le hanneton, quatre ans chez la cigale, pour ne citer que des exemples bien connus. Le nombre de mues est fixé à l'avance – dans la majorité des cas – comme s'il y avait un conditionnement génétique. Mais nous avons vu que les conditions environnementales sont capables de tout modifier : l'absence d'eau, de nourriture, peut entraîner des arrêts de développement à des stades différents selon les espèces. On cite dans la littérature un Coléoptère xylophage *Eburia quadrigerminata* des USA resté vivant quarante ans dans du bois sec.

De plus, il faut dire que pour une espèce la durée relative des différents stades est modulée par les facteurs de l'environnement. Ainsi, en Aquitaine, si l'hiver est doux, les chenilles processionnaires s'alimentent abondamment et s'enfouissent dans le sol pour se nymphoser dès la fin janvier : la durée de vie larvaire est donc raccourcie, alors que la durée de la diapause nymphale sera augmentée. À l'inverse, s'il fait froid, la vie larvaire est allongée (procession de nymphose en avril), la diapause nymphale sera donc courte. L'émergence des papillons se fait dans ce cycle annuel de développement, fin juillet. Enfin, il faut savoir que la vie du papillon est éphémère chez cette espèce[12]. Il vivra 24 à 48 heures pour assurer la reproduction : la vie embryonnaire dure un mois, le développement larvaire, puis nymphal, 11 mois.

L'adulte, l'imago, l'image de l'espèce, aura pour mission d'assurer la reproduction dans une période de vie brève ou prolongée selon les espèces. Seuls les insectes primitifs (amétaboles et aptérygotes) type lépisme (ou poisson d'argent) subissent des mues à l'état adulte. Pontes et mues alternent, jusqu'à cinquante mues chez un lépisme adulte, lui permettant de multiplier sa longueur par trois.

Les gènes du développement et du vieillissement

Tous les phénomènes que nous venons de décrire ont une composante génétique puisqu'ils sont propres à chaque espèce, manifestant, d'une espèce à l'autre, des différences parfois spectaculaires.

Des anomalies, au sein d'une même espèce, peuvent se produire à la suite de mutations. Grâce à la découverte de mutations qui affectent la mouche (la drosophile, chère aux généticiens) quant à sa morphogenèse – elle peut aussi avoir quatre ailes –, le modèle mouche a permis aux généticiens moléculaires d'expliquer comment les gènes contrôlent le développement de l'insecte : morphogenèse, organogenèse, dont celle du système nerveux et, *in fine*, le comportement de l'insecte. Ils programment aussi la durée de vie et donc le vieillissement.

Ces recherches faites sur la drosophile sont d'un extrême intérêt quant aux extrapolations que l'on peut faire pour la connaissance du développement d'autres espèces, dont les Mammifères, pour lesquelles l'expérimentation génétique est moins évidente.

Pour simplifier, disons qu'embryologistes et généticiens schématisent l'organisation de l'insecte en une suite de segments ou « métamères », eux-mêmes subdivisables en « monomères » (3 au moins par métamère) ou regroupables en ensembles, les « tagmes » (3 métamères au moins par tagme).

Depuis longtemps les embryologistes ont montré que les segments de l'adulte correspondent à ceux de l'embryon. Depuis peu, les généticiens expliquent comment des gènes spécifiques gouvernent l'édification des monomères, des métamères et des tagmes, et donc l'organisation du système nerveux embryonnaire métamérique de la drosophile[13].

Des mutations appelées « homéotiques » changent l'organisation de la drosophile. Il s'agit par exemple de la mutation *Antennapedia* qui donne des mouches ayant des pattes sur la tête à la place des antennes, de la mutation *bithorax* générant des mouches aux balanciers anormaux (la partie antérieure de ces organes est remplacée par du tissu d'aile), de la mutation *postbithorax* donnant des mouches aux pattes et aux balanciers anormaux (c'est la partie postérieure de cet organe qui est remplacée par du tissu d'aile), de la mutation *bithoraxoïd* qui fournit des mouches à huit pattes... La liste est bien plus longue, d'autant que l'on peut croiser : *bithorax* x *postbithorax* ce qui, en cumulant leurs effets, aboutit à des mouches à quatre ailes (*tetraptera*) (leur troisième segment thoracique est remplacé en entier par un deuxième segment thoracique avec une paire d'ailes).

Des gènes, que E. B. Lewis a baptisés « sélecteurs », sont susceptibles de donner lieu à des mutations de type *bithorax*, *postbithorax*, etc. ; ils sont localisés sur le chromosome n° 3 de la drosophile. Ces gènes « sélecteurs » sont regroupés en un complexe génétique : exemple complexe *bithorax*. E. B. Lewis en a explicité le mode de fonctionnement, c'est-à-dire comment ils orientent le destin des cellules des segments postérieurs au segment thoracique n° 2. En avant de celui-ci, c'est le complexe *Antennapedia* qui agit.

Le segment thoracique n° 2 avec une paire d'ailes et une paire de pattes serait réalisé quand les gènes du complexe *bithorax* sont « hors jeu ». L'entrée en jeu d'un gène « sélecteur » sur les cellules du troisième segment thoracique induit la formation de la partie antérieure du balancier, un autre gène « sélecteur » induira la partie postérieure, et ainsi de suite... l'entrée en jeu de gènes « sélecteurs »[14] amène à la réalisation des autres segments abdominaux dépourvus d'ailes et de pattes et différents dans le détail les uns des autres.

Quant au système nerveux de la drosophile, dont la structure est typiquement métamérique, il est contrôlé par des gènes de segmentation impliqués dans la formation des monomères (sous-unités des métamères). Leur coordination serait assurée par des séquences de gènes appelées *« homeobox »*, séquences communes aux animaux métamériques.

Une drosophile mutante *Shaker* est le premier mutant neurologique connu de la drosophile. Celui-ci – comme la souris « trembler » – tremble de tous ses appendices (pattes, ailes, antennes). A. Ferrus et O. Pongs ont localisé le gène *Shaker*, ou plutôt le complexe *Shaker* (400 000 nucléotides) sur le chromosome sexuel X de la drosophile. Ils ont de plus montré que ce complexe génétique contribue bien à la neurogenèse et, par voie de conséquence, aux comportements (neurobiologiques) des insectes[15].

Enfin, à côté du problème de la différenciation cellulaire qui fait suite à la multiplication cellulaire, est posé celui de la durée de vie cellulaire et donc du vieillissement. La drosophile apporte encore des éléments de réponse à cette question et ils sont d'ordre génétique.

Conclusion

Mues et métamorphoses permettent donc aux insectes d'assurer leur développement (croissance) aboutissant à la reproduction. Des amétaboles aux holométaboles à métamorphose complète, tous les cas sont possibles et existent dans la nature. Ils permettent de coloniser tous les biotopes et pour une même espèce, selon son stade de développement, d'exploiter des milieux différents.

Ainsi, des larves sont aquatiques (libellules, moustiques, éphémères) et les adultes terrestres. D'autres larves vivent dans le sol (hannetons, cigales), se nourrissent de racines, alors que leurs adultes sont aériens. Ces larves présentent des adaptations (en particulier des pattes) à la vie aquatique (nage) ou souterraine (larves fouisseuses). Des larves peuvent vivre à l'intérieur du bois (larves xylophages souvent apodes de nombreux Coléoptères), à l'intérieur des feuilles (larves mineuses des Diptères et des Lépidoptères), à l'intérieur des graines (bruches des légumineuses, charançons...), alors que les adultes vivent à l'extérieur. De la même façon, les animaux et l'Homme sont parasités par des insectes dont les larves vivent aux dépens des liquides biologiques ou d'organes provoquant des maladies, les adultes étant aériens.

Ces mécanismes adaptatifs ont sûrement contribué au succès des insectes.

5

Les ailes et le vol

Tous les auteurs s'accordent pour dire que les ailes des insectes sont une acquisition nouvelle. Il ne s'agit pas d'une adaptation d'appendices ou de membres préexistants comme ce fut le cas pour l'aile des Oiseaux ou des Mammifères (chauves-souris).

Cet organe nouveau qui présente une grande diversité de forme, de taille, dans le monde des insectes, dérive d'un type archaïque commun ; il s'agit d'une origine monophylétique. Il est donc logique qu'il serve de base à la classification des insectes ailés : les Ptérygotes. Par comparaison les insectes sans ailes sont les Aptérygotes, insectes primitifs dont nous ne traiterons pas ici et qui ne représentent que 2 % du monde des insectes.

À l'origine, on peut imaginer que les premières ailes apparurent chez des insectes sauteurs chez lesquels elles étaient utilisées comme les ailes d'un planeur, c'est-à-dire fixes, les aidant à soutenir leurs corps pendant le saut, voire même à planer dans l'air.

Puis, l'aile va devenir mobile. Elle doit pouvoir s'incliner, puis battre. Cela est rendu possible par une articulation et une musculature adaptées. De plus, la nervation de l'aile se simplifie alors que l'évolution s'effectue.

Désormais, au-delà du vol et des déplacements qu'il permet sur de courtes ou de grandes distances (migrations), d'autres fonctions sont assurées, voire facilitées, par cette acquisition, élément de la suprématie des insectes dans le peuplement du milieu continental et aérien.

Évolution des ailes et diversité

L'aile primitive, celle des Paléoptères, aile étalée horizontalement, comme celle des libellules actuelles, ou verticalement, comme celle des éphémères, bat de haut en bas. Elle est mue par des muscles fixés directement à la base de l'aile : muscles élévateurs et muscles abaisseurs.

L'aile des Néoptères peut se replier en arrière au repos, sur les côtés ou sur la région dorsale de l'abdomen, grâce à une articulation. Des muscles sont apparus pour assurer le reploiement de l'aile vers l'arrière. Ces muscles ainsi que ceux qui permettent l'inclinaison de l'aile sont directement attachés à l'aile. Par contre, la musculature qui permet le battement de l'aile est fixée sur les parois du thorax. Quand ces muscles se contractent ils modifient de ce fait la forme du thorax et agissent ainsi indirectement sur les ailes qui y sont attachées.

De plus, les ailes des Néoptères évoluent différemment. L'aile antérieure tend à s'épaissir et à se durcir (tegminisation). Elle devient l'élytre qui recouvre et protège l'aile postérieure : c'est le cas des élytres du hanneton[1]. L'aile postérieure reste membraneuse et sa surface portante tend à augmenter par le développement d'une sorte d'éventail membraneux, la *neala* : elle est bien visible sur l'aile postérieure de la blatte. Cette *neala* subira une réduction au cours de l'évolution des insectes. Couplée à la simplification de la nervation de l'aile, cette réduction de la *neala* servira à la classification des insectes.

Ailes antérieures et ailes postérieures ont donc eu des évolutions différentes. De plus, au plan de la mécanique du vol, on peut simplifier en disant que trois cas de figure peuvent se présenter.

Ailes antérieures et ailes postérieures fonctionnent indépendamment les unes des autres : c'est le cas des libellules et des Orthoptères actuels.

Dans de nombreux groupes d'insectes (Hémiptères, Hyménoptères, Lépidoptères), les ailes antérieures et postérieures ont un mouvement synchrone ou effectivement lié. Des systèmes d'accrochage peuvent les solidariser, augmentant ainsi la surface portante : deux crochets de l'aile postérieure (phylloxéra) ou plusieurs crochets (Hyménoptères). Chez les papillons, la surface peut être augmentée ou réduite en faisant plus ou moins chevaucher les ailes antérieures et postérieures. Les criquets replient leurs ailes postérieures pendant les mouvements ascendants…

Enfin, chez les Diptères (les mouches), les ailes postérieures sont réduites à des organes sensoriels, les balanciers. Elles sont totalement absentes chez certains éphémères. Les ailes antérieures assurent seules le vol[2].

De ces évolutions à la fois morphologiques, anatomiques et physiologiques, résulte une diversité très grande des ailes que l'entomologiste a mise à profit pour classer les insectes. La terminologie employée, en particulier pour désigner les grandes subdivisions de la classification, témoigne toujours de cette référence aux ailes : Aptérygotes : pas d'ailes ; Diptères : deux ailes ; Isoptères : ailes identiques ; Hyménoptères : ailes en membranes (membraneuses) ; Lépidoptères : ailes écailleuses, etc.

« Les ailes, des organes morts dans un être vivant »

J'ai emprunté cette formule à H. Descimon, professeur à l'Université d'Aix-Marseille, et qui a beaucoup contribué à l'étude des ailes des papillons.

L'aile est en effet formée de deux fins téguments appliqués l'un sur l'autre et rigidifiés par des nervures longitudinales et transversales. Si les nervures longitudinales contiennent des trachées (donc de l'air) et du sang, par contre les nervures transversales sont des épaississements chitineux de l'aile. Elle est à la fois légère, rigide et souple, donc déformable.

Or, cette structure, ainsi schématisée, est l'aboutissement de la différenciation d'une ébauche alaire qui, dans le cas des Lépidoptères, est un « magnifique exemple de différenciation cellulaire ». Cette ébauche alaire est le disque imaginal, disque interne, chez des endoptérygotes. Il est présent chez la chenille et va subir la métamorphose grâce au stade intermédiaire : la nymphe. Sa différenciation comprend, d'après H. Descimon, cinq phases successives :

– une phase de multiplication cellulaire par mitose qui permet, chez la larve, l'accroissement du disque, sans différenciation ;

– une phase de mitoses différentielles qui aboutit à la réalisation de trois types cellulaires différents : des cellules épidermiques, des cellules trichogènes et des cellules tormogènes ;

– une phase d'endomitoses[3] subies uniquement par les noyaux des cellules trichogènes et tormogènes, ce qui entraîne une polyploïdie (jusqu'à 32 n chromosomes) alors que pendant ce temps les cellules épidermiques continuent de se diviser par mitoses normales ;

– une phase morphogénétique où les cellules épidermiques (hypodermiques) se sont disposées en deux couches unisériées et sont pliées en accordéon. Elles forment alors la cuticule et donc les deux membranes cuticulaires de l'aile. Les cellules trichogènes sécrètent les écailles caractéristiques des Lépidoptères par leur architecture, alors que les cellules tormogènes élaborent la socquette qui en assure la fixation ;

– une phase de dégénérescence suit cette mise en place des différents éléments de l'aile. Dans les cellules les noyaux se ratatinent, les constituants cellulaires se désorganisent et des lysosomes apparaissent. Des pigments, produits d'excrétion, s'accumulent et colorent l'aile.

Lorsque l'exuviation (la mue imaginale) – on dit aussi l'émergence – se produit, les ailes sont « des organes très élaborés, recouverts d'écailles hautement différenciées, mais où l'activité cellulaire a presque totalement cessé, des organes morts dans un être vivant », selon la formule de H. Descimon.

Mais de plus, à l'émergence, les ailes sont toutes fripées. Elles vont devoir se déplisser sous la pression du sang[4]. En effet, c'est le sang sous pression qui va provoquer, en pénétrant par les vaisseaux, dans les nervures, l'étalement de l'aile. Vous avez sûrement vu ce phénomène dans la nature ou à la télévision : c'est un spectacle que les chasseurs d'images se font une joie de vous montrer. Image par image, sous vos yeux, l'aile s'étire afin de prendre sa surface maximale. R. Moreau[5], physiologiste des insectes, a consacré sa thèse à ce phénomène de l'émergence du papillon et à l'extension de l'aile ; il a précisé le rôle de la pression sanguine, des ganglions méso et métathoraciques, ainsi que des organes pulsatiles qui ramènent le sang des ailes vers la circulation générale.

Une fois étalée, l'aile sèche et constitue chez le papillon cet organe mort, léger, rigide, mais encore déformable, qui en fait toute la beauté – les motifs colorés des ailes sont dus à une disposition particulière des écailles – et permet le vol.

Mécanique de fonctionnement de l'aile

Nous avons déjà dit que l'aile d'insecte ne pouvait être comparée à l'aile de l'oiseau ou de la chauve-souris. Et pourtant, les unes et les autres sont déformables et subissent des déformations importantes en cours de vol. Si chez les oiseaux et la chauve-souris les ailes se déforment, c'est parce qu'elles contiennent des muscles qui permettent aux éléments de se plier à des niveaux d'articulation : coude, poignet, phalanges.

Rien de tel chez les insectes où la musculature s'arrête à la base de l'aile. La déformation sera donc commandée à distance en agissant sur telle ou telle partie de l'aile.

Car l'aile a une structure qui n'est pas homogène dans toutes ses parties et ce n'est que depuis peu – et ce, grâce aux études au microscope électronique à balayage – que l'on dispose de données intéressantes permettant d'expliquer la mécanique de l'aile.

Si vous dites d'un insecte qu'il est un bon voilier, la comparaison qui en découle est que l'aile est une voile. C'est en fait une voile très sophistiquée. La voile d'un bateau est souple et rendue rigide par le mât, la bôme et des vergues ; il en est de même de l'aile de l'insecte dont la membrane est rigidifiée par des nervures longitudinales et transversales. Mais pendant le vol l'insecte peut volontairement changer l'orientation de l'aile, en modifier la cambrure, voire la surface. Par de nombreux mécanismes astucieux l'aile de l'insecte se révèle plus sophistiquée que la voile du bateau.

En fait, R. Wootton[6], paléoentomologiste, considère qu'existent actuellement trois principaux types d'ailes qui ont évolué en plusieurs étapes, indépendamment les uns des autres :

– les ailes de type A ont deux zones rigides à l'avant et à l'arrière alors que l'extrémité est flexible (souple). Entre les zones rigides et souples existe une zone de flexion transversale qui permet à l'aile de se plier sous l'effet d'une pression. Elle facilite les vols lents ou sur place. Les ailes antérieures des Orthoptères, des punaises et de quelques papillons sont du type A ;

– les ailes de type B ont un bord d'attaque rigide et un très grand lobe postérieur flexible formant un éventail près du bord de fuite, créant l'« effet parapluie » qui augmente la portance de l'aile lors du mouvement descendant. Ce sont toutes des ailes postérieures que l'on trouve chez des insectes volant médiocrement : Orthoptères, phasmes, mantes, perles, punaises et phryganes ;

– les ailes de type C ont comme les ailes de type B un bord d'attaque rigide et un bord de fuite souple et flexible, mais très limités en surface. Ces ailes sont capables de se tordre considérablement, ce qui facilite le vol lent et même stationnaire. Mouches et libellules ont des ailes de type C.

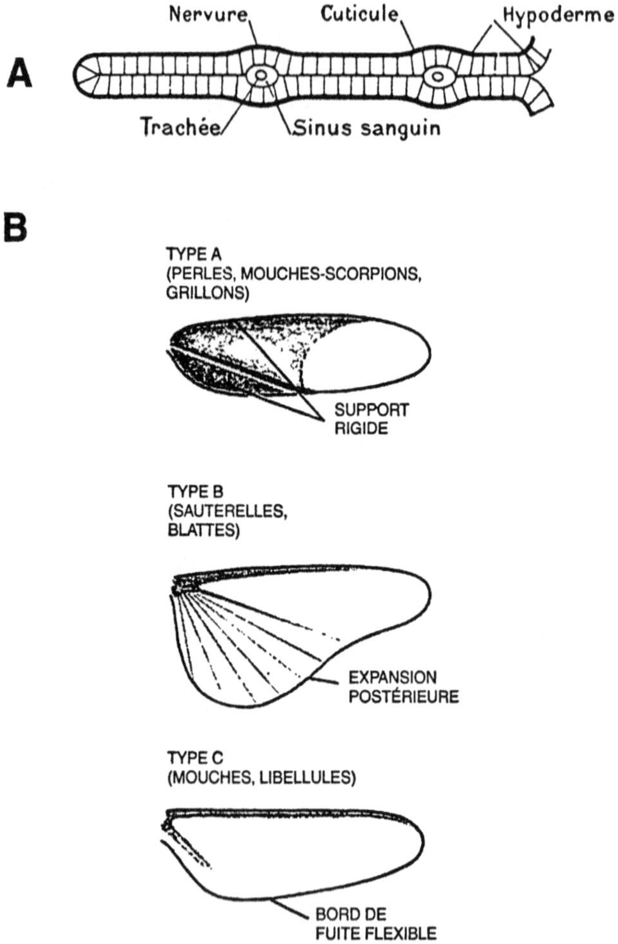

Figure 14. – L'aile des insectes

A. Section transversale d'une aile. (D'après H. Boué et R. Chanton, 1958.)
B. Types d'ailes les plus fréquents. (D'après R. Wootton, 1991.)

Quelques types de vol,

Quoi qu'il en soit, les insectes volent et associent parfois les différents types d'ailes : type A antérieur associé à type C postérieur créant une grande aile dont le bord d'attaque est rigide et le bord de fuite flexible. Cela permet des vols « polyvalents et acrobatiques » chez les guêpes, certaines punaises et le sphinx (papillon).

Le vol le plus classique est un vol battu. Abaissement, puis élévation des ailes assurent la montée de l'insecte. Il suffit d'une très légère inclinaison de l'aile pour assurer la progression vers l'avant. L'inclinaison s'inverse selon que l'aile s'élève ou s'abaisse. On peut se représenter le mouvement de l'aile comme celui d'une hélice et le vol d'un insecte comme une propulsion assurée par deux paires d'hélices qui produisent un courant d'air dirigé vers le bas et vers l'arrière. C'est peut-être un peu simpliste par rapport à la mécanique sophistiquée imaginée par R. Wootton mais facile à comprendre.

D'ailleurs, dans la même logique, le vol « sur place », effectué par certains insectes, s'explique parce que leurs ailes antérieures et postérieures, couplées et ayant subi une forte torsion, battent dans un plan horizontal[7] et non vertical comme dans le vol battu classique. Il semble d'ailleurs, selon les auteurs, y avoir confusion alors entre ce type de « vol sur place » et un vol plané... peut-il être plané alors qu'il y a battement des ailes ? C'est peut-être une illusion d'optique qui explique cette interprétation. Le vol plané semble être très peu usité chez les insectes[8] alors qu'il est fréquent chez les oiseaux.

La fréquence des battements d'ailes est variable selon les espèces. Elle est de 8 à 12 battements par seconde chez les papillons, 18 à 20 chez les Acridiens, 20 à 30 chez les grandes libellules, 50 à 70 chez les grands papillons de nuit (Sphingides). Cette dernière fréquence est identique à celle des colibris (30 à 50 battements par seconde) et, à ces fréquences, il est tout à fait possible d'expliquer par les seuls influx nerveux l'entretien des battements.

Par contre, cela devient impossible pour expliquer les fréquences très rapides : 190 battements par seconde chez l'abeille, 200 chez la mouche domestique, 250 chez la drosophile, 600 chez les moustiques et même plus de 1 000 chez un minuscule Cératopogonide (*Forcypomya*). L'explication fut difficile à trouver : elle est mécanique et musculaire. Chez ces espèces, l'articulation de la base de l'aile est telle qu'elle entraîne automatiquement les changements d'orientation appropriés au cours de l'élévation et de l'abaissement de l'aile. Cela explique l'absence des muscles nécessaires à l'orientation des ailes, muscles dont la fréquence de contraction devrait être identique aux muscles du thorax assurant le battement de l'aile. De plus, un « mécanisme à déclic », lié à l'élasticité du thorax quand l'aile s'abat, permet aux muscles une décontraction alors qu'une contraction instantanée des muscles antagonistes se produit suite à la déformation du thorax.

Ainsi, les nerfs ne servent qu'à lancer le mécanisme musculaire qui sera ensuite autoentretenu à une fréquence défiant toute concurrence grâce à une structure du muscle très originale et qui n'a pas d'équivalent chez les Vertébrés. La myofibrille, élément unitaire du muscle, a un agencement moléculaire – actine, myosine et troponine (fixatrice du calcium) – tout à fait unique chez les insectes et qui permet d'expliquer un rythme contraction-relâchement très rapide[9].

Les muscles des insectes, les muscles alaires en particulier, ont une physiologie tout à fait exceptionnelle. J'y reviendrai au cours de ce chapitre lorsque j'évoquerai l'aspect énergétique du vol.

Les contrôles sensoriels du vol

Si les muscles peuvent à eux seuls expliquer le battement des ailes à des fréquences anormalement élevées, des organes sensoriels multiples agissent et modulent le vol de l'insecte.

Le rôle fondamental des organes sensoriels est de maintenir en alerte le système nerveux pour qu'il soit prêt à réagir. Ainsi, un papillon du genre *Macroglossum* vole dans une pièce éclairée par la lumière électrique. Éteignez la lumière et le papillon tombe au sol. Si ses yeux sont rendus opaques, il s'immobilise, replie ses ailes et dirige ses antennes vers l'arrière. Le vol de l'insecte est donc un comportement dépendant des facteurs de l'environnement, perçus par des organes sensoriels – dans le cas précité les yeux principalement – alertant le système nerveux.

Les poils tactiles qui recouvrent le corps de l'insecte et qui sont abondants sur la face et les antennes sont sensibles au déplacement d'air. Ils jouent un rôle essentiel dans le vol de l'insecte. C'est ainsi que l'on peut maintenir beaucoup d'insectes en vol stationnaire (sur place) en les suspendant à l'extrémité d'un fil de fer fixé à leur thorax et en leur envoyant un jet d'air sur le devant de la tête. On leur fait croire qu'ils volent dans un courant d'air. Le vol stationnaire cesse si l'on badigeonne les poils sensoriels avec un produit qui les rend insensibles.

Ces poils peuvent être regroupés en organes sensoriels, par exemple sur l'antenne. Ainsi, l'organe de Johnston est un élément essentiel à l'insecte pour détecter les courants d'air. Il est utilisé par les pucerons pour diriger leur vol : coupez-leur les antennes et le vol devient alors désordonné.

C'est sûrement chez les Diptères que l'on trouve l'un des systèmes les plus sophistiqués de contrôle sensoriel de la régulation du vol. Chez ces insectes, la deuxième paire d'ailes est réduite à deux petits organes renflés à leur extrémité et qui sont dénommés balanciers ou haltères. Il s'agit bien d'ailes modifiées car, chez la drosophile, la mutation *tetraptera* restitue au balancier sa structure d'aile, caractère ancestral, et donne naissance à une drosophile à quatre ailes.

Les balanciers sont articulés sur le thorax, comme les ailes, et ils vibrent de haut en bas, pendant le vol, à la même vitesse que les ailes. Ils sont munis à leur base (jonction avec le thorax) d'un arsenal d'organes sensoriels, organes chordotonaux, qui assurent l'équilibre du Diptère. Si l'on coupe les balanciers d'une mouche, elle perd sa stabilité et s'écrase au sol. Il est possible de rétablir cette stabilité en lui fixant un fil de coton à l'extrémité de l'abdomen. Il jour le rôle de la queue du cerf-volant. La mouche peut alors voler, d'autres organes sensoriels étant mis en jeu pour assurer son équilibre.

Les balanciers ne sont donc pas indispensables au vol des Diptères, mais à leur équilibre. D'ailleurs, il est démontré que l'on peut pratiquer, par exemple chez un bourdon (Hyménoptère), l'ablation de la deuxième paire d'ailes, cela ne l'empêche pas de voler.

Enfin, quelques auteurs ont assigné aux pattes – dont la position en vol est très variable selon les espèces, et parfois même, dans la même espèce, entre mâle et femelle – un rôle de stabilisateur. Ce qui ne semble pas démontré ! Par contre, chez les tipules (Diptères), le vol de ponte est composé de sauts successifs, résultats de l'action simultanée des pattes et des ailes, il s'agit de s'élever de 15 à 20 centimètres du sol et de se laisser retomber, tarière verticale s'enfonçant dans le sol où un œuf est déposé à chaque saut (ou envol !). Les pattes servent aussi, et c'est bien évident, lors de l'atterrissage ; les ailes étant orientées pour freiner. Ces pattes sont munies de griffes, ongles, ventouses, etc., véritables freins perfectionnés qui leur permettent d'atterrir sur des surfaces lisses : pensez aux mouches sur les vitres !

Malgré les systèmes sensoriels sophistiqués dont disposent les insectes, il n'est cependant pas rare qu'en vol ils butent sur des obstacles. Les vitres de maison, les pare-brise de voiture leur sont souvent fatals !

L'absence de vol par aptérisme

Tous les insectes ne sont pas égaux quant à leur aptitude à voler. Sans revenir sur le fait bien connu que les premiers insectes étaient des aptérygotes, c'est-à-dire des espèces originellement dépourvues d'ailes, il faut bien dire que, parmi les ptérygotes, certains ont perdu leurs ailes pour partie ou en totalité.

Les Diptères n'ont perdu qu'une paire d'ailes et encore pas toujours complètement. Comme nous venons de le voir les balanciers sont les vestiges de la deuxième paire d'ailes. Avec une paire d'ailes, les Diptères volent aussi bien, sinon mieux, que beaucoup d'insectes avec deux paires d'ailes.

Chez beaucoup d'insectes les ailes peuvent être différentes entre mâle et femelle au sein de la même espèce. Ce dimorphisme sexuel peut être léger, à peine visible, la femelle ayant des ailes plus petites que celles du mâle, ou très marqué, la femelle devenant totalement aptère. C'est le cas du ver luisant, le lampyre, dont la femelle est aptère et lumineuse alors que le mâle possède des ailes (mais n'émet pas de lumière) et grâce au vol rejoindra la femelle pour assurer la reproduction.

Enfin, l'aptérisme ou (et) la perte des ailes peuvent être liés aux conditions environnementales et au mode de vie de l'insecte. Je prendrai trois exemples pour illustrer ce phénomène témoin de l'adaptabilité des insectes.

Le vol, comme nous l'avons indiqué précédemment, est fonction des courants d'air. Mais si les vents deviennent violents, alors les ailes sont un handicap pour le déplacement et font courir le risque aux individus d'être emportés vers des zones inhospitalières : cas des espèces vivant dans des îles ou des caps et qui risquent d'être entraînées en mer. Dans les régions très ventées et froides de l'Arctique, de l'Antarctique, des montagnes (Himalaya) on constate alors, chez les espèces qui normalement ont des ailes, par exemple des papillons, mais aussi des Diptères, que celles-ci s'atrophient et même disparaissent[10].

Le vol n'est pas nécessaire lorsque des insectes au cours de.leur vie changent de milieu et passent par exemple de la vie aérienne à la vie souterraine. C'est le cas chez les fourmis ou les termites. Ces insectes ailés perdent leurs ailes juste avant de s'enfoncer dans le sol : celles-ci se cassent près de leur base au niveau d'une zone de moindre résistance. Ainsi, le couple royal des termites qui s'enfonce dans le sol (ou le bois) pour créer la cellule royale d'où naîtra la termitière est et restera aptère pendant plusieurs années.

Enfin, l'aptérisme peut être lié à un mode de vie parasitaire : ainsi les poux des mammifères, les mallophages (poux des oiseaux)… empruntent la locomotion de l'hôte aux dépens duquel ils vivent.

Les vols migratoires : les migrations

Les migrations animales ont toujours intrigué l'homme et suscité de nombreuses hypothèses sur leur signification. Je suis toujours étonné et admiratif lors du passage dans le Sud-Ouest de vols d'oies sauvages repérées aux cris qu'elles lancent dans le ciel !

Les insectes sont plus discrets sauf s'ils sont en grand nombre : essaim d'abeilles, nuage de criquets…

Le vol permet en effet aux insectes de se déplacer à plus ou moins grande distance, soit seuls, soit en groupe parfois innombrable.

C'est vrai que, dès l'acquisition des ailes, l'insecte s'envole à quelques centaines de mètres de l'endroit où il vivait à l'état larvaire. Les libellules[11], sorties de l'eau, gagneront ainsi l'intérieur des terres où elles chasseront quelque temps avant de revenir vers l'eau, prêtes à assurer la reproduction.

À Bordeaux, J. Feytaud et J.-J. Bounhiol ont rendu compte de vols de courtilières (*Gryllotalpa gryllotalpa*) de presque un kilomètre dans le sud-ouest de la France (nord du département de la Dordogne et bassin de l'Adour). Ces vols eurent lieu au printemps 1933. Jusqu'à cette date et à ces observations, la courtilière, espèce à vie souterraine, était considérée comme un insecte à faible aptitude au vol – certains prétendaient même que les femelles étaient aptères – n'effectuant, dans nos régions, que des déplacements aériens limités.

Les 3 et 4 octobre 1991, un nuage de fourmis est repéré par le radar[12] de la Météorologie nationale de Bordeaux-Mérignac, nuage d'une centaine de kilomètres de long et quarante à cinquante de large qui s'abat sur le département de la Dordogne (Bergerac, Lalinde...). L'explication scientifique de ce phénomène rare est un redoux climatique favorisant l'éclosion (essaimage) en grand nombre des fourmis ailées, celles-ci assurant ainsi leur reproduction. Seules les femelles fécondées perdront leurs ailes pour s'enfouir à nouveau dans le sol.

Ainsi, grâce au vol et à de courtes distances, la dispersion des insectes est assurée, de nouveaux milieux sont colonisés et de nouveaux partenaires rencontrés. La survie et la dynamique de la population en sont ainsi grandement favorisées.

Cette dispersion peut se faire à de grandes distances à l'occasion de migrations de plusieurs milliers de kilomètres. Le terme de migration sous-entend une volonté de déplacement et une certaine orientation de ce déplacement. Autant d'éléments qui ne sont pas si évidents chez les insectes dits migrateurs.

D'abord, il faut dire que chez les insectes, la dispersion peut être assurée sans le vol. Ainsi, les fourmis champignonnistes (genre *Atta*) parcourent, avec leurs pattes, jusqu'à huit cents mètres pour aller chercher des feuilles qui alimenteront la fourmilière. D'autres fourmis sont toujours migrantes. En Afrique ou en Amérique du Sud, des hordes de fourmis (*g. Dorylus* et *g. Eciton*) se déplacent à travers la forêt, la jungle ou la steppe et détruisent tout sur leur passage ; ces hordes font plus de cent mètres de long sur plusieurs mètres de large.

Une espèce peu apte au vol fait, presque malgré elle, d'importantes migrations. Il s'agit des pucerons. Grâce à leurs ailes, les pucerons s'élèvent verticalement[13] et, pris dans les courants ascensionnels de l'air, montent dans l'atmosphère et sont ainsi transportés à de grandes distances. Ces déplacements se passent le jour ; la nuit, les courants ascendants s'affaiblissant, les pucerons redescendent[14]. Les pucerons des fèves (*Aphis fabae*) de France se retrouvent ainsi en Angleterre. On les retrouve parfois dans des endroits peu favorables à leur pullulation : par exemple, des pucerons des forêts de pins de l'Europe du Nord s'échouent au Cap Nord ou au Spitzberg et y meurent en grand nombre. Ces pertes sont considérables, mais évitent une surpopulation, ce qui, *in fine*, est favorable à l'espèce qui se disperse et trouve ainsi de nouveaux biotopes à coloniser.

Les sauterelles de l'Europe font des sauts, volent sur une courte distance, mais ne sont pas voyageuses donc migratrices. Par contre, les espèces des zones tropicales et subtropicales migrent par essaims composés de milliers, voire de millions d'individus, parcourant des kilomètres et dévorant les récoltes lorsque ces essaims s'abattent au sol. Il s'agit des Acridiens célèbres : criquets migrateurs *Locusta migratoria*, criquets pèlerins *Schistocerca gregaria*. Ils ont une bonne aptitude au vol, peuvent voler activement à basse altitude et s'orienter vraisemblablement par rapport au soleil. Ils utilisent aussi, comme les pucerons, les courants ascendants et se laissent porter par les vents à de grandes distances. De l'Afrique, ils peuvent venir jusqu'en Europe et atterrir dans des régions non propices à leur développement. C'est ainsi que cessent ces migrations dévastatrices.

Chez les papillons, très bons voiliers, les migrations sont, selon les espèces, très variées. Elles sont, pour certains, comparables à celles des pucerons ou des Acridiens, utilisant le vent comme porteur et sont, de ce fait, dépendantes du vent. D'autres sont indépendantes du vent, les insectes volant bas, près du sol, effectuant des migrations saisonnières dans une direction fixe, avec ou sans retour.

Des imprécisions subsistent chez les papillons, et des études complémentaires sont nécessaires, mais difficiles à mettre en œuvre ; il est en effet difficile de « baguer » les papillons et encore faut-il les récupérer[15] !

Que sait-on avec certitude ?

Que les vanesses (genre *Vanessa*) sont des papillons migrateurs. L'espèce *Vanessa cardui*, ou la belle dame (Nymphalide), est, selon P. Viette, le plus cosmopolite de tous les papillons de jour.

Elle se multiplie en Afrique septentrionale et se rassemble au bord de la mer. Certaines espèces migrent vers l'Asie et les Balkans, d'autres viennent en Europe où elles arrivent en mai dans le Sud, elles gagnent le Nord jusqu'en Scandinavie en passant par la France pour gagner l'Angleterre, l'Écosse et l'Irlande où elles arrivent en juillet.

La faune européenne et donc française est ainsi très enrichie par beaucoup de Lépidoptères migrant d'Afrique. C'est le cas du sphinx tête de mort (*Acherontia atropos*) qui migre des régions méditerranéennes jusqu'en Finlande, en Angleterre et en Irlande. Il quitte les régions du sud, non pas en essaims, mais isolé, au début de l'été ou de l'automne. Il ne survivra pas à l'hiver des régions nordiques : il y périt et ne revient jamais dans les régions ensoleillées qui l'ont vu naître.

Les Piérides, dont la piéride du chou (*Pieris brassicae*) et le citron (*Aporia crataegi*) migrent de la France vers l'Angleterre, en vols importants.

N'y aurait-il pas de migrations véritables, c'est-à-dire avec retour, chez les papillons et donc chez les insectes ? Si, il en existe un exemple bien démontré[16] pour une espèce américaine, le Danaus (*Danaus plexippus*), le roi des papillons ou monarque qui représente une des 250 espèces migratrices du continent américain. Ce papillon passe les mois d'été dans le nord des États-Unis et au Canada. Dès le mois de septembre, il migre vers le sud jusqu'en Floride, au Texas et sur la côte occidentale de Californie. Là, il hiberne[17] dans les arbres ; les « arbres à papillons » près de San Francisco attirent une foule de touristes curieux et intéressés. En avril, les papillons repartent vers le nord où ils se reproduiront. L'aller et le retour sont bien assurés, mais l'on peut dire, sans peur de se tromper, qu'il y a de nombreuses pertes lors de ces milliers de kilomètres parcourus. De plus, lors des migrations estivales, des bandes entières de Danaus traversent l'Atlantique pour atteindre les côtes anglaises, françaises et portugaises où elles ne pourront se reproduire faute de végétaux (les Asclépiadacées : *g. Asclepia*, plante venimeuse) dont se nourrissent les chenilles.

Pourquoi une telle migration ? Erreur, hasard ou nécessité pour l'espèce ?

Le problème de l'orientation de ces papillons et, d'une manière générale, des insectes pendant le vol migratoire, ainsi que les raisons qui les poussent à de telles migrations, se trouve ainsi posé.

Si les fourmis laissent, sur leur trajet, une phéromone de trace qui leur permet ainsi qu'à leurs congénères de retrouver la fourmilière, ce procédé n'est pas applicable en vol, sauf si l'insecte se pose de loin en loin. C'est ce que font les bourdons mâles qui marquent de leur odeur certaines plantes ; les femelles, attirées par l'odeur, suivent ainsi les mâles à la trace. Des mâles de papillons sont attirés à de grandes distances par la phéromone sexuelle de la femelle. Mais quand mâles et femelles migrent ensemble dans une direction bien précise, d'autres mécanismes doivent être mis en jeu. Il y a bien sûr la vue et le repérage par rapport au soleil le jour, ou aux étoiles la nuit. L'utilisation de la lumière du soleil à la manière d'un compas – mécanisme général de l'orientation lors des migrations des animaux – nécessite d'être corrélée à une « horloge interne » (bien mystérieuse !) qui les informe du moment de la journée et donc de la position du soleil. Enfin, il n'est pas impossible que les insectes soient sensibles au champ magnétique terrestre : ils possèdent des grains de magnétite. Cela a été démontré chez les abeilles et les papillons, comme chez les pigeons et les dauphins, espèces qui perdent difficilement le nord !

Si l'on ne connaît pas encore les mécanismes qui règlent l'orientation lors des migrations, que dire alors des motifs qui poussent les insectes à les effectuer ? Il est facile d'interpréter la migration altitudinale d'une espèce de papillon d'Australie qui, de la plaine, gagne les cimes de la montagne (1 500 à 2 000 mètres) à la recherche d'une température clémente : elle fuit la chaleur de la plaine. Mais que penser de ces nombreux papillons que les migrations conduisent au nord de l'Europe, même à l'extrême nord, où la mort les attend !

Mais pourquoi chercher un motif, un alibi, à la migration ? Elle est, chez l'insecte, un comportement génétiquement programmé. Beaucoup ne sont pas migrateurs. Ceux qui le sont – et je n'ai cité ici que les plus connus – migrent pour migrer. C'est une activité, souvent de groupe, qui prend sa place dans la durée de vie de l'insecte. Comme ces migrations se font sur des milliers de kilomètres, il faut admettre une durée de vie allongée, c'est-à-dire supérieure à un an. À moins que, lorsqu'il y a retour, ce ne soit pas ceux qui sont partis qui reviennent au point de départ, mais leur descendance… comment alors retrouvent-ils leur aire originelle ?

Si l'on parle si souvent du mystère des migrations, c'est sûrement en pensant à ces déplacements non élucidés des insectes.

Les muscles et l'énergétique du vol

Quoi qu'il en soit des mystères des migrations, celles-ci, chez les insectes, sont en partie liées au vol, lequel est assuré par une musculature adaptée dont les besoins énergétiques sont bien connus.

Chez tous les Ptérygotes, à l'exception des Odonates (libellules), la musculature thoracique se présente selon le même plan général ; elle est très complexe au niveau du méso et du métathorax par suite de la coexistence des pattes et des ailes.

Deux ensembles de muscles permettent le mouvement des ailes :

– les muscles indirects, les plus volumineux, insérés sur la paroi thoracique, assurent les battements des ailes (par déformation du thorax) ;

– les muscles directs, insérés à la base de l'aile, permettent l'étalement, le repli vers l'arrière et modifient le battement (très complexe, voire mécanique, comme par exemple le battement en circuit en forme de 8).

L'activité des muscles des insectes en vol, très importante, entraîne une exceptionnelle combustion énergétique : elle est multipliée par 50 à 100[18] et une grande quantité d'oxygène est nécessaire. Elle est apportée par des trachéoles qui viennent jusqu'aux muscles. La déformation du thorax (par suite du battement des ailes) et de l'abdomen (contraction musculaire) assure un apport d'air exceptionnellement important dans le thorax. Chez le criquet pèlerin *Schistocerca gregaria*, très bon voilier, « 320 l d'air/kg/heure (250 l par suite des mouvements thoraciques et 70 l par suite des mouvements abdominaux) rentrent par les stigmates thoraciques et ventilent les trachées des muscles du vol » (J. Raccaud-Schoeller).

Au début sont brûlées les réserves glucidiques endogènes (réserves de glycogène) contenues dans le muscle. Puis sont consommées des réserves exogènes apportées par l'hémolymphe : il s'agit de sucres (dont le tréhalose, sucre caractéristique des insectes) et des lipides (diglycérides). Ces métabolites exogènes étaient stockés dans le « foie » des insectes, à savoir le tissu adipeux ; leur libération se fait sous contrôle neuroendocrine ou endocrine.

Il est classique de distinguer deux types d'insectes selon le combustible essentiel utilisé lors du travail musculaire affectant le vol.

Les uns utilisent essentiellement les glucides. Ce sont les Diptères, les Hyménoptères et les Lépidoptères qui se nourrissent à l'état imaginal et qui volent pendant des périodes courtes. Le glucose permet la production de 36 molécules d'ATP[19].

Les autres, qui ne s'alimentent pas à l'état adulte (certains Lépidoptères) ou qui font de grandes migrations : Acridiens, Lépidoptères, consomment leurs réserves lipidiques pendant le vol. L'oxydation complète d'une molécule de palmitate fournit 129 molécules d'ATP.

À ces deux types s'ajoutent quelques insectes capables de métaboliser la proline (un acide aminé) lors du vol. C'est le cas de la glossine (mouche tsé-tsé) qui est hématophage, mais aussi du doryphore (*Leptinotarsa*) non hématophage.

L'activité musculaire, et en particulier son rendement sont, chez les insectes poïkilothermes[20], très dépendants de la température. L'efficacité maximale est souvent atteinte à 30 ou 35 °C. Lorsque la température extérieure est inférieure à cette température, l'insecte réchauffe son thorax et ses muscles grâce à la chaleur de la contraction musculaire : selon le cas, il exécute des battements d'ailes de faible amplitude ou « frissonne » sans battre des ailes. C'est un mécanisme de thermorégulation qui a été observé chez de nombreux insectes, avant le décollage. Cela rappelle tout à fait – et toute proportion gardée – le « point-fixe » en bout de piste des avions avant le décollage.

Ce mécanisme est très performant chez des papillons hibernants de la famille des Noctuidae[21]. Les Cuculiinés sont des papillons nocturnes qui vivent dans les forêts de feuillus du nord des États-Unis et ont un cycle de développement inversé par rapport aux autres Noctuidés. Les adultes apparaissent à la fin de l'automne ou au début de l'hiver. Ils se nourrissent durant l'hiver et meurent au printemps. B. Heinrich a montré, grâce à des thermocouples, que ces papillons volent même quand il gèle en élevant leur température thoracique à 30 °C par endothermie : ils frissonnent pour assurer cette élévation de température. Ils s'arrêtent souvent de voler pour trembler, se réchauffer, puis s'envolent à nouveau. S'ils n'ont pas besoin de voler, alors ils ne résistent plus au refroidissement.

Muscles alaires et résistance au froid

La chaleur produite par la musculature alaire permet donc aux muscles de fonctionner dans les meilleures conditions de température mais, de plus, elle permet à l'individu d'assurer sa thermorégulation afin de résister aux rigueurs de l'hiver. Dans la société des abeilles la chaleur produite par chacune servira à tous.

Reprenons l'exemple des papillons vivant dans des conditions extrêmes. La thermorégulation est possible parce que le papillon dispose, d'une part, avec ses écailles modifiées, d'une bonne isolation thoracique et, d'autre part, d'une thermorégulation limitée au thorax. En effet, alors que la température thoracique est portée et maintenue à 30-35 °C, elle est voisine de la température extérieure dans l'abdomen. Ce dernier est en effet isolé du thorax par des poches d'air contenant les organes tympanaux[22] qui sont des isolants thermiques presque parfaits. De plus, le sang qui circule de l'abdomen vers le thorax (dans le vaisseau dorsal, puis l'aorte) garde la chaleur dans le thorax grâce à deux dispositifs appelés « échangeurs thermiques à contre-courant ». L'un est situé dans l'abdomen : le sang circulant vers le thorax est plus froid que celui qui revient du thorax à travers les tissus : la chaleur repart donc vers le thorax. L'autre est l'aorte, dans le thorax, formée d'une branche montante et d'une branche descendante. Le sang de cette dernière étant plus chaud que celui de la branche montante, la chaleur passe dans la branche montante et reste ainsi dans le thorax.

Ces insectes peuvent donc être actifs en plein hiver. Mais comment résistent-ils au froid (gel) ? Ils n'ont pas de protéines antigel comme d'autres insectes, aussi ont-ils un comportement qui leur évite de geler : ils se cachent sous la litière de feuilles mortes de la forêt, litière qui constitue un excellent isolant. La température y est de –2 °C alors qu'il fait –30 °C à l'extérieur. C'est un moyen astucieux de résister au froid et en même temps d'économiser de l'énergie. En effet B. Heinrich a calculé que, selon la température du corps de l'animal, un papillon de 0,1 g, pour 6 mg de sucre tiré d'une sève, et au repos, peut jeûner :

– 193 jours à une température (air et corps) de –3 °C ;
– 24 jours à une température (air et corps) de 0 °C ;
– 11 jours à une température (air et corps) de 10 °C.

C'est donc la combinaison de modifications peu spectaculaires mais efficaces, anatomiques, physiologiques et comportementales qui permet l'adaptation de ces papillons à un environnement défavorable.

D'une manière générale, pour voler, beaucoup de papillons doivent élever leur température interne. Ils savent se chauffer au soleil en plaçant leurs ailes dans une position particulière, selon que ces ailes absorbent directement le rayonnement solaire ou qu'elles réfléchissent les rayons vers la surface du corps où ils seront alors absorbés.

Les abeilles réalisent, grâce à la chaleur musculaire et au mouvement des ailes, la climatisation de la ruche. La température optimale, celle du bon développement des jeunes, est de 32 à 36 °C. Le couvain doit être en effet maintenu à une température supérieure à 30 °C. Au-dessous de 30 °C, les larves ou les nymphes meurent, ou contractent des malformations, en particulier des ailes.

L'hiver, la température de la ruche oscille entre 13 et 24 °C. Quand la température avoisine 13 °C, le miel consommé par les abeilles permet à celles-ci, sans bouger, de produire de la chaleur en actionnant leurs muscles alaires et ainsi de faire remonter la température à 24 °C. De cette façon, elles luttent contre les baisses de température ; un manque de réserve de miel sera fatal à la colonie si la température descend au-dessous de 8 °C.

L'été, si la température devient supérieure à 36 °C, alors c'est en battant des ailes et en restant sur place que les ouvrières créent une ventilation de refroidissement de la ruche. Cette ventilation peut être complétée, par exemple au niveau du couvain, par un apport d'eau. Les abeilles régurgitent de l'eau qui refroidira l'air ventilé par évaporation.

D'une manière générale, la ventilation produite par le battement des ailes des ouvrières assure le renouvellement de l'atmosphère de la ruche, trop riche en gaz carbonique et qui conduirait à l'asphyxie de ses occupants. La ventilation permet également d'accélérer l'évaporation du nectar frais et d'assurer une certaine viscosité du miel.

De plus, B. Heinrich[23] a démontré que l'essaim, élément de la reproduction de la ruche a, dans nos régions européennes, une température intérieure soigneusement régulée. En effet, lors de l'essaimage, les abeilles doivent bénéficier d'une température de leur corps propice à l'envol afin que l'essaim gagne un gîte favorable à l'établissement de la nouvelle ruche. Cet auteur a montré que la température interne de l'essaim avoisine en permanence, indépendamment de la température externe, les 35-36 °C, alors que la température de la périphérie ne descend pas au-dessous de 17 °C.

Ainsi, grâce à cette température autorégulée, l'essaim peut très rapidement se mettre en vol à destination de son futur gîte[24].

Dans les régions africaines, où les températures sont élevées, il n'y a pas de problème de température et l'essaimage est remplacé par la désertion : c'est la migration de la totalité de la colonie vers un nouveau gîte où la nourriture est plus abondante. Du fait du climat, la colonie n'a pas besoin de constituer de réserve pour passer l'hiver ; elle change de milieu et la température est toujours favorable à son activité musculaire et de vol.

À l'opposé, les régions froides sont peu favorables au vol et les insectes – comme dans le cas du vent évoqué précédemment – s'engagent « dans la stratégie du non-vol[25] » : ils préfèrent la marche qui permet d'assurer la reproduction. Au-dessus de 4 000 mètres, dans l'Himalaya, 70 à 100 % des insectes (selon l'ordre considéré) sont inaptes au vol. Ces phénomènes ont été confirmés par des chercheurs français (Clermont-Ferrand) et suisses (Neuchâtel) dans des montagnes européennes (Massif central, Jura, Alpes) où des Diptères présentent selon les cas des atrophies des muscles alaires, une réduction des ailes, voire leur disparition.

Conclusion

Avec ces quelques exemples se trouve illustré le fait que les ailes des insectes ne servent pas qu'à voler. Elles participent à beaucoup d'autres activités comportementales de l'insecte, qu'il s'agisse de l'individu ou de la société.

Le vol est néanmoins une activité importante dans la vie de l'insecte, qu'il faille pour lui aller à la recherche de la nourriture ou de ses partenaires sexuels. En fait, c'est la dispersion que permet le vol, à petite ou à grande distance, qui est fondamentale.

La dispersion, grâce au vol, est aussi importante que la reproduction qu'elle facilite. En effet, c'est en se dispersant que l'insecte évite le surpeuplement d'un biotope : deux tiers des monarques qui migrent du Canada au Mexique sont tués par les prédateurs. De plus, en colonisant de nouveaux biotopes, ils rencontrent des partenaires venant d'autres localités. Il en résulte un mélange (brassage) de gènes, donc de nouvelles combinaisons génétiques, favorables à l'espèce, par les adaptations qu'elles permettent pour la colonisation de nouveaux espaces.

6

La reproduction

La reproduction représente, pour l'individu, un acte important mettant en jeu des comportements complexes, alors que pour l'espèce elle est fondamentale, en assurant la pérennité. Le potentiel reproducteur, on parle aussi du potentiel biotique – terme qui désigne « la capacité de multiplication d'une espèce qui dépend de la fécondité des femelles et de la rapidité du développement » –, est généralement important chez les insectes, mais variable selon les espèces et les facteurs de l'environnement qu'elles subissent.

Chez les insectes, Invertébrés les plus évolués ayant conquis le milieu terrestre aérien, la reproduction est essentiellement sexuée. Mâles et femelles doivent se retrouver, les phéromones échangées les y aideront ; l'accouplement évitera la dessiccation des produits sexuels ; la ponte constituée d'œufs, car la grande majorité des insectes sont ovipares, sera réalisée en une ou plusieurs fois ; les œufs seront abandonnés par l'insecte à leur sort ; il en naîtra des larves qui, sans avoir connu leurs parents, feront un développement aboutissant à des adultes capables à nouveau de se reproduire.

Sur ce schéma simple de reproduction sexuée se greffent, selon les espèces, toute une série de variantes. Ovoviviparité et viviparité complètent la classique oviparité. Les soins attentifs des parents aux œufs, voire aux jeunes larves, contrastent avec l'abandon pur et simple et constituent une évolution vers la vie sociale. La polyembryonie qui permet à un œuf de donner plusieurs embryons fut découverte chez les insectes avant les Vertébrés.

Enfin, la reproduction sexuée peut être totalement remplacée par une reproduction sans mâle, la parthénogenèse, ou alternée avec celle-ci selon les conditions environnementales.

Rencontre des partenaires

Mâle et femelle, puisqu'il faut être deux de sexes opposés pour assurer la reproduction, doivent se retrouver alors qu'ils sont parfois à de grandes distances l'un de l'autre. Ils bénéficient pour cela d'odeurs émises dans l'atmosphère, les phéromones sexuelles, transportées par le vent. Un papillon mâle remonte au vent ce gradient de phéromones de la femelle.

À proximité, le mâle et la femelle adoptent un comportement de cour. Ce peut être un véritable ballet : le mâle danse (vole) autour de la femelle, il émet des phéromones à effet aphrodisiaque[1] pour celle-ci et qui ralentissent sa sécrétion de phéromone sexuelle. Elle est prête pour l'accouplement.

Mais il ne faut pas réduire la reconnaissance aux seules odeurs. La forme, la couleur, le mouvement, des ailes par exemple, sont vus par l'autre. En se touchant, les partenaires échangent des informations. Enfin, les sons émis (les chants) sont entendus et permettent de localiser l'émetteur : chez le grillon, c'est le mâle qui attire, par son chant, la femelle.

Dans ce phénomène indispensable de la rencontre des partenaires, le vol, comme indiqué précédemment, joue un rôle essentiel. En effet, il n'est pas rare, chez les Lépidoptères, que seuls les mâles volent à la rencontre des femelles, celles-ci les attendant. Elles peuvent même être incapables de voler, faute d'ailes. Il en est de même d'un coléoptère, le ver luisant (*Lampyris noctiluca*).

Accouplement et fécondation

Ainsi rapprochés, mâle et femelle peuvent s'accoupler. La femelle recevra alors du mâle les spermatozoïdes indispensables à la fécondation des œufs. Selon les espèces, l'accouplement est unique ou effectué de façon répétée avec le même partenaire ou avec des partenaires multiples.

Ainsi, beaucoup de Lépidoptères, à vie adulte très brève – telle la processionnaire du pin qui vit, à l'état adulte, 24 à 48 heures, alors que le développement larvaire puis nymphal dure 1 an –, font un accouplement qui entraîne la mort du mâle. Il meurt dans les heures qui suivent l'accouplement, c'est-à-dire après avoir inséminé la femelle. Celle-ci, heureusement, lui survivra pour assurer la ponte et la pérennité de l'espèce.

Chez les espèces à vie adulte longue, la reproduction peut être continue ou cyclique.

La reine des abeilles vit plusieurs années (3 à 4 ans) et peut pondre continuellement pendant toute cette période alors qu'elle a été fécondée par plusieurs mâles, les faux-bourdons, lors du vol nuptial. Ces derniers meurent après l'accouplement. Les spermatozoïdes accumulés dans la spermathèque serviront à la reine toute sa vie de pondeuse : ils ont une survie extraordinaire de plusieurs années dans un liquide nutritif[2].

D'autres insectes à vie adulte longue (plusieurs années) ont une activité de reproduction cyclique. La reproduction alterne avec des périodes de repos : ce sont les diapauses imaginales.

Ainsi, les vanesses, papillons qui éclosent à l'automne, s'accouplent, puis font une diapause imaginale. Leurs œufs ne seront mûrs qu'au printemps suivant.

De nombreux Coléoptères, aquatiques ou terrestres, ont une vie adulte entrecoupée d'une diapause imaginale hivernale. C'est le cas du doryphore et l'on a montré que, comme dans le cas des diapauses larvaires, ces processus cycliques d'arrêt de reproduction (diapause) puis d'activité reproductrice sont liés à la photopériode et au taux d'hormone juvénile ; la baisse de la photopériode conduit à un taux faible de JH, à l'arrêt de la reproduction et à la diapause imaginale.

L'accouplement n'a pas comme seule conséquence de mettre à la disposition de la femelle les spermatozoïdes du mâle. Il joue aussi un rôle de déclencheur de l'activité de l'ovaire, maturation des œufs qui seront fécondés par les spermatozoïdes lors de leur passage dans les voies génitales femelles au niveau de la spermathèque, puis seront pondus.

Il faut signaler « l'insémination extragénitale traumatique » des punaises, bien étudiée par J. Carayon lorsqu'il était directeur du laboratoire d'entomologie du Muséum national d'histoire naturelle. Lors de l'accouplement le mâle, grâce à un pénis muni de pièces vulnérantes, perfore le vagin ou le tégument de la femelle. Le sperme est ainsi injecté dans la cavité abdominale de celle-ci. Les spermatozoïdes, hors des voies génitales, vont devoir accomplir des migrations compliquées dans la cavité générale, souvent dans l'hémolymphe, pour atteindre les ovocytes et assurer la fécondation. La femelle peut présenter sur son tégument plusieurs blessures de copulation, les mâles aussi ! Car les mâles s'accouplent entre eux… l'homosexualité n'étant pas l'apanage de l'espèce humaine !

À l'opposé de ces copulations extravagantes, les insectes peuvent se passer d'accouplement. C'est le cas chez les insectes primitifs actuels, thysanoures et collemboles. Chez ceux-ci le mâle dépose son sperme enveloppé dans une sorte de sac, le spermatophore[3], que la femelle récoltera en appliquant son orifice génital sur celui-ci. Le spermatophore éclate et les spermatozoïdes pénètrent dans le vagin : s'il n'y a pas copulation, la fécondation des œufs est tout de même interne. J. M. Betsch[4] a montré, chez les collemboles, que les mâles ont des comportements qui leur permettent de transmettre rapidement leurs spermatophores aux femelles afin d'éviter qu'ils ne se dessèchent. En effet, les collemboles habitent le sol, mais peuvent coloniser la litière, la strate herbacée, la strate arbustive, les rochers, c'est-à-dire des zones plus sèches, voire même désertiques. Les mâles, selon le cas, déposent au hasard leurs spermatophores que la femelle retrouve vraisemblablement à l'odeur qu'ils émettent. Le mâle les mange quand la femelle ne les a pas utilisés et en dépose de nouveaux, plus attractifs. Ils peuvent aussi déposer leurs spermatophores en cercle autour de la femelle et l'obliger, grâce à une sorte de parade sexuelle, à se féconder. Enfin, nec plus ultra du comportement, un mâle, après avoir rencontré une femelle, lui fait la cour et ne met à sa disposition un spermatophore que lorsqu'elle est réceptive et donc prête à le prendre immédiatement par son orifice génital.

Quoi qu'il en soit, avec ou sans copulation, les spermatozoïdes seront stockés par la femelle qui pourra féconder ses œufs.

Le triste sort des mâles

L'accouplement est, dans la grande majorité des cas, chez les insectes mâles, l'aboutissement de leur vie, mais aussi sa fin. Souvent, lors de la copulation, les armatures génitales sont arrachées et, mutilé dans ses parties génitales, le mâle meurt : c'est le cas pour les faux-bourdons heureux élus de la reine des abeilles. Nombreux sont les papillons mâles victimes de l'accouplement alors que les femelles survivront pour assurer la ponte.

La copulation est donc souvent un acte fatal pour le mâle d'insecte. Les faux-bourdons, les mâles des abeilles qui ne participent pas à l'accouplement sont considérés comme inutiles et ne seront plus nourris par les ouvrières. Ces dernières deviennent même agressives à leur égard lorsque l'hiver arrive et les chassent de la ruche. Mourir sans s'accoupler ou mourir après l'accouplement, le résultat est le même !

Le mâle de la mante religieuse ne connaît pas un sort plus enviable : il est dévoré par la femelle pendant l'accouplement.

Celle-ci, très boulimique, lui mange d'abord la tête, ce qui ne perturbe pas la copulation et donc l'acte sexuel, le ganglion génital étant à l'extrémité de l'abdomen. On cite même une punaise femelle qui digère son mâle pendant l'accouplement. La boulimie peut aussi compromettre la fécondation. Des femelles mangent le spermatophore avant que les spermatozoïdes n'aient eu le temps d'en sortir. Aussi les mâles de certains Diptères prédateurs offrent à manger une mouche à leur femelle, avant l'accouplement, afin d'éviter tout problème !

La reproduction sans mâle : la parthénogenèse

Les femelles d'insectes savent, pour assurer leur reproduction, se passer complètement des mâles. C'est le cas chez de nombreux insectes primitifs (dont le collembole) ou évolués, et je prendrai trois exemples de ce que l'on appelle la parthénogenèse (de *parthenos* : vierge et *genesis* : reproduction) chez les phasmes, les pucerons et les abeilles.

Les phasmes, ou bâtonnets, ou « insectes brindilles », sont bien connus pour leur homochromie et leur homotypie qui leur permettent de se confondre avec le feuillage dans lequel ils vivent. Ils sont aussi un bon matériel d'élevage au laboratoire, en particulier *Carausius (Dixippus) morosus*, espèce parthénogénétique qui produit des œufs de grande taille et sur lesquels de nombreuses études embryologiques ont été réalisées. Chez cette espèce, la parthénogenèse est le mode normal et unique de reproduction. Quand des mâles apparaissent, ils sont généralement incapables de s'accoupler.

Les pucerons dont nous avons précédemment indiqué le polymorphisme alternent, selon la saison, une reproduction sexuée et des reproductions parthénogénétiques. Ces dernières se produisent pendant les mois d'été : des femelles « accouchent » de puce-

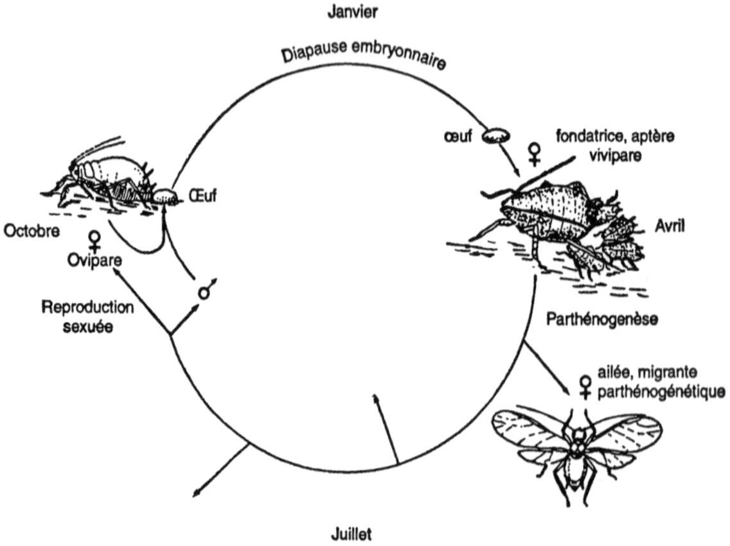

Figure 15. – Schéma du cycle de développement d'un puceron sur une plante hôte

Alternance entre reproduction sexuée et pathénogenèse, entre formes ovipares et vivipares, entre formes aptères et formes ailées ; ces dernières assurent la colonisation d'autres plantes de la même espèce.

rons femelles parthénogénétiques et aptères. En automne, une reproduction sexuée amène la ponte d'œufs de durée, c'est-à-dire d'œufs qui passeront l'hiver à l'état de diapause. De ces œufs sortiront des femelles parthénogénétiques. Ainsi alternent les deux modes de reproduction : la reproduction parthénogénétique assure la prolifération de l'espèce pendant la belle saison alors que la reproduction sexuée permet la survie de l'espèce à la mauvaise saison.

On connaît d'ailleurs chez ces pucerons, comme chez les phasmes, des espèces uniquement parthénogénétiques : c'est le cas en Europe du Phylloxéra de la vigne, tristement célèbre, alors qu'en Amérique alternent les formes sexuées et parthénogénétiques, toujours ovipares.

La reine d'abeille est une femelle sexuée. Elle s'accouple avec plusieurs faux-bourdons lors du vol nuptial. Les œufs qu'elle produit peuvent être fécondés : ils donneront des femelles, ouvrières ou reines, ou non fécondés, parthénogénétiques – on dit alors qu'il s'agit d'une parthénogenèse facultative : ils donneront les mâles ou faux-bourdons[5]. C'est donc, dans ce cas, la reine qui, selon les besoins de la société, utilise ou non la fécondation afin de produire les castes en quantité équilibrée.

Mais cette reine d'abeille ne peut se passer de mâle, c'est-à-dire des faux-bourdons issus, ce qui est le comble, d'un développement parthénogénétique !

La ponte

La grande majorité des insectes pond des œufs. On dit de ces espèces qu'elles sont ovipares. Mais, si la reproduction est un acte fondamental pour l'espèce, il n'a de chance de succès que si l'œuf est pondu non pas au hasard, mais en un endroit propice au développement de la larve qui va éclore, c'est-à-dire à sa nutrition. Reproduction et nutrition vont donc de pair.

Il en résulte que le comportement de ponte comprend trois phases successives.

D'abord la recherche de la plante-hôte, si nous partons de l'hypothèse d'un insecte phytophage (majoritaire chez les insectes). Comme nous l'avons vu, grâce à ses organes sensoriels chimiotactiles, l'insecte repère à distance le végétal (spectre d'odeurs) sur lequel il viendra pondre.

Puis, le végétal étant localisé, l'insecte précisera au toucher (organes tactiles) le site exact où il va réaliser l'acte de ponte : sur ou sous la feuille, autour des aiguilles (feuilles) de pin, dans les fentes de l'écorce de l'arbre, dans le fruit, la fleur, etc.

Enfin, la ponte est réalisée, on parle d'oviposition, grâce à l'ovipositeur, 'organe que possèdent les femelles et qui leur permet de déposer leurs œufs de façon très précise, par exemple dans une cavité de l'écorce ou dans le sol. Ce n'est souvent qu'un tube télescopique membraneux formé aux dépens des derniers segments abdominaux. Il peut devenir rigide, formant une tarière ou oviscapte chez les Hyménoptères Térébrants ou les Orthoptères Ensifères qui pondent leurs œufs dans d'autres insectes ou dans le sol.

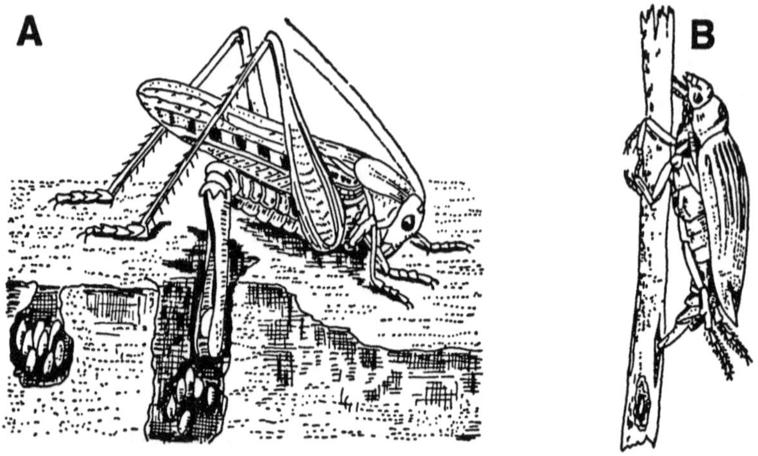

Figure 16. – Pontes des insectes

A. Ponte du dectique (sauterelle) dans le sol.
B. Ponte du dytique (Coléoptère aquatique) dans une tige de jonc.
(D'après H. Boué et R. Chanton, 1958.)

Les œufs sont pondus isolément ou en paquet : ils sont généralement collés sur le support par un ciment qui est très efficace puisque des œufs restent fixés même après l'éclosion des larves.

Ces œufs peuvent être protégés par des productions tégumentaires : écailles de ponte, voire des poils urticants. C'est le cas des pontes de Lépidoptères : processionnaire du pin, bombyx disparate et papillon cendre de Guyane. De plus, il n'est pas rare que les œufs soient pondus en paquet emballé dans une coque : l'oothèque. C'est ainsi que les Acridiens pondent les œufs dans le sol, enrobés dans un mucus qui agglutine la terre et forme un

« boudin de terre » plein d'œufs. Les mantes, les blattes réalisent des oothèques de formes très variées qu'elles dispersent dans les lieux qu'elles fréquentent. Chez certaines blattes dont *Leucophaea maderae*, c'est l'oothèque tout entière qui est incubée dans une poche spéciale de la femelle conduisant à l'ovoviviparité.

L'acte de ponte est donc un phénomène comportemental bien précis qui a fait et fait encore l'objet d'études. A. et C. Strambi, du laboratoire de neurobiologie de Marseille, ont montré qu'une femelle de grillon ayant subi une ablation des ovaires aura un comportement normal de ponte : elle creuse un trou dans le sol pour y déposer avec son ovipositeur des œufs qu'elle ne possède pas ! Il y a donc bien la disjonction entre le comportement de ponte et la fonction de reproduction. Ces auteurs ont de plus montré que ce comportement de ponte est sous la dépendance des corps allates (CA) et de l'hormone qu'ils sécrètent : la JH. L'ablation des CA entraîne, chez un grillon, l'absence de ponte ; le comportement de ponte étant rétabli par injection de JH.

La JH est, comme nous le verrons ultérieurement, à la fois l'hormone de la reproduction (maturation des œufs) et du comportement de ponte.

Les œufs ainsi pondus réaliseront seuls leur développement embryonnaire aux dépens des réserves vitellines qu'ils contiennent : ils donneront des larves aptes à s'alimenter.

De l'oviparité à la viviparité

À ce schéma général de l'oviparité, classique chez de nombreuses espèces d'insectes, s'ajoutent des variantes qui vont de l'ovoviviparité à la viviparité.

Il s'agit d'un développement embryonnaire qui est réalisé dans les voies génitales de la femelle sans ou avec sa participation.

Ainsi, chez les Diptères, les mouches du genre *Calliphora*,

Musca ou *Sarcophaga*, les œufs réalisent leur développement embryonnaire dans le vagin ou l'utérus dilaté. La femelle pond alors un œuf prêt à éclore ou accouche d'une jeune larve[6]. Dans tous ces cas l'embryon s'est développé aux dépens du vitellus sans l'aide de la femelle.

Par contre, la mouche tsé-tsé accouche d'une larve qui a été nourrie dans les voies génitales de la femelle grâce à l'existence de « glandes accessoires » transformées en glandes lactées. Elles produisent un « lait utérin » que tète la larve au niveau d'une papille utérine extérieure, la tétine. La larve fait ses mues dans l'utérus de la femelle qui accouchera d'une larve qui se transformera aussitôt en pupe. Fait unique dans le règne animal, la totalité de la croissance de l'individu s'est effectuée *in utero*. Il s'agit donc d'une viviparité avec gestation des larves et accouchement.

L'accouchement s'accompagne de contractions musculaires de la mère alors que l'asticot s'allonge afin de s'engager dans le vagin. Ce comportement est sous contrôle neuroendocrine. J. P. Grillot et A. Robert constatent qu'une femelle décapitée, et qui survit six jours, est incapable d'accoucher. Des neurohormones sont impliquées dans la gestation, d'autres dans la parturition (accouchement), l'ecdysone facilitant la contraction de la musculature utérine[7].

D'autres insectes sont vivipares. C'est le cas de certaines blattes où l'oothèque est incubée dans l'utérus de la femelle. Chez *Leucophae maderae*, Engelmann a étudié le mécanisme neuroendocrinien qui préside à cette viviparité particulière : ici, le jeu de la JH est prépondérant.

Les pucerons sont également vivipares et de plus parthénogénétiques. Les œufs ont des enveloppes très minces et les parois de l'oviducte jouent le rôle d'un « placenta » qui laisse diffuser des substances nutritives de la mère vers l'œuf. Ces femelles accouchent de nombreux petits pucerons parthénogénétiques. Le développement est tellement rapide que les embryons qui se développent dans les oviductes maternels hébergent eux-mêmes une autre génération d'embryons. La femelle parthénogénétique du puceron n'est pas seulement une « femelle enceinte », elle est aussi « une grand-mère enceinte ». La productivité du système viviparité-parthénogenèse est extrême (voir plus loin : potentiel biotique) et rejoint en cela les mécanismes de paedogenèse et de polyembryonie fréquents chez les insectes.

Paedogenèse et polyembryonie

L'idée qu'une larve puisse se multiplier avant d'atteindre l'âge adulte, l'âge de la reproduction chez l'insecte et chez les animaux qui font une métamorphose, est difficile à admettre[8]. On a donné le nom de néoténie (de *neos*: jeune, et *tenein*: maintien) à ce phénomène de maintien de l'état jeune, larvaire, et de reproduction à l'état larvaire.

Chez les insectes, de nombreux cas de néoténie ont été signalés et l'on a donné le nom de paedogenèse à la forme de reproduction parthénogénétique à l'état larvaire. Ce phénomène fut décrit par un entomologiste allemand, N. Wagner, en 1861 chez un petit moucheron (*g. Miastor*, Diptère Cécidomyides) dont les larves, les asticots, se développent sous l'écorce pourrissante des arbres abattus. Ces asticots contiennent des œufs parthénogénétiques qui donnent d'autres asticots. La production en grand nombre de ces asticots entraîne la mort par éclatement de l'asticot-mère. Le nombre des asticots ainsi produits est considérable, de nombreuses générations se succèdent et ce n'est que dans certaines conditions qu'apparaissent des pupes puis des adultes ailés (les moucherons) capables d'effectuer une reproduction sexuée. Celle-ci apparaît lorsqu'il y a surpopulation des asticots et (ou) moins bonne qualité de la nourriture, ou si celle-ci vient à manquer.

Wagner eut des difficultés à faire accepter la paedogenèse qui a depuis été retrouvée chez d'autres espèces[9]. Mais il est aussi difficile d'admettre qu'un seul œuf puisse à lui seul produire des milliers voire un million d'individus. Et pourtant, ce phénomène fut découvert par P. Marchal (1862-1942) chez des insectes Hyménoptères parasites, les Cynipides, avant d'être décrit chez d'autres Invertébrés et Vertébrés dont les tatous (Mammifères, insectivores) : il s'agit de la polyembryonie.

Nos vrais jumeaux sont un exemple, bien modeste, de polyembryonie : les deux cellules de la première segmentation – on les appelle les blastomères – évoluent séparément pour fournir un embryon chacun. Chez les insectes Cynipides, l'œuf, pauvre en vitellus, subit une segmentation totale où chacune des cellules est capable de devenir un embryon : il s'en forme ainsi, selon les espèces, de 2 à 4, d'une centaine à 2 000, de 1 000 à 1 million !

Ces exemples incroyables nous amènent tout naturellement à parler du potentiel biologique exceptionnel des insectes.

Un potentiel biotique extraordinaire

Avant d'aborder cet aspect de la productivité des insectes, voyons où et comment se forment les œufs dans l'ovaire de l'insecte.

L'ovaire est formé d'ovarioles dont le nombre varie selon les espèces de 1 à des milliers : 1 chez certains pucerons sexués, dont le Phylloxéra qui produit un seul ovocyte qui remplira le corps de l'insecte formant l'œuf d'hiver (œuf de résistance) ; plus de 2 000 chez la reine des termites, ce qui explique son énorme fécondité ; elle peut pondre jusqu'à 2 000 œufs par jour (plus d'un à la minute) !

L'ovariole comprend classiquement quatre parties :

– le filament terminal qui constitue le ligament suspenseur ;

– le germarium qui contient un mélange de cellules germinales qui deviendront ovogonies puis ovocytes ou des cellules abortives, les cellules nourricières, et de cellules mésodermiques qui enveloppent l'ovocyte formant le follicule ;

– le vitellarium, zone de croissance où se fait la vitellogenèse (formation de vitellus) ;

– le pédicelle obturé par un bouchon épithélial.

Selon la façon dont est réalisée la vitellogenèse, on distingue des ovarioles de deux types : panoïstique ou méroïstique.

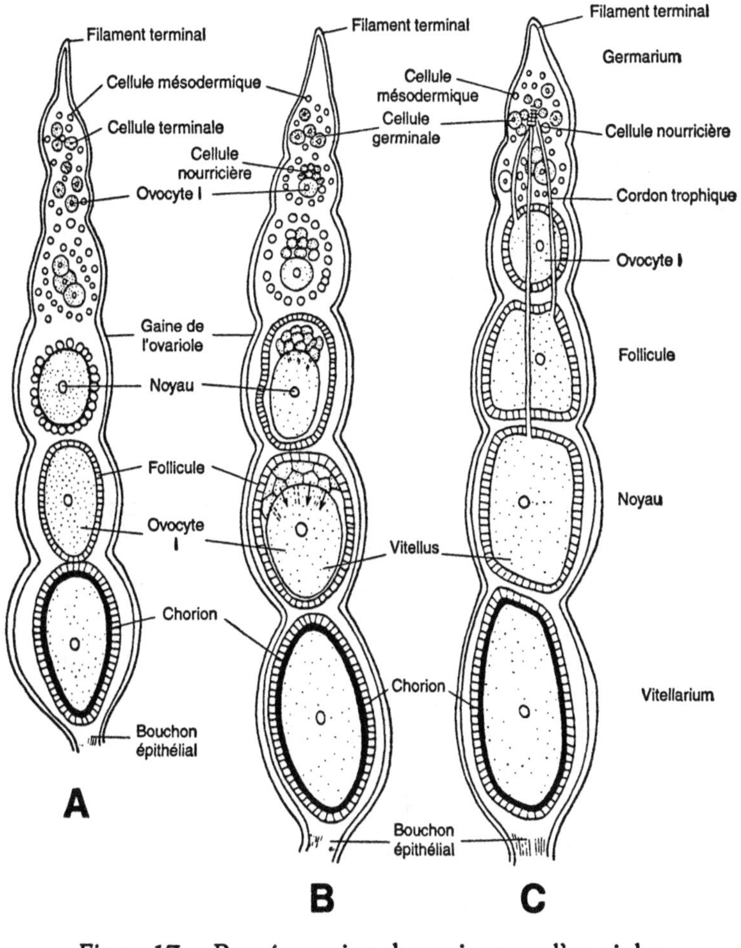

Figure 17. – Représentation des trois types d'ovarioles

Type panoïstique (A), type méroïstique polytrophique (B), type méroïstique acrotrophique (= télotrophique) (C).
(D'après A. Beaumont et P. Cassier, 1973.)

Le type panoïstique est le plus primitif (chez les Aptérygotes, Orthoptères...) : toutes les cellules germinales deviennent des ovocytes qui seront pondus. Il n'y a pas formation de cellules nourricières et les cellules folliculaires pompent dans l'hémolymphe les protéines vitellogènes. Ces cellules, *in fine*, fabriquent le chorion[10].

Dans le cas du type méroïstique, les cellules germinales donnent des ovocytes et des cellules nourricières. Ces dernières jouent un rôle au tout début de la vitellogenèse, puis dégénèrent et sont absorbées par les ovocytes.

Selon leur localisation on distingue deux types d'ovarioles méroïstiques :

– polytrophiques : chaque ovocyte est accompagné d'un paquet de cellules nourricières (ex. : Lépidoptères, Diptères...) ;

– acrotrophiques (ou télotrophiques) où les cellules nourricières restent localisées dans le germarium, mais jouent, grâce à un plus ou moins long cordon trophique, le même rôle dans la vitellogenèse (ex. : Hémiptères, Coléoptères...).

La vitellogenèse est ensuite conduite à son terme par les cellules folliculaires pompant (comme dans le cas des ovarioles panoïstiques) les vitellogénines de l'hémolymphe.

La vitellogenèse s'effectue sous contrôle de deux types de facteurs :

– des facteurs externes, dont l'alimentation (ex. : repas de sang de la punaise précédemment cité) ;

– des facteurs internes : les corps allates qui sécrètent la JH, gonadotrope.

En fait il faut distinguer deux types d'insectes :

– ceux à vie adulte courte, qui ne s'alimentent pas à l'état adulte ; la vitellogenèse est réalisée pendant la vie nymphale aux dépens des réserves (vitellogénines) accumulées pendant la vie larvaire ; ils sont indépendants des corps allates (ex. : Bombyx du mûrier) ;

– ceux à vie adulte longue doivent s'alimenter et la vitellogenèse dépend de l'activité des corps allates, donc de l'hormone juvénile (JH), cas de la piéride du chou, Lépidoptère à vie adulte longue pour qui nous avons montré avec A. Karlinsky le rôle des CA dans la synthèse et l'accumulation de la vitellogénine dans les œufs. Ces phénomènes sont généraux et ont été retrouvés chez de nombreux insectes à vie adulte longue présentant des cycles de reproduction liés à l'activité des CA.

En règle générale, la vitellogénine des insectes est JH dépendante, cependant chez les Diptères et les Lépidoptères, elle nécessite en plus l'ecdysone d'origine ovarienne. Chez le criquet adulte (*Locusta migratoria*) J. et A. Girardie viennent de démontrer qu'une autre voie endocrine intervenait. Il s'agit d'une neurohormone cérébrale qui est capable, via l'ecdysone ovarienne, de stimuler la synthèse de vitellogénine indépendamment de l'hormone juvénile. Il s'agit donc d'une hormone gonadotrope, la première à être isolée et purifiée à partir des corps cardiaques. Elle est baptisée Lom OMP pour Locusta Migratoria Ovary Maturating Parsin. Ces auteurs ont obtenu un anticorps dirigé contre cette protéine, ce qui leur a permis d'une part de localiser les cellules neurosécrétrices de l'hormone (zone médiane du cerveau antérieur), et d'autre part de démontrer sa fonction gonadotrope. Pour cela, ils ont introduit l'anticorps dans l'organisme de l'insecte adulte, ce qui a neutralisé la neurohormone produite, entraînant l'absence de synthèse de vitellogénine et de croissance de l'ovocyte.

Chaque ovariole peut mûrir simultanément un œuf et alors la ponte se fera par paquets de 10, 20 œufs, etc., selon le nombre d'ovarioles présents dans l'espèce. Si les œufs ne mûrissent que successivement dans chacun des ovarioles, la ponte se fera œuf par œuf. Enfin, et c'est le cas dans de nombreuses espèces, les œufs s'accumulent avant la ponte dans les oviductes dilatés ; l'insecte les déposera en une seule fois.

La productivité, entendez par ce terme la production d'œufs par les ovarioles des insectes, est donc différente selon les espèces, selon le nombre d'ovarioles, selon la taille des œufs réalisés, selon les conditions internes et externes (environnementales : alimentation, saisons...). Le nombre d'œufs produits varie donc d'un à une centaine de milliers dans la vie d'un insecte.

Parmi les plus productifs figurent les reines d'abeilles et de termites qui vivent plusieurs années. La ponte chez la reine d'abeilles est variable selon la saison, l'importance de la ruche et la quantité de matériel récolté ; elle est très importante au printemps, période de floraison maximale ; elle diminue au cours de l'été et cesse même au mois d'août, moment où les insectes vont entreposer le maximum de miel pour passer l'hiver. Tous les locataires de la ruche sont les descendants femelles (ouvrières) et mâles (peu nombreux) de la reine. Les femelles sont d'ailleurs des demi-sœurs, car la reine a eu lors de la parade nuptiale plusieurs partenaires (faux-bourdons). Combien y a-t-il d'individus à un instant t dans la ruche ? Des milliers, puisque l'on sait que la reine pond environ un œuf à la minute et qu'il naît plus de mille abeilles par jour. Enfin, il faut avoir présent à l'esprit que si la reine vit plusieurs années, la durée de vie d'une abeille (ouvrière) est au maximum de trois mois. Il y a donc un renouvellement permanent – sauf pendant la mauvaise saison où les abeilles vivent six mois –, témoignage d'une extraordinaire productivité de la reine[11].

On estime par contre à 600 œufs la production d'un papillon de piéride du chou (*Pieris brassicae* L.) et à 300 œufs celle de la drosophile.

La parthénogenèse du puceron lui confère une grande productivité : une femelle accouche de 12 jeunes pucerons par jour, eux-mêmes producteurs de 12 jeunes : soit 12 × 12 = 144 descendants.

Par contre, malgré sa viviparité vraie, la glossine ou mouche tsé-tsé, en six mois de vie, ne produit que 12 larves au maximum. Quand on sait qu'elle est vectrice de la maladie du sommeil, on ne s'en plaindra pas !

Les biologistes ont fait des calculs savants afin de déterminer le potentiel biotique de chaque espèce d'insectes. Les chiffres qu'ils avancent sont souvent faramineux[12]. Ils sont toujours faux par excès car dans la nature bien des aléas attendent l'insecte et modifient sa reproduction.

Une femelle vierge ne pondra pas et si les œufs se forment ils s'accumulent dans l'oviducte où ils seront en partie résorbés ; les matériaux récupérés seront réutilisés, la durée de vie augmentée, afin d'assurer une chance de reproduction.

Les parasites peuvent également compromettre la reproduction des insectes. Ainsi, des vers (genre *Mermis*) entraînent une castration parasitaire des insectes-hôtes, Acridiens ou sauterelles, en agissant sur leur complexe neuroendocrine. Disons que, d'une manière générale, les conditions étho-écologiques modulent cet extraordinaire pouvoir reproducteur de l'insecte, élément fondamental de son succès évolutif. Nous allons en voir un exemple avec le soin aux œufs et aux larves.

Les soins aux œufs et aux larves

Il s'agit là de comportements qui participent au succès de la reproduction chez les espèces d'insectes qui les manifestent.

Beaucoup de femelles d'insectes abandonnent leur ponte dès que celle-ci est réalisée. D'autres, et c'est le cas par exemple de certaines blattes, transportent au bout de leur abdomen l'oothèque : il s'agit là d'un transport d'œufs, c'est une phorésie, jusqu'à l'abandon pur et simple de l'oothèque et de son contenu. Ce phénomène se retrouve chez les insectes dont les larves sont aquatiques : éphémères, perlides volent au-dessus de l'eau, transportant leurs œufs agglomérés à l'extrémité de l'abdomen, œufs qui se dissocient dès qu'ils touchent la surface de l'eau.

Des punaises femelles aquatiques (*Belostomes*) et terrestres (*Phyllomorpha*) fixent leurs œufs sur le dos des mâles qui en assurent le transport jusqu'à l'éclosion. Cela nous rappelle étrangement le cas du crapaud accoucheur (*Alytes obstetricans*) !

Mais, au-delà de la simple phorésie, des cas de soins aux œufs ont été décrits. Cl. Caussanel, directeur du laboratoire d'entomologie du Muséum national d'histoire naturelle, a étudié dans le détail le comportement de soins aux œufs prodigué par la femelle du forficule ou perce-oreille. Ces soins sont indispensables au développement des œufs ; séparés de la mère, ils se couvrent de moisissures et les embryons périssent. À l'éclosion, les jeunes larves seront protégées et soignées par la femelle. Elles se disperseront après la deuxième mue.

Les comportements de soins aux œufs et aux larves se compliquent chez des Coléoptères coprophages, les bousiers et les nécrophores qui vivent sur des cadavres. Ces insectes, selon les espèces, sont capables, soit de pondre dans le fumier ou les cadavres et d'abandonner leurs œufs à leur sort, soit, au contraire, de stocker le fumier (en couches, en boules...) ou un morceau de cadavre dans des galeries creusées dans le sol. Les femelles pondront leurs œufs sur ou au voisinage de ces réserves de nourriture dont les larves s'alimentent. Chez les nécrophores, les larves ne sont pas capables, à l'éclosion, de se nourrir ; aussi la femelle assure avec sa salive une prédigestion de la chaire qu'elle régurgite aux larves.

C'est bien sûr chez les Hyménoptères que l'on voit l'évolution la plus spectaculaire de la vie familiale à la vie sociale : le soin aux œufs, puis aux larves, en étant l'une des manifestations. Guêpes, abeilles, fourmis s'organisent en sociétés structurées où d'autres tâches seront effectuées et le succès de l'ensemble assuré.

Ainsi, chez les insectes, selon les espèces – et elles sont plus d'un million –, les œufs peuvent être pondus au hasard et abandonnés à leur sort[13] ou bénéficier de soins attentifs ainsi que les larves qui en sont issues.

7

Étho-écologie des insectes : les insectes dans la biosphère

Qu'il s'agisse du développement embryonnaire ou post-embryonnaire, des arrêts de développement, de la reproduction, tous ces mécanismes sont conditionnés par les facteurs de l'environnement. Les insectes étant des poïkilothermes, c'est-à-dire des animaux à sang froid, il n'est pas étonnant que, pour eux, l'eau, la température et les autres facteurs physico-chimiques dits abiotiques de l'environnement soient des facteurs limitants. Ils seront responsables de leur aire de répartition.

Les insectes sont aussi sensibles aux facteurs biologiques dits biotiques, qu'il s'agisse des facteurs intraspécifiques, c'est-à-dire qui s'établissent au sein de la même espèce, ou interspécifiques, entre espèces différentes. Ils régulent la dynamique des populations d'insectes et il est évident qu'une bonne connaissance de ces phénomènes sera utile pour l'homme dans la mise en œuvre d'une limitation de ces insectes.

Facteurs abiotiques et facteurs biotiques sont indissociables même si, pour des raisons didactiques, nous les étudierons successivement. Enfin, les études écologiques sont difficiles à dissocier des études éthologiques, c'est-à-dire comportementales, que nous serons amenés à décrire chaque fois que cela sera nécessaire. Il ne faut pas oublier que les éthologistes français, après Fabre, ont souvent pris les insectes comme modèle.

Facteurs abiotiques et aire de répartition des insectes

Les facteurs physico-chimiques, eau, température, lumière (insolation), gaz atmosphérique, permettent de définir les climats.

On distingue classiquement le macroclimat, climat d'une région, le mésoclimat, climat d'une zone limitée de cette région (vallée par exemple), et le microclimat, zone encore plus restreinte de la niche écologique d'un insecte par exemple.

Si le macroclimat détermine la répartition géographique générale d'une espèce d'insecte, le mésoclimat et le microclimat interviennent quant à la présence, la pullulation de l'espèce dans sa niche écologique.

L'eau

J'ai déjà eu l'occasion de dire l'importance de l'eau dans le développement des insectes et d'étudier quelques-uns des mécanismes adaptatifs (dont l'homéostasie) mis en œuvre par les insectes vis-à-vis de ce facteur. Le manque d'eau et la sécheresse posent problème : des insectes cependant sont adaptés aux climats désertiques. Si la disponibilité en eau vient à augmenter, alors il y aura pullulation des insectes : par suite de variations climatiques, les criquets deviennent grégaires puis migrateurs et dévastateurs des cultures de l'homme.

On expliquerait les fluctuations de populations de moustiques – dont le développement des larves est interrompu par la sécheresse – par des pluies abondantes survenant après des périodes de sécheresse.

Les insectes ont donc besoin d'une humidité relative pour leurs besoins vitaux. Dans les sols[1] qui s'assèchent en été, les larves d'insectes sont capables de s'enfouir profondément à la recherche d'une humidité relative satisfaisante : exemples des larves de taupins, des vers blancs... L'écomorphose des collemboles est une adaptation à la sécheresse des sols.

À l'inverse, les pluies sont le signe d'une reprise d'activité des insectes, et en particulier des sorties d'insectes ailés dont les larves étaient dans le sol : la sortie est rendue plus facile par la pluie qui ameublit le sol.

D'une manière générale, dans nos régions tempérées relativement bien arrosées, le rôle de l'eau est sous-estimé ou même négligé quand on cherche à expliquer la dynamique d'insectes non aquatiques. Pour G. Chauvin, l'aptitude à coloniser un biotope est déterminée par l'exigence en eau des insectes ; il le démontre en étudiant des insectes biodécomposeurs (Tinéidés) dont les larves sont kératophages[2], vivant dans les restes de cadavres.

Par contre, le rôle des insectes est bien connu en Afrique dans le recyclage de l'eau et l'évolution des sols : formation de la latérite. Des termites (du genre *Bellicositermes*), en savane africaine, construisent des termitières en prélevant les matériaux argileux des sols avoisinants. Les termitières constituent des *evaporiums*. En effet, des galeries sont réalisées par les termites en profondeur afin de maintenir constante l'humidité atmosphérique (et même la température) dont ils ont besoin : en saison sèche, de l'eau s'évapore donc des termitières qui participent ainsi au recyclage de l'eau et à l'évolution des sols africains (latéritisation).

Les termites ont beaucoup contribué à façonner le relief de l'Afrique, en particulier en savane où les termitières constituent parfois de vraies collines.

La température

Les insectes étant des poïkilothermes, la température est pour eux le facteur écologique le plus important.

La vitesse des réactions métaboliques est fonction de la température. Selon la loi de Van't Hoff, une baisse de 10 °C diminue de moitié la vitesse d'une réaction chimique.

Il n'est donc pas étonnant, alors que la température baisse, que l'activité des insectes diminue, ou s'arrête complètement : état de quiescence. Il en résulte, comme nous l'avons indiqué précédemment, que la durée du cycle de développement ou d'un stade par rapport à l'autre varie en fonction de la température.

Chez des espèces polyvoltines, c'est-à-dire qui sont capables de faire plusieurs générations par an, le nombre des générations varie en fonction de la latitude (donc de la température). Ainsi, une mouche des fruits, espèce présente sous toutes les latitudes, fait 11 à 12 générations par an à Honolulu, 9 générations au Caire, 5 générations à Alger, 2 générations à Paris.

Les insectes échappent aussi aux rigueurs de l'hiver par la diapause : dans l'œuf, à l'état de larve, de nymphe ou d'adulte.

Leur résistance au froid est exceptionnelle. On savait depuis longtemps qu'ils peuvent congeler puis décongeler, de même que certains reptiles et amphibiens. Depuis peu, les mécanismes mis en jeu sont connus ; ils sont communs à ces différentes espèces qui savent réguler congélation et décongélation.

Il s'agit d'un problème d'eau extracellulaire. Celle-ci, lorsqu'elle gèle, forme des cristaux solides, qui sont destructeurs des membranes cellulaires. Il faut donc réaliser une congélation ménagée afin d'éviter la destruction cellulaire. Ces animaux savent le faire, et pas l'homme ! La cristallisation se réalise autour d'une protéine de nucléation et est limitée par des protéines antigel. Enfin, les membranes de la cellule (membrane plasmique, membrane nucléaire) ainsi que le cytoplasme sont protégés par des substances telles que des sucres dont le tréhalose (sucre en C5 caractéristique des insectes), le glycérol, le sorbitol[3]...

Les températures élevées sont aussi un handicap pour l'insecte qui peut être amené à arrêter son développement (diapause = estivation) ou à subir une mortalité importante, soit par suite d'atteintes métaboliques directes, soit par augmentation des maladies.

Ainsi, le développement d'un insecte ne s'effectue qu'entre des limites (inférieure et supérieure) de températures, variables selon les espèces. De plus, entre ces limites, leur optimum d'activité, d'alimentation, de vol, de reproduction s'effectue à une température préférentielle, le *preferendum* thermique[4].

Pour la même espèce, en France, selon le climat, le développement peut présenter des variantes selon les régions. Demolin

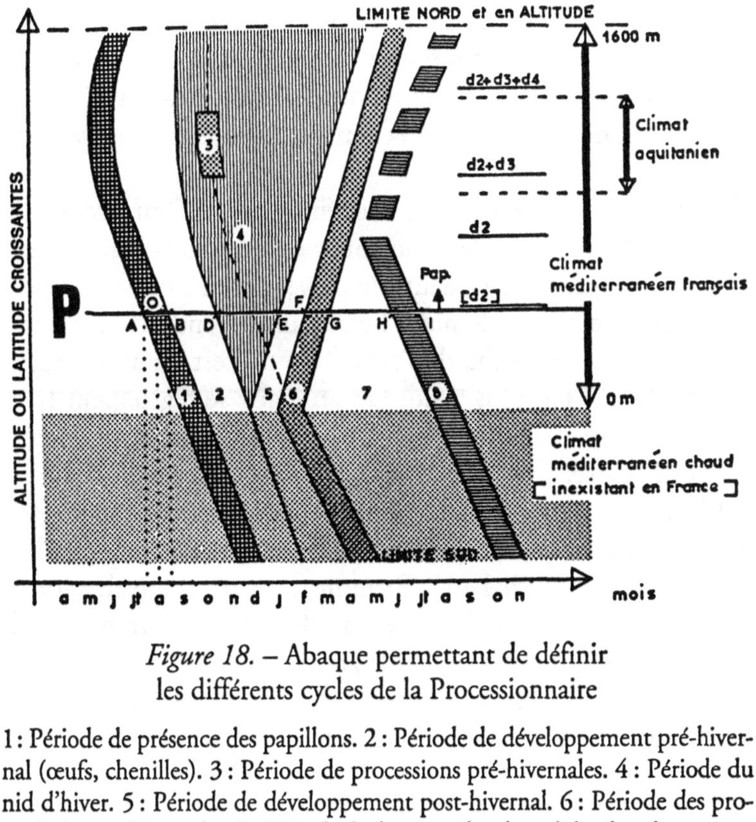

Figure 18. – Abaque permettant de définir les différents cycles de la Processionnaire

1 : Période de présence des papillons. 2 : Période de développement pré-hivernal (œufs, chenilles). 3 : Période de processions pré-hivernales. 4 : Période du nid d'hiver. 5 : Période de développement post-hivernal. 6 : Période des processions post-hivernales. 7 : Période de diapause des chrysalides dans les cocons. 8 : Période de formation du papillon dans la chrysalide. d2, d3, d4 : Diapause prolongée (Cycles bi, tri, quadriennaux). ↑ : Sortie des papillons (Adultes). (D'après G. Demolin.)
Exemple : le transect P détermine les différentes périodes (et durées) du cycle de développement en Provence.

(1970), pour la processionnaire du pin, a établi un diagramme tout à fait intéressant des modalités du cycle de développement en fonction de l'altitude, de la latitude et des mois de l'année.

En France, et d'une manière générale dans les pays tempérés, les températures extrêmes, basses de l'hiver ou élevées de l'été, ne sont pas un facteur de limitation des populations d'insectes indigènes. Par contre, des espèces importées accidentellement des pays chauds seront détruites par le froid de l'hiver.

Enfin, il est important de signaler que par leur comportement les insectes essaient de modifier la température de leur corps par rapport au milieu environnant. Nous avons ainsi déjà indiqué que dans la termitière la température était relativement constante.

La bourse soyeuse (nid) de la chenille processionnaire du pin est considérée par G. Demolin comme « un four solaire ». Cette chenille compense les rigueurs de l'hiver par son comportement de filage. Elle dispose le nid d'hiver dans un endroit bien ensoleillé, souvent en flèche de l'arbre. Ce nid est d'autant mieux structuré qu'il fait plus froid. Les animaux se regroupent (parfois plusieurs colonies fusionnent en une seule) pour augmenter l'effet de masse.

C'est également par leur activité, ici l'activité musculaire (agitation des ailes), que les abeilles, au sein de la ruche, sont capables de produire de la chaleur[5]. Réaumur, dès 1740, avait montré qu'ainsi elles sont capables très rapidement de faire monter la température de la ruche de 13 °C à 25-30 °C.

C'est dire qu'il est bien difficile de dissocier les facteurs physico-chimiques des facteurs biologiques.

La lumière

La lumière (ou éclairement, ou insolation) est indissociable du facteur température, en particulier dans son aspect quantitatif.

En écologie on considère généralement que la lumière agit par sa quantité (intensité), sa qualité et ses variations.

Peu d'espèces sont capables de se passer de l'énergie apportée par la lumière, exception faite des cavernicoles, dont certains insectes. Des larves ou des adultes dans les sols, dans les bois (espèces xylophages), dans des liquides biologiques (espèces parasitoïdes) échappent totalement à la lumière. Ces espèces sont d'ailleurs dépourvues d'yeux simples ou composés.

Mais les autres espèces ont, par opposition, besoin d'une certaine quantité de lumière. Ainsi, G. Demolin considère que la chenille processionnaire du pin doit disposer de plus de 1 800 heures par an d'ensoleillement pour se développer. Ensoleillement et température sont liés puisque cet auteur a montré qu'une heure d'ensoleillement suffit à faire monter la température interne du nid de 1,5 °C. Considérant de manière absolue :

– que la processionnaire sera exclue des zones où l'ensoleillement annuel est inférieur à 1 800 heures ;

– qu'elle ne peut vivre si la moyenne des températures minimales de janvier est inférieure à –4 °C ;

– qu'en dehors de ces zones, le nid d'hiver, grâce à 100 heures d'ensoleillement, permet de compenser une diminution de 1 °C au-dessous de la température minimale ;

il a été possible à H. Huchon et G. Demolin (1970) d'établir l'aire potentielle de répartition de la processionnaire du pin en France. La validité de cette aire a été confirmée sur le terrain par les organismes chargés du recensement (et de la surveillance) de cette espèce.

L'intensité de la lumière influe aussi sur le comportement des insectes. Il existe ainsi des insectes présentant un phototropisme positif : ils sont attirés par la lumière ; d'autres la fuient. Les cherche-midi ou soldats (*Pyrrhocoris apterus*) sont des punaises qui, au début du printemps, s'exposent au soleil, afin de provoquer une augmentation de leur température interne favorable à leur développement et à leur reproduction. Les blattes ou cafards, par contre, sont actifs à l'obscurité et s'enfuient dès que la lumière apparaît.

La lumière qui arrive sur Terre est polychromatique, c'est-à-dire faite de plusieurs couleurs, de longueurs d'onde différentes. Les insectes, comme je l'ai indiqué précédemment, ne voient pas comme l'homme. Notre spectre du visible est compris entre le violet (λ = 3 700 A°) et le rouge (λ = 7 700 A°). Les insectes voient l'ultraviolet (λ = 3 000 A°), ils le perçoivent comme une vraie couleur. Dans le rouge, à l'autre extrémité du spectre visible, ils seraient sensibles au maximum à 6 900 A° (rouge sombre).

Une autre propriété remarquable de l'œil des insectes est de pouvoir détecter la direction dans laquelle la lumière est polarisée ; cette propriété permet d'expliquer le comportement de déplacement orienté chez les fourmis et les abeilles (von Frisch), premières espèces chez lesquelles ce phénomène a été démontré.

En dehors des organes sensoriels de la vision (yeux, ocelles...), c'est parfois la totalité du corps de l'insecte qui est sensible. Ainsi, M. Vuillaume a montré que le tégument de la chenille de la piéride du chou contient un pigment vert, la ptérobiline, sensible à une longueur d'onde comprise entre 6 200 A° et 6 500 A°. Il suffit d'éclairer cinq heures ces chenilles pour éviter l'entrée en diapause. C'est donc la longueur d'onde bioénergétique de la piéride : 5 heures de cette lumière monochromatique équivalent, au plan énergétique, à 16 heures de lumière polychromatique.

Les variations de la lumière sont, au plan biologique, les plus importantes pour l'insecte. Il s'agit à la fois de l'alternance nuit-jour – c'est le cycle nycthéméral (de *nuktos* = nuit, et *hemera* = jour) –, et de la variation relative de la longueur du jour par rapport à la nuit – on parle de variation de la photopériode.

Le rythme nycthéméral entretient le rythme d'activité et de repos des insectes. Ainsi les insectes sont à activité diurne ou à activité nocturne. Chez la blatte américaine (*Periplaneta americana*) à activité nocturne, le rythme est réglé par des cellules photosécrétrices localisées dans le ganglion sous-œsophagien, en rapport avec les yeux simples (ocelles) sensibles aux variations nuit-jour. Si l'on décapite une blatte, elle perd sa rythmicité locomotrice ; celle-ci est rétablie par greffe du ganglion sous-œsophagien.

L'activité locomotrice de recherche de nourriture est aussi nocturne chez la chenille processionnaire du pin. Nous venons de démontrer (J. Werno et M. Lamy) que le rythme d'émission des poils urticants dans l'atmosphère subit également un cycle nycthéméral ; les poils sont émis la nuit (entre 22 et 24 heures) pendant la période d'alimentation et réalisent autour des chenilles une atmosphère protectrice.

La variation de la photopériode – elle est due au fait que la terre tourne autour du soleil en 365 jours – est sûrement l'information la plus fiable dont puissent bénéficier les êtres vivants.

La durée journalière d'éclairement varie avec les saisons et informe donc l'insecte. La diminution de la photopériode indique que l'on va vers la mauvaise saison et est associée à la baisse de température, à la moindre disponibilité (ou moins bonne qualité) des aliments. Cette information sera traduite par un arrêt de développement, l'entrée en diapause de l'insecte. L'augmentation de la photopériode amènera la sortie de diapause et la reprise des activités de l'insecte. Des neurohormones cérébrales sont vraisemblablement impliquées dans l'intégration de ces informations photopériodiques comme nous l'avons indiqué précédemment pour l'entrée ou la sortie de diapause de *Pieris brassicae*.

Quoi qu'il en soit, l'information photopériodique est donc l'élément déterminant qui rythme l'activité saisonnière des insectes. Elle est renforcée par les autres facteurs de l'environnement, physico-chimiques mais aussi biologiques (dont l'aliment). Elle permet à l'insecte d'échapper aux conditions défavorables de l'environnement et ainsi assurera la pérennité de l'espèce.

Les gaz atmosphériques et le vent

Les gaz atmosphériques ne sont pas réputés pour avoir une grande influence écologique chez les animaux à température variable (poïkilothermes) en général et les insectes en particulier. Ces derniers sont pourtant sensibles au gaz carbonique dont on se sert comme anesthésique. Chez les Drosophiles apparaissent des femelles « sensibles au CO_2 » : elles sont tuées par ce gaz à faible dose. Il s'agit d'un cas d'hérédité cytoplasmique : existence dans le cytoplasme d'un virus sigma, infectieux, transmis par les femelles.

Si le vent, comme nous l'avons indiqué, gêne le vol et peut même conduire, dans les régions très ventées, à un aptérisme des insectes (comme pour les oiseaux), a contrario, il peut être favorable à la dispersion d'insectes de petite taille. Ils constituent « le plancton aérien » et assurent une dissémination à grande distance.

Le vent est le transporteur des odeurs. Les insectes remontent au vent le gradient de densité des odeurs à la recherche de la source d'émission : un partenaire sexuel s'il s'agit des phéromones, une plante-hôte s'il s'agit des terpènes émis par celle-ci.

Le vent agit enfin de manière indirecte, en faisant diminuer l'humidité relative et en augmentant la vitesse d'évaporation.

Les autres facteurs atmosphériques

D'autres facteurs atmosphériques agissent sur les insectes sans que l'on sache expliquer leur mode d'action. Ainsi, chez les mouches (*Calliphora vicina*), P. J. Edwards (1961) a démontré expérimentalement que l'activité augmente alors que la pression atmosphérique baisse et que le nombre d'ions positifs dans l'atmosphère augmente. C'est un phénomène confirmé par l'observation : les captures dans les pièges lumineux augmentent avant une tempête ou un orage[6].

L'hémolymphe, reflet de l'écologie

Il n'est donc pas douteux que les facteurs écologiques interfèrent les uns avec les autres : l'eau avec la température, la température avec la lumière, la lumière avec l'atmosphère… et que l'insecte doit s'adapter à ces facteurs changeants de l'environnement.

Il adapte non seulement son comportement mais aussi sa physiologie à cet environnement. L'étude de son hémolymphe (sang) permet de révéler ces adaptations. Les protéines hémolymphatiques varient à la fois en quantité et en qualité. C'est ainsi que l'on constate leur augmentation avec l'entrée en diapause, voire l'apparition de protéines du froid, du chaud, etc.

R. Marty[7] a baptisé écoprotéines ces protéines qui apparaissent dans certaines conditions environnementales. Étudiant des Orthoptères des Pyrénées, il a constaté que des différences existaient, pour la même espèce, dans leur aire de répartition selon la zone altitudinale où les insectes étaient prélevés. L'altitude, qui n'est pas un facteur écologique mais un ensemble de facteurs (pluviosité, température, pression…), retentit sur le génome de l'insecte qui produit des écoprotéines décelables dans l'hémolymphe.

Le sang est le reflet de l'environnement subi par l'insecte : on peut simplifier en disant qu'existe la chaîne de réactions suivante :

Environnement → gènes → protéines

Facteurs biotiques et étho-écologie des insectes

Nous avons indiqué précédemment combien il était artificiel de séparer facteurs abiotiques et facteurs biotiques. Quoi qu'il en soit, ces derniers existent et influent sur la densité de population, la pullulation ou la limitation, la mortalité, l'aire de répartition en fonction des espèces hôtes colonisées.

On a coutume de distinguer deux types de relations :

– les relations intraspécifiques, à l'intérieur de la même espèce ou population : ce sont les échanges qui s'établissent entre mâle et femelle, dans le groupe des insectes formant une colonie ou s'organisant en société. C'est dans la société que les relations sont les plus riches. Le dénominateur commun a nom phéromone, odeur échangée dont nous avons vu la diversité ;

– les relations interspécifiques, c'est-à-dire entre espèces. Les insectes font partie des biocénoses (de *bios* : vivant, et *cenose* : ensemble), c'est-à-dire d'ensembles d'êtres vivants appartenant à des espèces différentes et peuplant un milieu, le biotope (de *bios* : vivant, et *topos* : lieu). Ces espèces ne sont pas seulement juxtaposées dans la biocénose, elles sont en interaction continue. La relation la plus fondamentale est la relation de prédation, manger ou être mangé. Un insecte peut être inféodé à une espèce-hôte particulière, animale ou végétale. Dans ce dernier cas, la relation plante-insecte est tout à fait exemplaire. Elle a de plus de nombreuses implications pratiques.

Population

Le concept de population est fondamental en écologie. C'est le terme que l'on réserve à l'ensemble des individus appartenant à la même espèce.

Je ne reviendrai pas sur le grand pouvoir de reproduction des insectes (potentiel biotique) indiqué précédemment, sauf pour indiquer que, d'une manière générale, les populations d'insectes sont baptisées populations à stratégie « r » par opposition aux populations à stratégie « K » (théorie de R. H. McArthur et E. O. Wilson, 1967). Ces populations d'insectes sont caractérisées par une fécondité élevée, un développement rapide[8], une maturité précoce, une vie adulte brève, une densité variable très régulée par les prédateurs ; elle n'excède pas alors les capacités du milieu du fait de la pression de la prédation. Il est facile d'expliquer les pullulations d'insectes lorsqu'un traitement insecticide mal conduit entraîne la destruction des prédateurs (ou parasites) de cette espèce.

Effet de groupe

Chez les insectes le fait de vivre en groupe peut, quand la densité du groupe augmente, conduire à des modifications profondes de la morphologie, du comportement et même de la physiologie des individus constitutifs du groupe.

Chez les pucerons, qui se multiplient par parthénogenèse, les femelles sont aptères. C'est lorsque le groupe devient trop important qu'apparaissent des formes ailées capables de coloniser d'autres biotopes favorisant ainsi la propagation de l'espèce. Les mécanismes mis en jeu dans l'apparition des formes ailées sont mal connus et sûrement multiples : contacts entre individus, odeurs échangées, modification de la qualité de la plante-hôte…

Les Acridiens, on l'a vu, passent, selon les conditions climatiques, des formes solitaires à des formes grégaires. Le grégarisme s'accompagne de modifications de forme, de comportement : les individus deviennent migrateurs et boulimiques. Ils dévastent tout et parcourent des milliers de kilomètres.

A contrario, quand la densité du groupe diminue, cela peut conduire à des changements de comportement et même de physiologie. Les chenilles processionnaires qui vivent en groupe (colonie), parfois de plusieurs dizaines (voire centaines) d'individus, s'alimentent abondamment la nuit. Elles cessent de s'alimenter et meurent de faim (en présence de nourriture) si leur nombre devient inférieur à dix. Les Coléoptères (*g. Zophobas*) groupés font des mues larvaires alors qu'isolés ils font leur métamorphose : l'effet de groupe inhibe la mue de métamorphose et ces insectes meurent alors à l'état de larves géantes.

La société des insectes

De l'individu isolé à la société organisée, tous les cas de figure existent chez les insectes.

Des groupements d'insectes peuvent se former et s'organiser. Les plus simples sont des groupes sans coordination d'activité qui sont permanents comme chez les blattes ou les *Pyrrhocoris* ou saisonniers comme chez les coccinelles : celles-ci se regroupent pour passer l'hiver (hibernation). Puis apparaissent des groupes avec coordination des mouvements, bien connus chez les criquets migrateurs et certains papillons. Enfin, la coordination en vue d'une ou d'une multitude de tâches collectives, c'est-à-dire d'un partage du travail, conduit aux insectes sociaux.

Les chenilles processionnaires constituent une colonie, baptisée par certains « société sans castes », dont la constitution du nid communautaire par le filage de chacun des individus représente l'unique activité collective.

Dans une colonie de chenilles processionnaires, les chenilles ont même valeur. La procession est considérée par Fabre comme « une des manifestations sociales les plus représentatives de cet insecte grégaire ». Demolin confirme que le fil de soie (« fil d'Ariane ») et les contacts tactiles très étroits d'une chenille à l'autre (soies primaires céphaliques et prothoraciques de l'une, soies primaires des deux derniers segments abdominaux de l'autre) constituent les liens interindividuels. Il démontre de plus qu'existent entre les individus de la même procession une « mémoire sociale » liée aux échanges tactiles.

Le phénomène social est l'aboutissement évolutif de comportements de plus en plus complexes qui concernent le soin et la protection des œufs, l'élevage des larves (dont leur nutrition), les échanges alimentaires entre larves et adultes. Il en résulte un partage des tâches et des fonctions assurées par les larves ou les adultes en un endroit particulier, construit, aménagé par le groupe : les insectes sociaux sont aussi des constructeurs.

Les tentatives d'organisation en société existent dans plusieurs groupes d'insectes : ce sont les Isoptères (= ailes identiques) avec les termites apparus il y a 250 à 200 millions d'années, les Hyménoptères (de *hymen*, en grec = membrane, insectes aux ailes membraneuses) avec les fourmis[9] (100 millions d'années), les abeilles (40 millions d'années), les guêpes, les bourdons…

C'est sûrement chez les abeilles que l'on peut le mieux suivre et comprendre la socialisation, de l'abeille solitaire à la société avec castes de nos abeilles domestiques. L'abeille fouisseuse (*Halictus marginatus*) construit son nid, nourrit ses larves. Les adultes femelles qui naissent restent sur place, défendent le nid qu'elles complètent pour leur propre descendance, et récoltent la nourriture. Construction groupée et défense collective sont le début de la vie sociale. Chez une espèce plus évoluée, les femelles vierges sont plus nombreuses que les femelles fertiles, elles sont aussi de plus petite taille : le partage du travail va devenir évident, tendant vers le type social que l'on observe chez les bourdons[10].

L'abeille domestique (*Apis mellifica*) atteint le stade de socialisation le plus évolué avec une reine qui vit plusieurs années alors que les mâles ou faux-bourdons, les femelles stériles ou ouvrières ont une vie courte. Le partage du travail est poussé à l'extrême. Les ouvrières sont successivement, au cours de leur vie (30 jours) nettoyeuses, nourrices, cirières (construction), gardiennes à l'intérieur de la ruche, enfin butineuses à l'extérieur de la ruche. La ruche est peuplée de plusieurs milliers d'abeilles, toutes enfants de la reine.

De la colonie à la société organisée, ce sont d'autres types de communication, en particulier chimique, qui sont mis en jeu. Chez les abeilles, les guêpes, les bourdons, les termites, les fourmis, le groupe s'organise en société, formée de castes aux fonctions différentes. Nous avons déjà indiqué qu'existait un polymorphisme de castes, par exemple chez les termites. Il est lié à l'échange d'odeurs (phéromones) entre les individus avec un rôle parfois déterminant de la reine et de ses productions. Il s'agit aussi d'un échange de nourriture : trophallaxie. Par exemple, les ouvrières d'abeilles distribuent aux larves de la gelée royale, production de leurs glandes salivaires. Donnée en abondance, cette substance riche en vitamines permettra aux larves de devenir des adultes aptes à la reproduction. Par contre, les ouvrières sont des femelles physiologiquement castrées par un régime alimentaire restrictif (pauvre en gelée royale). Le blocage des ovaires est aussi sous contrôle hormonal : les ouvrières viennent lécher et palper le corps de la reine ; les phéromones produites par celle-ci neutralisent, chez les ouvrières, l'hormone juvénile indispensable pour la formation des œufs. Un mécanisme du même type existe chez les fourmis.

Chez les termites, aux castes variées, c'est également le jeu des phéromones et des hormones qui structure la société. Le destin d'une larve change selon le taux de l'hormone juvénile : un taux élevé conduit à un termite-soldat. D. Lebrun a pu obtenir des soldats à volonté en implantant des corps allates (producteurs de JH) à des larves.

Si les abeilles constituent un bon modèle pour comprendre la socialisation, par contre les fourmis, quatre mille espèces, toutes sociales, permettent d'expliquer que la socialité est responsable du succès évolutif, adaptatif et écologique de ces espèces. Elles sont présentes partout et en nombre astronomique : des millions de milliards dont le poids (la biomasse) est équivalent à celui de l'humanité. P. Jaisson[11] indique que « la sociobiologie commence pour ainsi dire par les fourmis ». C'est vrai que, pour expliquer le phénomène social apparu dans plusieurs groupes zoologiques très différents (dont les oiseaux et les mammifères), les insectes et en particulier les fourmis sont un bon modèle.

Dès 1911, W. M. Wheeler, un biologiste américain, propose d'assimiler la colonie de fourmis à un super-organisme où chacune par son activité contribue au succès de la fourmilière. Ainsi,

95 % d'individus stériles permettent aux 5 % de reproducteurs d'assurer une prolifération inégalée.

Mais, au-delà de la société, existe chez les fourmis, entre fourmilières, une organisation en « super-société ». P. Jaisson indique qu'au Japon, la fourmi rousse japonaise (*Formica vessensis*) occupe 270 hectares grâce à 45 000 colonies interconnectées par 100 kilomètres de pistes !

C'est dire si le succès écologique de ces insectes sociaux est grand. Ce succès se traduit par une biomasse totale considérable : en forêt amazonienne, les fourmis représentent le tiers de la biomasse animale totale. Les insectes de ces régions sont pour 75 % des insectes sociaux (fourmis, termites, abeilles et guêpes).

Les phéromones et les relations intraspécifiques

Elles ont des rôles variés dans la vie de l'insecte, qu'il vive en solitaire ou en société.

D'abord, dans la recherche des partenaires sexuels, des phéromones sexuelles sont mises en jeu. Nous avons indiqué précédemment qu'elles étaient de nature chimique variée mais spécifique, c'est-à-dire propre à chaque espèce ; d'où leur utilisation en lutte biologique.

Ensuite, des phéromones d'agrégation participent à la constitution du groupe. Si les individus se déplacent, des phéromones de trace, laissées de loin en loin, constituent une piste odorante qui permet, par exemple aux fourmis, de retrouver leur gîte. Si le groupe est attaqué, alors des phéromones d'alarme mettent en émoi les individus et en action les défenseurs.

Enfin, la structuration et le maintien de l'organisation sociale, notamment, l'équilibre entre les différentes castes, la prédominance du couple royal (chez les termites) ou de la seule reine (chez les abeilles et les fourmis) sont le résultat de l'action des phéromones échangées, en particulier celles du couple royal ou de la reine (à rôle multiple dont anti-hormone), mais aussi celles produites par les ouvrières (glandes de Nasonoff des abeilles).

Les substances allélochimiques et les relations interspécifiques

Les insectes communiquent donc entre eux par des odeurs, les phéromones (émises et reconnues par les individus de la même espèce), et avec d'autres espèces animales ou végétales grâce aux substances allélochimiques produites par celles-ci. Ces substances à action interspécifique sont de deux types :

– les allomones qui sont bénéfiques à l'individu qui les émet : ce sont par exemple des odeurs répulsives qui font fuir les insectes ou des odeurs qui, chez les fleurs, attirent les insectes pollinisateurs ;

– les kairomones qui sont bénéfiques aux individus qui les perçoivent : odeurs d'une plante qui sera colonisée par un insecte phytophage.

On voit, à la lumière de ces quelques exemples, que la relation entre plantes et insectes revêt une importance capitale : elle passe souvent par la communication chimique, c'est-à-dire les odeurs émises.

Plantes-insectes, les relations multiples

Le végétal sert souvent d'aliment à l'insecte ; celui-ci en est alors le prédateur. La relation proie-prédateur s'explique par le fait que l'insecte repère souvent à l'odeur le végétal sur lequel il pondra et sur lequel se développeront ses jeunes. Prenons l'exemple de la piéride du chou – son nom traduit sa relation avec un végétal particulier de la famille des Crucifères : ce papillon reconnaît ce végétal grâce à une substance attractive, la sinigrine, contenue dans les feuilles. Cette substance n'est pas présente en même quantité selon l'âge des feuilles et le papillon fera son choix : il évite les jeunes feuilles car trop riches en sinigrine ou les vieilles feuilles trop pauvres.

Les substances émises par le végétal sont aussi phagostimulantes, c'est-à-dire qu'elles favorisent la prise alimentaire.

Si les insectes phytophages sont si nombreux et si difficiles quant au choix de leur aliment, c'est que, selon l'espèce, une même substance pourra être, pour l'une phagostimulante, alors qu'elle sera répulsive pour l'autre.

Un végétal, un arbre par exemple, ne reste d'ailleurs pas indifférent à l'attaque d'un insecte. Il émet un « spectre d'odeurs » qui, selon C. Chararas[12], est responsable de l'attraction primaire des insectes. Ce spectre, constitué d'une grande variété de terpènes et de composés de transformation, est caractéristique du végétal et de son état physiologique. Lorsqu'il est attaqué par les insectes qu'il a attirés, son état physiologique change – affaiblissement par exemple – et le spectre d'odeurs est modifié. Il devient attractif pour une autre espèce d'insectes et ainsi, par vagues successives, l'arbre sera colonisé par des insectes.

Mais le végétal ne fait pas que subir l'insecte et réagir à ses attaques – les galles du chêne en sont un exemple classique –, il peut s'en servir, en particulier pour sa reproduction, et une véritable coévolution existe alors entre plante et insecte.

Les insectes ont été les sauveurs de certains végétaux qui au cours de l'évolution en sont devenus dépendants. Pourquoi ? Tout simplement parce que ces végétaux ne sont plus capables seuls de réaliser leur reproduction. Fleurs mâles et fleurs femelles sont séparées et, pour que la fécondation ait lieu, le pollen (mâle) doit être transporté pour venir féconder l'ovule (femelle). Le transport est assuré par le vent, les insectes ou les oiseaux. Une coévolution très nette existe entre la structure des fleurs d'Angiospermes[13] et leurs pollinisateurs animaux :

– fleurs à corolle courte et large : abeilles pollinisatrices ;

– fleurs à corolle moyennement longue et étroite : papillons pollinisateurs ;

– fleurs à corolle longue et étroite : oiseaux-mouches pollinisateurs.

Les insectes pollinisateurs (abeilles, bourdons…) favorisent la pollinisation et en contrepartie utilisent, pour leur alimentation, pollens et nectar. Il s'agit donc d'une symbiose, association à bénéfice réciproque.

Les pollens, très facilement accessibles, sont récoltés et utilisés par des Coléoptères. Ils ont une grande valeur nutritive : ils apportent des protéines, des lipides, des sucres (dont l'amidon). Les nectars sont plus difficiles d'accès ; ils sont riches d'une grande variété de sucres en solution dans l'eau. Ils sont pompés par des Lépidoptères (papillons) à longue trompe ; celle-ci peut atteindre jusqu'à 25 centimètres (chez des Sphingides tropicaux).

Il existe aussi des fleurs à pollen (coquelicots, pivoines…), fréquentées par des Coléoptères aux pièces buccales broyeuses, qui s'en nourrissent et se couvrent de ce pollen produit en abondance, en assurant le transport. À l'opposé, des fleurs à nectar sont le résultat d'une évolution où la plante sera fréquentée par des Lépidoptères pour boire le nectar, le pollen étant épargné, non mangé, et seulement transporté : la pollinisation en est favorisée.

Les abeilles et de nombreux Hyménoptères exploitent des fleurs à la fois pour leur nectar et pour leur pollen. Leur appareil buccal est adapté (trompe) et leurs pattes postérieures sont munies de corbeilles à pollen où celui-ci est accumulé et collé avec un peu de nectar. Les abeilles, volant de fleur en fleur pour leur collecte du pollen, assurent une excellente pollinisation des fleurs fréquentées.

La symbiose la plus parfaite entre fleur et insecte est illustrée par l'exemple du papillon du Yucca. Celui-ci ne se nourrit ni de pollen ni de nectar. Sa trompe est transformée en sortes de tentacules qui lui permettent de réaliser une boule de pollen. Il part vers une autre fleur où il pond quelques œufs dans le renflement ovarien à la base du pistil et en repartant dépose du pollen sur le stigmate, assurant la fécondation de la fleur. Il répète plusieurs fois ponte et fécondation de fleurs différentes ; ses larves (chenilles) se développeront dans les graines puis se nymphoseront dans le sol. La nymphe est diapausique et donnera, l'année suivante, un papillon alors que le Yucca sera à nouveau en fleur. Le cycle pourra recommencer.

Un exemple de même type a été constaté entre le figuier et un insecte du genre *Blastophaga* dont les larves vivent dans les figues. La symbiose est parfaite et l'introduction du figuier en Californie a nécessité d'importer l'insecte qui n'existait pas dans cette région.

On remarque que l'aire de répartition d'un bourdon pollinisateur contient toute l'aire d'un végétal, l'aconit, qu'il pollinise[14].

On ne peut que constater et admirer cette magnifique coévolution. L'interprétation risque d'être anthropomorphique ! Aussi je ne m'y aventurerai pas. Par contre, je voudrais vous indiquer comment l'insecte repère la fleur ; il la voit et il la sent. C'est donc par ses couleurs et ses odeurs que le végétal l'attire. La fleur reflète les ultraviolets et les odeurs qu'elle émet miment parfois les phéromones, quand elles ne miment pas en même temps la forme et la couleur du partenaire sexuel. C'est l'exemple classique des Orchidées du genre *Ophrys* dont la fleur ressemble à la femelle de certaines abeilles. Les mâles sont trompés par ces « pseudo-femelles » d'autant plus qu'elles émettent une odeur du type de la phéromone sexuelle ; ils essaient de s'accoupler avec elles et assurent ainsi la pollinisation.

Les végétaux fabriquent aussi des hormones du type de celles normalement synthétisées par l'insecte pour son développement, à savoir des ecdysones (hormone de mue) et de l'hormone juvénile. Les phyto-ecdysones ont été découvertes dans les végétaux à des taux parfois vingt fois supérieurs à ceux de l'insecte. On imagine qu'à une telle dose ces phyto-ecdysones sont néfastes au développement de l'insecte.

L'histoire des hormones juvéniles des plantes, en fait un mimétique de la JH, mérite d'être contée. Elle illustre bien l'impact du végétal sur le développement de l'insecte. K. Slama, chercheur tchèque, élève des punaises des bois (*Pyrrhocoris apterus*) sans difficulté dans son laboratoire à Prague. Il en adresse aux USA (où cette espèce n'existe pas) à son collègue C. M. William qui n'arrive pas à obtenir un développement complet, c'est-à-dire les adultes ; l'état larvaire est prolongé. De la comparaison faite entre les deux élevages, il ressort que c'est le papier-filtre mis par William au fond des cages qui a un effet juvénilisant. Les journaux américains ont le même effet. C'est que la pâte à papier contient des produits provenant de deux arbres américains *Abies balsamea* et *Tsuga canadiensis* ; de ceux-ci est extraite la substance mimétique de l'hormone juvénile : la juvabione.

Les végétaux luttent donc contre les insectes en produisant des mimétiques de leurs hormones ; ils ont même inventé, avant l'homme, des substances toxiques qui sont répulsives ou qui tuent l'insecte[15], les insecticides naturels.

Les Pyrèthres sont de belles marguerites blanches (*Chrysanthemum* ou *Pyrethrum roseum*) qui fabriquent et stockent dans leurs fruits, les akènes, des substances insecticides : les pyréthrines. L'arbre à Nicot, le tabac, synthétise la nicotine, un très efficace insecticide. De nombreuses légumineuses produisent la roténone, un autre insecticide naturel. La liste est bien plus longue et j'aurai l'occasion de revenir sur l'utilisation faite par l'homme de ces produits insecticides d'origine végétale.

L'insecte coévolue avec ces végétaux qui lui veulent du mal. Il s'adapte. J'en veux pour preuve ce coléoptère Bruchidae (*Caryedes brasiliensis*) qui vit dans des graines d'une légumineuse (*Dioclea megacarpa*) contenant un acide aminé, la L-canavanine, très toxique pour les insectes. Les larves de cette bruche non seulement ne sont pas incommodées par ce poison, mais elles ont des enzymes qui permettent d'en métaboliser l'azote[16].

Cette coévolution entre plante et insecte est une véritable course de vitesse ; une invention végétale doit être suivie d'une invention de l'insecte qui en modifie les effets… Mais, comme je le disais précédemment, attention à nos interprétations anthropomorphiques !

D'autant que le végétal peut à nouveau réagir. Ainsi, les passiflores sont des plantes tropicales toxiques pour les insectes. Seules les chenilles du papillon *Heliconius* s'en nourrissent sans dommage. Alors, plusieurs espèces de passiflores ont mis en place, à partir de certains de leurs organes, des structures qui imitent les œufs de ce papillon. Ainsi, une femelle d'*Heliconius*, trompée par cette fausse ponte, ne viendra pas déposer ses œufs sur la plante. Incroyable, mais difficile à interpréter !

La prédation

Manger ou être mangé, telle est la loi de la nature. C'est cette relation entre les êtres vivants que l'on nomme la prédation. L'insecte est le prédateur du végétal dont il s'alimente, mais il peut être lui-même mangé par des animaux dont il est la proie et que l'on dit insectivores : ce sont des oiseaux ou des mammifères. Ce peut être aussi, et l'on y pense moins, des végétaux, les plantes carnivores ou d'autres insectes que l'on appelle entomophages.

LES PLANTES CARNIVORES

Ce sont des exceptions, 300 à 400 espèces décrites (pour 500 000 espèces végétales) qui ont besoin d'un apport azoté et pour cela capturent des insectes ou d'autres invertébrés (mollusques). Dans nos régions tempérées, ce sont des espèces de petite taille, genre *Drosera*, vivant sur des sols délavés, pauvres en matière organique, et qui sont munies de tentacules qui leur permettent de capturer de petits insectes.

Dans les régions tropicales, des espèces de plus grande taille possèdent des dispositifs ingénieux pour capturer leur proie, des insectes mais aussi des Mollusques et même de petits Mammifères.

Quoi qu'il en soit, la proie capturée est digérée à l'extérieur du végétal grâce à des enzymes sécrétées par les tentacules ; les produits de la digestion seront ensuite absorbés par le végétal et constitueront un apport azoté indispensable.

LES INSECTES ENTOMOPHAGES

Les insectes sont mangés par d'autres insectes. Les relations entre prédateurs et proies ont été récemment bien étudiées. Ces recherches ont permis de mettre en évidence l'existence de substances toxiques qui servent pour tuer la proie ou inversement sont utilisées par la proie pour se défendre.

Des alcaloïdes permettent aux coccinelles, aux fourmis, qui sont des prédateurs, de tuer leurs proies. Des terpènes sont produits par les termites, les chrysomèles, pour se défendre contre des prédateurs. Ces substances, terpènes et alcaloïdes, ont une activité insecticide tout à fait intéressante. D'une manière générale, il ne faut pas oublier que si les prédateurs développent des techniques de chasse variées[17], en contrepartie les proies se protègent et se défendent grâce à des soies, des poils urticants, des substances repoussantes ou venimeuses (glande à venin des abeilles, des guêpes...) ; elles échappent aussi à leur prédateur en se « fondant » dans le milieu dont elles miment la forme et (ou) la couleur.

La chaîne trophique

Prédateur puis proie, l'insecte est un maillon des chaînes trophiques. Prenons deux exemples pour illustrer cette notion fondamentale en écologie, l'un en milieu terrestre, l'autre en milieu aquatique.

Sur terre le végétal, par exemple les plantes d'une prairie, sert d'aliment à des insectes ; ceux-ci seront mangés par des amphibiens, qui à leur tour serviront d'aliments à des reptiles lesquels seront capturés par des oiseaux (rapaces).

En eau douce, les plantes aquatiques sont broutées par des têtards d'amphibiens, lesquels servent de proie à des larves de dytiques (carnassiers) qui seront dévorées par des poissons. Ces derniers seront pêchés par des oiseaux.

Ainsi, les insectes font partie des pyramides alimentaires au fonctionnement desquelles ils contribuent. Ils paient un lourd tribut à la prédation mais aussi au parasitisme, ce qui assure une limitation naturelle de leurs populations. Celles-ci peuvent fluctuer pendant l'année selon la pression de la prédation et du parasitisme.

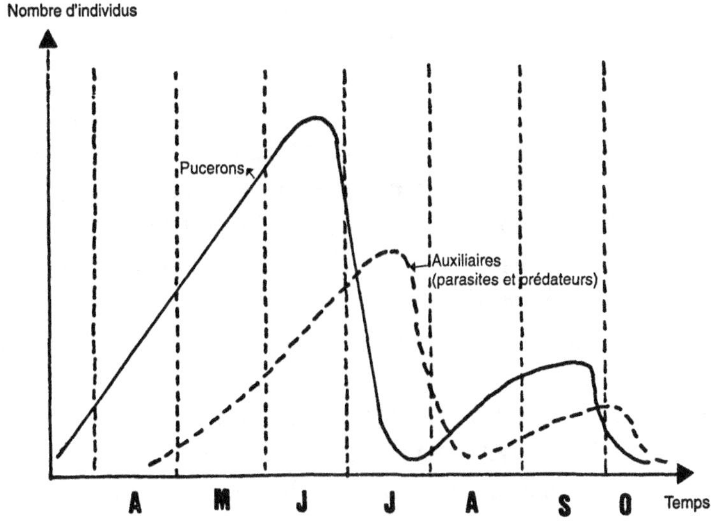

Figure 19. – Fluctuation de population de pucerons (des vergers) et de leurs auxiliaires (parasites et prédateurs : coccinelles, syrphes...)

Une forte pullulation des pucerons se produit au printemps, puis apparaissent les parasites et les prédateurs dont le nombre augmente rapidement. Il se produit alors une chute de la population des pucerons qui sera suivie de celles des auxiliaires. Une autre vague de pullulation des pucerons se produira en été d'abord, puis de leurs auxiliaires. (D'après Di Pietro et coll.)

Si l'on étudie l'évolution d'une population d'insectes sur plusieurs années, on constate alors des fluctuations avec pullulation tous les 4-5 ans chez la processionnaire du pin par exemple. Il faut alors rechercher les causes dans les variations climatiques, les fluctuations de prédateurs et des parasites, la population de processionnaires elle-même, dans laquelle la diapause renforcée peut jouer un rôle stabilisateur. Il est donc bien difficile, parfois impossible, de séparer, quand on étudie les dynamiques de population des insectes, les facteurs abiotiques (dont climatiques) des facteurs biotiques (dont prédation et parasitisme). Ils sont continuellement en interaction.

Les insectes dans la biosphère

La biosphère, ou sphère du vivant, est cette enveloppe de la planète Terre où se trouvent concentrés les êtres vivants, animaux et végétaux (1,5 million d'animaux pour 0,5 million de végétaux). Ces limites sont cent mètres au-dessus du sol (les grands arbres de la forêt) et moins cent mètres (la zone dite photique, zone où arrive la lumière) dans le milieu aquatique.

Bien évidemment, des espèces existent au-delà de ces limites, mais elles sont plus rares. Il est classique de distinguer, dans la biosphère, trois compartiments : l'atmosphère, la lithosphère (zone du sol) et l'hydrosphère. Ces compartiments ne sont pas indépendants, mais interconnectés et les insectes passent allègrement de l'un à l'autre.

Les insectes terrestres et aériens

Les insectes ont conquis le monde terrestre, et nous avons indiqué précédemment quels mécanismes adaptatifs ont assuré ce succès évolutif. Grâce à eux, les insectes se trouvent représentés sur toutes les latitudes, sous tous les climats : dans les déserts, dans les régions polaires, dans des zones tropicales ou tempérées, au niveau de la mer ou en haute altitude…

Même dans les conditions extrêmes, des espèces d'insectes existent : elles sont peu nombreuses, mais elles pullulent. C'est ainsi que, en zone polaire, quelques semaines d'été suffisent au développement et à la reproduction de milliards de moustiques ; leurs œufs résisteront au froid pendant le long hiver polaire.

Par contre, dans les régions favorables – de température ou d'humidité – la diversité des espèces est extrême. Je prendrai l'exemple de la canopée.

La canopée est la zone supérieure, la voûte des grands arbres de la forêt (jusqu'à 100 mètres d'altitude) : elle est peuplée d'une multitude d'insectes inconnus que les chercheurs découvrent actuellement grâce à des moyens sophistiqués. Ils se font déposer sur la cime des grands arbres à l'aide de ballons ou « radeaux des cimes ». Cette zone était jusqu'à présent complètement inconnue. Elle se révèle d'une richesse extraordinaire – on dit maintenant biodiversité – et laisse à penser que le nombre d'espèces d'insectes est bien supérieur à celui habituellement cité dans la littérature.

Ainsi, T. Erwin, entomologiste américain, étudie la canopée des forêts tropicales (Brésil, Panama, Pérou) après avoir pulvérisé des insecticides sur celle-ci. Il estime à 30 millions le nombre d'espèces d'insectes existant sur Terre. Un million d'espèces sont actuellement décrites et 10 000 espèces nouvelles sont décrites chaque année. Il reste 3 000 ans de travail aux entomologistes pour les décrire toutes… si les forêts ne sont pas détruites entre-temps[18] !

Au-delà de cette canopée, « dernière frontière biologique », et dans les airs circulent, volontairement ou non, des insectes. Ces derniers, par analogie avec la terminologie du milieu marin, constituent le « plancton aérien ». Des pucerons qui s'envolent peuvent être pris dans les courants ascensionnels de l'air et ainsi être transportés passivement jusqu'à 1 500 mètres d'altitude. Aussi dans l'air trouve-t-on de nombreux insectes, entre 300 et 1 500 mètres d'altitude, en plus des pucerons, des petits Diptères, mais aussi d'autres Invertébrés (araignées et acariens). Nous avons indiqué précédemment que ces insectes, des planctons aériens, pris par le vent peuvent être transportés à des milliers de kilomètres (migration passive) favorisant la colonisation de tous les biotopes favorables. Ils périront en grand nombre, en tombant dans l'océan ou en atterrissant dans des milieux auxquels ils ne sont pas adaptés (neige, désert…).

Les insectes du sol

Le sol est un milieu complexe formé en partie d'une roche mère sur laquelle se développe une végétation dont les débris, formant la litière, vont participer à la réalisation et à l'évolution du sol.

Dans cette litière, en particulier dans les forêts tropicales, existent des milliers d'espèces d'insectes qui sont en partie responsables de la formation de l'humus. Dans les régions tropicales, les fourmis rousses fabriquent des dômes de feuilles, des brindilles qu'elles mélangent à la terre. En Afrique, les termites contribuent à la latéritisation. Rappelons le rôle actif des bousiers, ces Coléoptères qui transforment les excrétats des Mammifères herbivores et facilitent leur incorporation dans les sols.

D'une manière générale, le sol, « organisme vivant », est riche de nombreuses espèces animales dont beaucoup d'insectes, larves ou adultes qui y creusent des galeries et participent ainsi à l'aération du sol indispensable à la vie. Les fourmis sont, avec les vers de terre, les animaux qui brassent le plus le sol.

Enfin, au cours de leur développement, les insectes peuvent, selon le stade, vivre plus ou moins longtemps dans le sol, tels les vers blancs du hanneton dont l'adulte sera aérien. Nous avons déjà indiqué les avantages de ces changements de biotope.

Les insectes aquatiques

Les insectes sont donc retournés à l'eau, pour y vivre soit toute leur vie, soit une partie de leur développement larvaire : les libellules par exemple.

Ils préfèrent généralement l'eau douce, où de nombreuses espèces participent aux biocénoses des milieux dulçaquicoles[19]. Mais on trouve aussi, dans des eaux saumâtres, des larves qui supportent une quantité de sel importante. D'autres vivent dans des mares à pétrole de Californie, d'autres encore dans des sources thermales à 55 °C.

On trouve aussi des insectes dans les lagunes côtières maritimes, mais ils semblent ne pas aimer la haute mer. Exception faite des espèces de genre *Halobates*, les « Patineurs de l'océan », qui pondent leurs œufs sur le varech flottant ou les nageoires des janthines[20] et se nourrissent des cadavres flottants d'animaux marins.

Nous avons déjà indiqué les mécanismes adaptatifs mis en jeu, en particulier au niveau de l'appareil respiratoire (trachées), pour vivre en milieu aquatique. Nous avions alors noté que les insectes parasitoïdes, qui vivent dans des liquides biologiques, dont l'hémolymphe d'autres insectes, présentaient les mêmes types d'adaptation. Ces insectes aquatiques sont en fait aériens à l'état adulte.

Les insectes sont donc capables de changer de milieu, de l'eau à l'air, ou du sol à l'air, au cours de leur développement et de leur reproduction.

La spéciation

Il est classique de dire – même si cela choque certains – que toutes les grandes questions posées par la biologie trouvent une réponse en faisant appel à la génétique et à l'écologie, c'est-à-dire l'environnement.

Les insectes et leur merveilleuse évolution adaptative n'échappent pas à cette règle. Ils en sont même une excellente illustration. En effet, du fait de leur grande fécondité, les insectes constituent des pools géniques, nous dirons plus simplement des ensembles de gènes, sur lesquels peuvent agir les facteurs de l'environnement. Ces derniers vont amener, dans une population donnée (une espèce), la sélection de gènes les mieux adaptés, donc une évolution de la souche de départ. On explique ainsi qu'à l'occasion de déplacements, d'un biotope à l'autre, le jeu des facteurs de l'environnement sur les gènes conduise à la transformation de l'espèce en une nouvelle espèce. La microévolution conduit à la spéciation, la formation d'une espèce nouvelle. Les insectes constituent un bon modèle pour l'étude et la compréhension des théories de l'évolution dont le père est Charles Darwin et la bible son ouvrage : *L'Origine des espèces.* Des espèces d'insectes n'ont pas évolué depuis des millions d'années ou sont tellement spécialisées que tout changement leur serait fatal ; elles peuvent alors servir d'exemples aux antidarwiniens.

Tout est donc possible dans le monde des insectes et nous verrons qu'ils sont même capables de s'adapter aux changements que l'homme fait subir à l'environnement. L'homme, facteur biotique nouveau qui non seulement modifie l'environnement mais aussi agit, volontairement ou non, sur les autres êtres vivants, dont les insectes.

Ce sont ces interactions entre l'homme et les insectes que nous décrirons dans la deuxième partie de cet ouvrage.

Deuxième partie

L'HOMME, SES INTERACTIONS AVEC L'INSECTE

8

L'homme d'hier à aujourd'hui

L'insecte est, comme nous venons de le voir, la première des grandes réussites de la création, la deuxième étant l'homme.

Deuxième chronologiquement, car si l'insecte est apparu il y a 350 millions d'années, l'homme, et en particulier le genre *Homo*, apparaît il y a seulement 2 millions d'années : hier, en termes géologiques !

Nos très lointains ancêtres émergent donc des Mammifères, des Primates, c'est-à-dire de Vertébrés à sang chaud, à température constante : ce sont des homéothermes. Ils vont se trouver en compétition avec les insectes, Invertébrés poïkilothermes qui, avant eux, ont envahi tous les biotopes. Le succès de l'espèce humaine, au cours de son histoire, est conditionné par la présence des insectes. Inventant l'outil et des moyens technologiques de communication et de transport performants et rapides, l'homme colonise à son tour tous les biotopes. La confrontation entre l'insecte et l'homme est permanente, mais elle va évoluer au cours de son histoire.

L'avènement de l'homme et ses caractéristiques

L'homme est un Primate. Il fait partie, avec les grands singes d'Afrique (gorille et chimpanzé) et d'Asie (siamang, gibbon et orang-outan), des Hominoïdes[1]. Nous avons ainsi avec les grands singes un ancêtre commun. Le plus ancien Hominoïde connu a 35 millions d'années, c'est *Aegyptopithecus*[2], un tout petit singe de la taille d'un chat à grand museau et longue queue, vivant dans les arbres.

Son descendant, on le trouve au Kenya, c'est le Pro-consul : il est connu depuis 20 millions d'années (Miocène inférieur) ; de la taille d'un petit chimpanzé, sans museau ni queue, il vit toujours dans les arbres.

Alors survient un événement géologique important : l'Afrique rejoint l'Eurasie, le Pro-consul gagne l'Eurasie où il devient le Driopithèque (ou singe des chênes) dont l'histoire s'arrête au Miocène supérieur. En Afrique, par contre, berceau de notre humanité, le Pro-consul évolue et devient le Kenyapithèque (14 millions d'années).

Il y a 7 à 8 millions d'années, un autre phénomène géologique va avoir des conséquences sur nos ancêtres. Une grande faille, la Rift Valley, est réactivée. À l'ouest de celle-ci, les pluies abondantes maintiennent la forêt au sein de laquelle les grands singes, gorilles et chimpanzés, se développent[3]. À l'est, par contre, la végétation par manque d'eau évolue successivement de la forêt vers la savane boisée, puis la savane claire et la prairie. C'est le biotope dans lequel la lignée qui conduit à l'homme s'individualise. Ainsi donc, il y a moins de 5 millions d'années, en Afrique, apparaissent les préhumains, les Australopithèques, puis il y a 2 millions d'années *Homo habilis*, plus grand, plus droit, avec un encéphale plus développé, une organisation en société ; c'est déjà l'origine de la société humaine. Il fabrique des pierres taillées et est capable de réaliser des abris sommairement construits : d'où son nom d'*Homo habilis*, pour témoigner de son habileté et de sa culture.

Il donne naissance au Pithécanthrope, « l'homme singe ». Il s'agit en fait d'*Homo erectus* (1,5 million d'années), l'homme dressé chez qui l'outil se diversifie et qui maîtrise le feu depuis plus de 400 000 ans, puis à *Homo sapiens*, enfin, il y a près de 100 000 ans. Il apparaît sous les traits de l'homme de Néanderthal (*H. sapiens neanderthalensis*) qui disparaît il y a 40 000 ans après avoir cohabité avec l'homme moderne, l'*Homo sapiens sapiens*, dont 100 000 ans assureront le succès.

L'histoire de l'homme nous enseigne donc que c'est parce qu'il est sorti de la forêt pour passer en savane qu'il s'est dressé sur ses pattes de derrière afin de voir au loin et qu'ainsi l'espèce humaine est devenue bipède[4].

Histoire raccourcie[5] d'une lente évolution qui conduit chez les Primates à l'*Homo sapiens sapiens*. La bipédie s'accompagnant d'une libération de la main, celle-ci va pouvoir servir à tenir l'outil que l'homme a inventé. L'action de la main entraîne le développement de celui qui la commande, à savoir le cerveau. À moins que ce ne soit l'inverse : un cerveau volumineux au service d'une main qui n'a pas son équivalent dans le monde animal. Problème insoluble ! Toujours est-il que la main façonne et commande l'outil.

Mais la fonction de préhension par la main n'est pas l'apanage de l'homme et des autres Primates. Beaucoup de Mammifères rongeurs ou carnassiers sont capables de saisir, dans la partie proximale de leurs membres antérieurs – je n'ose dire la main –, des objets ou des aliments. Pensez à l'écureuil mangeant, assis sur son derrière, une noisette !

De plus, il faut se rappeler que les premiers Primates et nos singes actuels ont une main tout à fait performante et savent même se servir de leurs pieds. Les pieds ne nous servent pas seulement pour marcher, mais aussi pour actionner la bicyclette, la moto ou la voiture, autant d'inventions humaines qu'un de mes collègues éthologistes considère comme des prolongements du pied.

Toutes ces espèces, qui savent plus ou moins bien se servir de la main, restent des quadrupèdes en ce qui concerne leur déplacement. La main d'un moment redeviendra pied... Seul l'homme sera en permanence sur deux pieds.

La marche sur deux pieds, que l'on considère comme une « chute retardée », conséquence de la bipédie, s'acquiert par l'apprentissage souvent difficile et n'est pas un système de locomotion performant. Les exploits réalisés quant à la vitesse sont loin derrière la course, le galop, l'amble, etc., des quadrupèdes. C'est sûrement pour cela que l'homme a domestiqué certaines espèces qui assureront son transport. Mais chez l'homme, la bipédie a totalement libéré la main qui a façonné l'outil. Leroi-Gourhan[6] en résume ainsi l'importance : « La main, à l'origine, était une pince à tenir des cailloux, le triomphe de l'homme a été d'en faire la servante de plus en plus habile de ses pensées de fabricant. »

Changer de biotope, c'est-à-dire passer de la forêt à la savane, a eu aussi d'autres conséquences pour l'homme. Il s'est trouvé dans un milieu moins riche où il a eu plus de difficultés à se procurer de la nourriture et où il était plus vulnérable. Il a donc dû s'organiser pour lutter contre les prédateurs de toutes sortes. Chasser pour se nourrir ou pour se défendre l'a amené à s'organiser en société : l'homme est ainsi devenu social.

Vivre en groupe a alors nécessité l'organisation, la structuration de ce biotope : l'homme cessant d'être nomade, il se sédentarise. Il a besoin de stocker des aliments (graines, etc.), donc de construire pour entreposer. Puis de construire pour protéger ses entrepôts et ses maisons d'habitation. Ainsi naîtront les villages, les villes, puis les voies de communication qui les réuniront et qui feront que l'homme envahira et modèlera tous les biotopes successivement.

Cent mille ans d'histoire de l'homme

Tous les hommes modernes actuels sont donc issus d'une même famille qui a son origine, il y a plus de 100 000 ans, quelque part en Afrique (entre l'Éthiopie, le Moyen-Orient et la Péninsule indienne). Ce qui, au départ, fut une hypothèse semble maintenant prouvé par les études de génétique moléculaire (ADN des mitochondries, chromosome Y)[7], même si les anthropologues croient toujours à l'existence de plusieurs berceaux de l'Humanité. Ces hommes envahissent l'Afrique et gagnent l'Asie par le Proche-Orient. Il y a 50 000 ans, les Australiens se séparent des Asiatiques et colonisent l'espace du Pacifique.

D'Asie, un autre groupe d'hommes modernes envahit l'Europe, il y a 35 000 ans. À la même époque, ou plus récemment (15 000 ans) – les auteurs ne s'accordent pas sur la date exacte – les hommes, par le détroit de Béring, atteignent l'Amérique qu'ils colonisent du nord au sud[8].

Ces hommes modernes, qui sont-ils, comment vivent-ils et de quoi ?

En simplifiant à l'extrême, disons que pendant 90 000 ans de son histoire, c'est-à-dire les 9/10, l'homme moderne est un nomade, un chasseur-cueilleur vivant en tribus de faible importance. Il se déplace à la recherche de points d'eau, de nourriture et d'abris pour se protéger : c'est sa période écologique ! Il est un prédateur, mais aussi la proie de nombreux autres prédateurs, dont les grands Mammifères. Il a dû être, pendant cette période, victime des agressions des insectes qui fréquentent les zones humides, en particulier les moustiques. On peut penser qu'il s'en protégeait par le feu et la fumée.

Bon prédateur, il se déplace pour satisfaire ses besoins alimentaires et comme il a un régime omnivore, il utilise, selon les lieux qu'il fréquente, une variété plus ou moins grande de végétaux et d'animaux. Il est une espèce prédatrice comme le sont la plupart des animaux et comme eux, selon les besoins, étend ou restreint son territoire de chasse ou de pêche.

Et puis, il y a 10 000 ans, ces hommes se sont sédentarisés, ils se mettent à cultiver les plantes, à domestiquer les animaux et à les élever : c'est l'avènement de l'agriculture et de l'élevage.

Si la majorité des hommes actuels est devenue sédentaire, il persiste, de nos jours, quelques tribus vivant encore de chasse, de pêche et de cueillette. C'est le cas, par exemple, des Pygmées d'Afrique, des Bochimans du désert du Kalahari en Afrique du Sud, des Indiens en Amérique du Sud…

Ces tribus sont bien intégrées dans leur environnement dont elles tirent leur subsistance en protides, glucides, lipides ; elles ne sont pas sous-alimentées contrairement à ce que l'on pense souvent. Les matériaux de construction de leurs habitations proviennent aussi de leur environnement. Les camps sont organisés en fonction des points d'eau, et les déplacements, pour la chasse ou la pêche, se font dans un rayon de 9 à 12 kilomètres.

Le groupe primitif comprend un certain nombre d'individus en fonction de l'espace à exploiter. Si ce nombre augmente, alors le groupe se scinde en deux, une partie migrant sur un autre territoire, assurant la survie de tous.

Ces tribus sont très étudiées – trop peut-être – par les ethnologues, du fait de leur bonne adaptation et de leur parfaite intégration à l'environnement. Cela se traduit par une excellente connaissance des plantes, des animaux dont les insectes et des utilisations qu'on peut en faire sur le plan alimentaire ou pharmacologique[9].

La nature n'est donc pas l'ennemie de ces tribus dites primitives. Leur ennemi est l'homme civilisé. Celui-ci, par sa technologie, détruit leur environnement : forêt en Amazonie ou en Afrique. Il leur apporte maladies, alcool… et les oblige même à se vêtir. C'est notre civilisation qui les fera disparaître.

Certaines de ces tribus primitives se sédentarisent. C'est le cas des Indiens du nord-ouest des USA qui vivent de pêche. Ils sont capables de conserver le poisson, séché ou fumé, pour la mauvaise saison.

Les Esquimaux – ils sont près de 50 000 – s'appellent eux-mêmes Inuit, « homme par excellence ». Ils vivent dans les régions arctiques de l'Amérique et du Groenland et représentent la plus belle adaptation de l'homme à la rudesse du climat. Leur milieu est l'eau, qu'elle soit liquide ou solide, dont ils tirent leur subsistance et leurs matériaux pour la construction des igloos. Il existe un bon équilibre entre le milieu, dont la faune, et les besoins des populations esquimaudes. Les Mammifères marins et terrestres sont utilisés tant pour l'alimentation que pour l'habillement ou comme matériaux pour la confection, du traîneau par exemple. Celui-ci sera tiré par leur seul animal domestique : le chien de traîneau.

Les Esquimaux conservent le produit de leur pêche ou de leur chasse (Mammifères marins : phoques, morses...) par le froid.

Ils se sont fait envahir par le modernisme de la civilisation avec armes à feu, engins motorisés pour leur déplacement sur l'eau ou sur la neige, et aliments importés. La motoneige a remplacé le chien de traîneau, et des supermarchés apparaissent parmi les igloos. L'équilibre homme-nature est rompu !

Enfin, une population indigène de Nouvelle-Guinée, sédentaire, pratique une agriculture primitive associée à l'élevage du porc. Son étude est intéressante au plan historique car c'est une société préagricole :

– l'agriculture consiste à défricher une zone de forêt, brûler les végétaux enlevés, puis planter des tubercules ou boutures : on jardine, on sarcle, mais, écologie oblige, on laisse repousser les arbres. La forêt se régénère et l'on ira créer un jardin à un autre endroit ;

– l'élevage est celui du porc, en semi-liberté, hybridé avec des sangliers sauvages. On lui fournit des tubercules en alimentation complémentaire de celle qu'il trouve dans la nature, tubercules cultivés à cet effet. Les jardins doivent être protégés : ils sont fermés par des clôtures faites d'arbres abattus afin d'empêcher leur fréquentation par les porcs et les sangliers. De plus, les porcs utilisent les déchets de l'homme et exploitent les végétaux des jardins abandonnés par l'homme à leur régénération naturelle.

En fait, tubercules et porcs ne sont peut-être pas les végétaux et les animaux dont la domestication ait été la plus ancienne ou qui ait conduit au plus grand développement.

Les céréales et la maîtrise de leur culture conduisent à l'agriculture moderne. D'après les préhistoriens[10], au Proche-Orient, « les Natoufiens exploitent sans les cultiver le blé et l'orge qui poussent ici à l'état naturel. Peu à peu, ces céréales sont sélectionnées, domestiquées. Il faut alors travailler la terre, semer la graine, faucher les épis et stocker la récolte ». Cela se passe entre – 11 000 et – 9 000 ans (av. J.-C.). Ils se nourrissent également grâce à la chasse, « jusqu'au jour où les animaux, à leur tour, seront domestiqués, d'abord le mouton et la chèvre au IXe millénaire, puis le bœuf et le porc dans le courant du VIIe millénaire ».

On passe ainsi à une économie de production, c'est-à-dire à un échange, un commerce de produits, végétaux et animaux (VIe millénaire). Le mouton sera ainsi introduit en Bretagne, alors qu'il n'a jamais existé à l'état sauvage dans cette région. La domestication des espèces animales est donc historiquement différente d'une région à l'autre et d'une espèce animale à l'autre, avec parfois plusieurs foyers de domestication pour une même espèce.

En plus des moutons, chèvres, bœufs, porcs déjà cités, il faut ajouter les animaux ayant servi et servant encore dans le transport des hommes et de leurs marchandises (chevaux, ânes, chameaux, buffles, rennes, lamas, yacks…), les animaux de basse-cour (volailles) et les Mammifères d'élevage (lapins). Enfin, chiens et chats sont des animaux familiers de nos maisons. La liste des Vertébrés domestiques est bien plus longue, mais je ne voudrais pas oublier de citer la domestication de certains insectes, dont l'abeille et le ver à soie.

Dix mille ans d'agriculture

Si l'origine de la domestication est souvent imprécise, elle ne se confond pas avec l'origine de l'agriculture[11] et de la sédentarisation de l'espèce humaine. L'agriculture fournit à l'homme l'essentiel de son alimentation, de ses vêtements et de nombreuses matières premières de l'industrie.

L'homme a-t-il produit intentionnellement sa nourriture à la suite d'un heureux hasard ou par nécessité ? Certains évoquent le hasard : un chasseur-cueilleur, bon observateur, constate que des graines abandonnées sur un tas d'ordures se mettent à pousser. D'autres pensent que c'est par nécessité que le chasseur-cueilleur domestiquant des animaux et voulant les élever doit devenir agriculteur. Le chasseur devient éleveur puis agriculteur et se sédentarise.

Mais pourquoi l'homme devient-il sédentaire ? Est-ce parce que bêtes et hommes se regroupant autour des points d'eau trouvent là les conditions optimales à leur cohabitation et leur développement ? Ou, autre hypothèse, est-ce l'augmentation de la population humaine qui amène celle-ci à se sédentariser afin de produire ses ressources végétales ou animales, les ressources naturelles disponibles étant insuffisantes ? Ceci voudrait aussi dire que la sédentarisation et l'agriculture ont plus d'avantages que la vie de nomades et de chasseur-cueilleur, en particulier en termes de productivité de la terre. Celle-ci serait plus forte et permettrait de nourrir une population plus importante.

Si cette hypothèse est incontestable pour l'agriculteur du XXe siècle, qu'en fut-il pour les premiers cultivateurs ne disposant ni des machines ni des engrais, herbicides et insecticides ? Les rendements agricoles durent être faibles et la chasse et la cueillette, autour des points de sédentarisation, devaient compléter cette faible production alimentaire. C'est dire que le changement de mode de vie, de chasseur-cueilleur à agriculteur, a dû se faire progressivement et même que des retours au nomadisme ont pu se produire dans des populations incomplètement sédentarisées.

Où et quand apparaît l'agriculture ? Répondre à ces questions revient à chercher où et quand une plante sauvage devient une plante cultivée.

Les espèces végétales en cause sont limitées puisque l'on estime qu'actuellement trois personnes sur cinq vivent de blé et de riz et que deux personnes sur cinq vivent du maïs, sorgho, pomme de terre, canne à sucre, betterave à sucre, manioc et de légumineuses (fève, soja, arachide). Pas étonnant si l'on abandonne l'idée d'un centre unique d'origine de l'agriculture. Trois centres sont actuellement envisagés :

– le Proche-Orient et l'Afrique ;
– la Chine et l'Asie du Sud-Est ;
– l'Amérique centrale et l'Amérique du Sud.

Les datations sont difficiles et incertaines.

Au Proche-Orient entre –10 000 ans et –6 000 ans, les hommes apprennent à cultiver les céréales et à élever moutons et chèvres. Ainsi se développe une forme reconnaissable d'agriculture : c'est le néolithique. L'agriculture gagne de proche en proche et l'on imagine qu'elle s'étend à la Turquie, puis à la Grèce, Bulgarie, Yougoslavie (– 6 000 ans), à l'Europe centrale (– 4 500 ans) et à l'Europe occidentale (– 3 500 ans).

Autrement dit, les agriculteurs néolithiques venus d'Orient jusqu'en Europe ont remplacé les chasseurs-cueilleurs mésolithiques. Mais ce remplacement est-il guerrier ou pacifique, les uns chassant les autres ou une culture remplaçant l'autre après intégration ? Le passage du mésolithique au néolithique est très flou, variable d'une région à l'autre et non nettement tranché[12].

Toujours est-il qu'en France[13], – 4 500 ans av. J.-C., arrivent des immigrants cultivateurs venant des Carpates. Ils représentent la culture danubienne : Proche-Orient, Danube, Rhin, Europe. Ils ont exploité les terres des vallées riches en lœss. Ils s'installent d'abord dans les zones alluviales des fonds des vallées où ils implantent leur culture et leurs habitations (villages). Puis on constate qu'ils s'installent sur les plateaux dominant la vallée. Ces déplacements correspondent vraisemblablement à la recherche de nouveaux pâturages pour leurs troupeaux et s'accompagnent du déboisement de ces régions. Ils pratiquent de plus une agriculture sur brûlis qui doit permettre d'exploiter de nouvelles terres suite à l'épuisement des sols anciens.

Du stade préagricole aux agro-écosystèmes

L'évolution de l'agriculture de par le monde est très diverse, difficile à résumer ; elle est le résultat de l'action de trois séries de facteurs qui interagissent :

– l'utilisation du sol disponible ou rendu utilisable pour l'agriculture ;

– l'amélioration du sol grâce à une science qui a nom agronomie ;

– l'évolution de l'énergie qui permet de travailler le sol ; car tout travail nécessite de l'énergie.

L'exploitation de l'espace, du sol, traduit l'évolution de la niche écologique de l'homme.

Depuis qu'il est devenu sédentaire (10 000 ans) jusqu'au XIXe-XXe siècle, l'homme est, selon la formule de K. Lorenz, « le spécialiste de la non-spécialisation ». À ce titre, il pratiquait une agriculture diversifiée dans l'espace et dans le temps dont nous dirions aujourd'hui qu'elle était écologique. Elle permettait le repos du sol et donc la conservation du milieu.

Certaines tribus (en Afrique, Asie, Amérique latine) font une utilisation temporaire du sol, plantant tubercules ou graines, pour une agriculture diversifiée qui permet de nourrir mieux que la cueillette. La végétation arbustive se développera et permettra, grâce aux feuilles formant l'humus, une reconstitution naturelle du sol. Du moins en théorie, car, en fait, l'agriculture itinérante sur brûlis – car telle est la pratique utilisée – concerne actuellement des millions d'individus dans le monde. Elle serait responsable, selon un rapport de la FAO, de l'appauvrissement et de l'érosion des sols, de la déforestation et de la désertification des régions concernées. En Afrique, elle interviendrait pour 70 % dans la déforestation, pour 50 % en Asie, pour 35 % en Amérique latine[14].

La sédentarisation de l'agriculture est-elle la solution ?

Les autre populations humaines exploitent certains sols, définitivement et uniquement pour l'agriculture, mais de façon variable (rotation) dans le temps, en fonction des végétaux produits. Ainsi, la rotation triennale instituée en Europe occidentale alterne une céréale d'hiver (blé ou seigle) avec une céréale de printemps (avoine pour les chevaux de trait), et une année de jachère où l'herbe qui pousse en liberté sera pâturée par les animaux domestiques. Dans d'autres régions, alternent culture (céréales) et jachères (permettant l'élevage). La rotation se raccourcit et disparaît. À la place de l'année de jachère, on substitue des prés artificiels de luzerne, de trèfle pour l'alimentation du bétail, qui fournira ainsi plus de fertilisants (fumier et purin), ou bien on cultive des plantes sarclées nourricières de l'homme (pomme de terre, betterave...).

Enfin, selon les régions, la polyculture cède le pas à la monoculture : ici uniquement des céréales, là des forêts de pins, ailleurs de l'élevage de bovins, etc.

Ce n'est plus de l'utilisation du sol, c'est de l'exploitation. Il n'a plus la possibilité de se reconstituer : il est reconstitué grâce à la fée « agronomie ».

L'agronomie est une science fondamentale et appliquée qui, comme la médecine pour l'homme, vient au secours du sol afin de lui faire produire toujours davantage. Engrais, semences sélectionnées, produits phytosanitaires (pesticides) sont quelques-uns des éléments fondamentaux de l'arsenal de l'agriculteur moderne, épuiseur de sols !

Les engrais naturels, organiques et minéraux, sont remplacés par les engrais chimiques artificiels. Ils fertilisent les sols, aident la plante dans son développement. Ils sont malheureusement surdosés et l'eau – car il faut de l'eau pour que les plantes poussent – les entraîne vers les rivières et les lacs. Ils favorisent ainsi l'eutrophisation [15] des étangs et des lacs.

La génétique permet de sélectionner les semences les mieux adaptées en fonction des types de sols. Elle a fait de même avec les espèces animales, privilégiant la production de viande (muscle) ou de lait, pour ne citer que l'exemple des bovins.

Enfin, il a fallu maîtriser les facteurs limitant le rendement agricole, à savoir les mauvaises herbes, les champignons, les insectes, les acariens, les bactéries, virus et inventer des pesticides : herbicides, fongicides, insecticides, acaricides... Les insectes constituent à eux seuls le problème majeur de l'agriculture devenue monoculture, favorisant certaines espèces alors que d'autres sont en voie de disparition.

La culture du sol, l'agriculture, est un travail difficile dont l'outillage – la technologie – a beaucoup évolué depuis quelques dizaines d'années en liaison avec le changement de l'énergie utilisée. Celle-ci fut d'abord – et est encore dans certaines tribus – humaine : le travail de l'homme et de la femme, qui permet de défricher, préparer le sol, repiquer les plantes, enterrer les tubercules, semer les graines, ramasser la récolte et la stocker. Puis l'animal domestique a été mis à contribution pour travailler le sol : animal de trait. L'énergie animale venait donc compléter l'énergie humaine. Enfin, l'énergie mécanique, avec la révolution industrielle et l'utilisation des tracteurs, camions et machines de plus en plus performantes, a bouleversé le monde rural. Cette nouvelle technologie agricole a eu comme corollaire la nécessité de disposer d'exploitations de plus grande surface. Des remembrements sont réalisés avec destruction des haies occasionnant des conséquences multiples au plan écologique, dont les inondations et la disparition de nombreuses espèces animales, parmi lesquelles les insectes.

Ainsi, l'agriculteur moderne transforme le milieu, il l'aménage en fonction de ses besoins, ou plus exactement des besoins de la société des hommes. Les écologistes ont baptisé « écosystèmes aménagés » ces écosystèmes modifiés[16]. On parle d'agro-écosystèmes ou agrosystèmes en ce qui concerne ces écosystèmes cultivés.

Les composantes de l'agrosystème sont figurées dans le schéma suivant emprunté à G. Riba et C. Silvy[17] ; la part dévolue aux insectes, comme destructeurs (ravageurs) ou comme aides (auxiliaires), est primordiale.

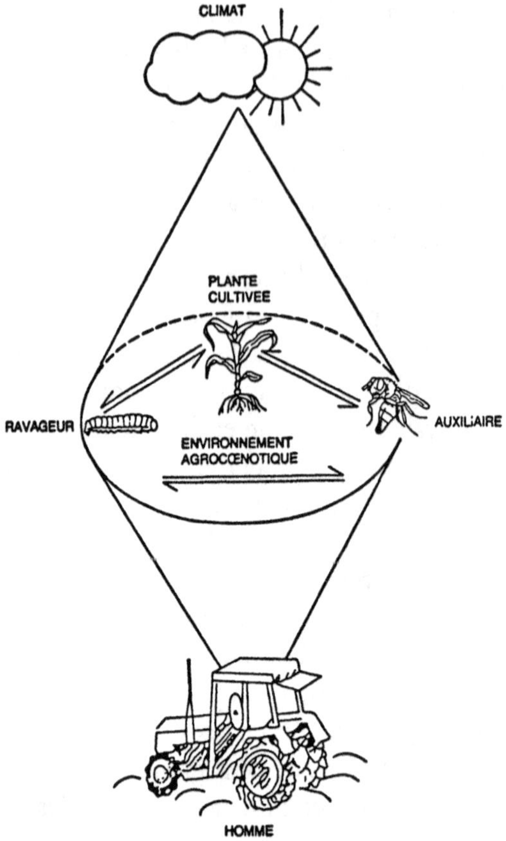

Figure 20. – Les composantes d'un agrosystème

(D'après G. Riba et C. Silvy, 1989.)

Par rapport à un écosystème naturel qui, comme un organisme, naît, grandit jusqu'à un stade d'équilibre (climax) puis décline et meurt, l'agro-écosystème sera toujours immature. L'agriculteur le gère de telle sorte qu'il soit toujours en état de productivité maximale. Cet état ne peut être maintenu qu'artificiellement par apport d'engrais, et d'eau, par sélection des espèces (en petit nombre) à croissance rapide, par réduction des biocénoses associées au végétal dominant, par apport de pesticides, le tout nécessitant – mécanisation oblige – une dépense énergétique considérable qui ne peut être couverte par l'écosystème lui-même et qui provient donc de ressources extérieures.

Autant les premiers agriculteurs étaient proches de la nature, autant l'agriculteur moderne crée l'artificiel : les paysages des zones rurales en ont été profondément bouleversés en quelques décennies.

L'ère industrielle et la transition démographique

Le passage d'une agriculture traditionnelle à une agriculture moderne s'est fait par la mécanisation grâce à la domestication de l'énergie.

Autrement dit, après avoir domestiqué les plantes et les animaux, l'homme a domestiqué l'énergie sous toutes ses formes : charbon, pétrole... jusqu'à l'atome. Si les domestications du vivant remontent à quelques milliers d'années, par contre, la domestication de l'énergie, qui caractérise l'ère industrielle, commence au milieu du XVIIIe siècle. Elle permet d'améliorer les conditions de vie de l'homme, en particulier celles de travail ; la machine le remplace ou vient à son aide.

La machine devient autotractée (moteur à explosion), l'homme n'ayant plus qu'à la conduire ou se laisser conduire par elle, si elle est télécommandée !

Cette évolution considérable, on parle de révolution industrielle, n'atteint le monde agricole que très récemment, après la Seconde Guerre mondiale, alors qu'elle avait touché l'industrie bien plus tôt. Quelles qu'en soient les raisons, ces évolutions n'auraient pas été possibles sans l'avènement d'un objet qui nous est maintenant très familier : la roue.

La roue est une invention de l'homme dont on trouve les représentations les plus anciennes au Proche-Orient (Mésopotamie) au IVe millénaire[18]. Elle est à la base d'une « explosion technologique » où les véhicules à roues jouent un rôle prépondérant dans les civilisations du Proche-Orient, puis de l'Europe (500 ans plus tard). Alors que l'homme transportait, sur terre, ses produits et ses biens à dos d'animaux, il va le faire grâce à des chariots à roues tirés par des bovidés, des ânes, des chevaux..., et ce, pendant plusieurs millénaires.

Avec l'ère industrielle, le moteur remplace les animaux pour la traction des véhicules. Mais, qu'il s'agisse des voitures sur la route ou des trains sur les rails, ce sont toujours des roues qui tournent, transportant les hommes et leurs productions animales, végétales ou industrielles.

À l'énergie domestiquée, se trouve associée la roue qui sera utilisée dans toute cette période moderne que J. Ellul[19] baptise l'ère technicienne. Qu'il s'agisse de broyer du grain, d'entraîner des poulies actionnant des machines, etc., que l'énergie soit hydraulique, éolienne ou dérivée des carbones fossiles, ce sont toujours des roues qui sont actionnées.

Mais, de plus, l'avènement de l'ère industrielle au milieu du XVIIIe siècle coïncide avec un phénomène qui affecte la dynamique de la population humaine et que les démographes baptisent la transition démographique. Ce phénomène permet d'expliquer le développement des villes, la mutation urbaine (passage des villages aux villes) ainsi que les nouvelles migrations humaines.

J'emprunterai à J. Vicari[20], urbaniste, directeur du Certificat international d'écologie humaine de Genève, ses conceptions sur le passage des populations du village à la ville.

L'observation fondamentale issue des données de la démographie est que « pour la première fois dans l'histoire de l'humanité, le monde comptera ces prochaines années plus d'urbains que de ruraux. Il y a encore deux cents ans, seule une personne sur six vivait en ville. Maintenant, ces six personnes sont devenues quarante et vingt sont en ville ».

Il s'agit donc d'expliquer l'évolution démographique qui conduit à cette mutation urbaine.

Elle apparaît à un moment donné, dans un lieu bien défini : il s'agit de l'Écosse où « une convergence de facteurs variés permet l'apparition de surplus agricole dans une population tendanciellement résistante » (résistante en fait aux microorganismes, bactéries et virus). Il en résulte une baisse rapide de la mortalité qui sera suivie beaucoup plus tard d'une baisse de la natalité : c'est ce que les démographes appellent la transition démographique.

Alors que dans cette population, pour 1 000 habitants, il y avait 40 morts pour 40 naissances, à la suite de la résistance aux maladies la mortalité tombe à 20, la natalité restant stable. Ainsi, chaque année la population augmente de 20 personnes, ce qui se traduit par son doublement en 35 ans et son quadruplement en 70 ans. Puis la natalité baissera à 20, alors que la mortalité se réduira à 10 : la population augmentera de 10 habitants/1 000 par an et doublera donc en 70 ans.

Enfin, la troisième phase de cette transition est marquée par une baisse de la natalité (15 à 5 habitants/1 000 par an). Alors que la mortalité se stabilise (15 habitants/1 000 par an) : il en résulte une décroissance de la population.

« Cette succession de phases de transition démographique a donc débuté au nord de l'Europe au cours du XVIIIe siècle. De là elle s'est propagée comme une épidémie gagnant l'Angleterre, franchissant la mer du Nord pour atteindre la Scandinavie puis la Manche pour se répandre sur le continent européen. »

L'aspect dynamique et spectaculaire est donc le doublement de la population en 35 ans, le quadruplement en 70 ans.

En plus de cet aspect, il faut prendre en considération l'espérance de vie théorique de la population. Ainsi une population stable de 1 000 personnes caractérisée par 40 naissances et 40 décès par an se renouvelle en 25 ans. Autrement dit un nouveau-né a une espérance de vie théorique de 25 ans : en fait les adultes peuvent atteindre 50 ans. Lorsqu'il n'y a plus que 20 décès par an, alors la population se renouvelle en 50 ans. L'espérance de vie théorique du nouveau-né a donc doublé (50 ans) : l'adulte pourra atteindre 70 ans.

L'allongement de l'espérance de vie va avoir pour conséquence un maintien sur leurs terres des anciens. Les jeunes, en attendant que ces terres deviennent disponibles, quitteront le village et partiront dans les villes qu'ils agrandiront ou qu'ils créeront. Ainsi pour J. Vicari : « La transition démographique s'accompagne donc d'une mutation urbaine, qui transforme en quelques générations une population à très haute majorité paysanne en une population urbaine. »

Il en profite pour définir la ville comme étant « le lieu où vivent ceux qui sont nourris par d'autres ».

Enfin, s'ils ne vont pas vers les villes, les paysans partent à la recherche de terres. C'est la période de l'émigration des Européens sur les quatre continents et avec eux la diffusion de la transition démographique qui atteindra – avec un décalage dans le temps – les populations qu'ils sont venus rejoindre.

La transition démographique commencée en Europe vers 1750 grâce à l'émigration des Européens s'est étendue à toute la planète[21] : les villages sont devenus des villes, les villes deviennent des mégapoles.

La transition démographique est donc devenue, pour les démographes, un concept ou une loi universelle, comme si toutes les sociétés humaines devaient fatalement en être frappées. C'est, selon J.-Cl. Chesnais[22], « le seul schéma interprétatif des changements démographiques contemporains », c'est-à-dire « survenus depuis la fin du XVIIIe siècle » et qu'il définit comme « le passage d'un régime traditionnel d'équilibre démographique à mortalité et fécondité fortes, à un régime moderne d'équilibre, à mortalité et fécondité basses ».

Les causes communes dans tous les pays en sont « amélioration de la condition sanitaire, élévation du niveau d'instruction, hausse des revenus, modification du statut de la femme ». C'est ce dernier aspect, l'ascension de l'instruction féminine, qui est pour J.-Cl. Chesnais « le plus fort dénominateur commun à l'ensemble des pays où la fécondité a entrepris sa conversion moderne ».

De la transition démographique à l'explosion démographique : la bombe « P »

Au cours de la transition démographique, du fait que la baisse de mortalité précède la baisse de la natalité, la population du pays concerné connaît un accroissement important de sa population. Cet accroissement n'est pas le même d'un pays à l'autre selon la durée de la transition. Il en résulte, toujours d'après J.-Cl. Chesnais, un facteur multiplicateur qui est « inférieur à 2 dans le cas irlandais, à peine 2 en France, près de 4 en Suède, 4 à 5 vraisemblablement pour l'Inde, 7 à 10 pour le Mexique, 15 voire davantage pour le Kenya ».

L'auteur en profite pour réserver le terme d'explosion démographique aux seuls pays où le facteur de multiplication est fort. Or, lorsqu'il raisonne pour la population mondiale, entre 1850 et 2050, l'auteur envisage un facteur multiplicateur de 7. C'est un facteur fort et il n'est donc pas étonnant que les écologistes parlent d'explosion démographique, la fameuse bombe « P » (P comme Population).

J'emprunterai quelques chiffres et réflexions à F. Ramade[23] qui considère l'explosion démographique comme « la catastrophe écologique majeure qui affecte l'humanité et dont découlent la plupart des maux dont elle souffre déjà ».

Globalement, la population humaine actuelle avoisine 5 milliards d'individus. Alors qu'il a fallu 1 million d'années à l'espèce humaine pour atteindre 3 milliards d'individus, il suffira de 45 ans pour doubler cette valeur et atteindre 6 milliards en 2005[24]. Si le taux moyen actuel de fertilité (3,8 enfants par femme) se maintient, alors nous devrions être 50 milliards en 2100.

Cette croissance exponentielle est contraire à toutes les dynamiques de population des espèces animales – en particulier des Mammifères – dont fait partie l'homme. En effet, lorsque la densité de population atteint un certain seuil, un effet de stress se produit – certains l'appellent « pression de l'environnement » – qui amène l'arrêt de croissance et la stabilisation de la population.

Chez les rongeurs, tels les lemmings, le stress entraîne une migration suicidaire : ils se jettent à l'eau par centaines. Les autres Mammifères ont des moyens plus élégants : le surpeuplement retentit sur le fonctionnement de la glande corticosurrénale dont l'hypersécrétion entraîne, par atrophie du tractus génital des femelles, une baisse de la natalité. La population régule ainsi sa reproduction, autorégulation qui ne dépasse pas la densité au-dessus de laquelle elle est ressentie comme un surpeuplement.

Cette autorégulation se produira-t-elle pour l'espèce humaine, quand et à quel taux ? Des 5 milliards actuels aux 50 milliards potentiels de l'an 2100, ceux qui envisagent une stabilisation salvatrice pour l'humanité ont du choix. Les très optimistes annoncent 7 milliards. Les démographes de l'ONU estiment comme probable une stabilisation en l'an 2100 aux alentours de 11 à 12 milliards d'individus.

Cette hypothétique stabilisation ne serait pas le résultat du stress de surpeuplement comme chez les Mammifères. Elle serait le fruit de la mise en œuvre, par les pays en voie de développement, des méthodes tendant à limiter les naissances de l'espèce humaine.

Mais ces pays sont-ils prêts politiquement, techniquement, intellectuellement, écologiquement à mettre en œuvre les méthodes qui ont permis aux pays industrialisés de stabiliser leur croissance démographique ?

D'abord, il faut une prise de conscience chez les chefs d'État de ces pays de la nécessité d'une stabilisation de la population. « Une déclaration sur la stabilisation de la population a été publiée le 24 octobre 1985 : elle est signée par 40 chefs d'État dont ceux de la Chine, de l'Inde, etc.[25] »

Prenons l'exemple de la Chine, il est très démonstratif. Ce pays a atteint 1 milliard d'individus. Il a mis en œuvre un planning familial : 1 enfant par couple. La population de la Chine va

Année	Population mondiale en milliards d'individus
1995	5,7
1998-1999	6
2015	7,5
2025	8,1
2050	8,5
2100	11 à 12

Perspectives démographiques selon l'ONU

Pays / Année	2000	2025	2100	X
Afrique	880	1640	2840	3,2
Amérique latine	550	790	940	1,7
Asie	3540	4470	5940	1,7

Projections établies par l'ONU (en millions d'habitants) pour les pays en cours de transition démographique

croître jusqu'en 2020 – sur sa lancée – jusqu'à 1,2 milliard puis diminuer et se stabiliser à 700 millions vers 2080. Ainsi 500 millions d'êtres humains « passeront » sur Terre avant de disparaître totalement, êtres qu'il faudra nourrir, loger, habiller[26]. Le succès est lié à une volonté politique qui s'est traduite par la mise en œuvre de mesures d'accompagnement pour l'éducation, la santé, le logement, le travail…

En Inde, par contre, la méthode pratiquée – stérilisation des hommes par vasectomie, parfois sous la contrainte – a amené la chute du gouvernement de Mme Gandhi et n'a pas atteint son but de limitation de la population. Des expériences faites en Europe, il résulte que la contraception, donc la limitation des naissances, est une affaire de femmes, et F. Ramade[27] précise qu'elle dépend « d'une émancipation de la femme » des pays en voie de développement. Les hommes sont trop « machos » et c'est mal les connaître que de croire qu'ils peuvent contribuer à une baisse de la natalité ; l'Inde est tout à fait exemplaire de ce qu'il ne faut pas faire !

Enfin, il ne faut pas oublier qu'un obstacle supplémentaire, et il est parfois de taille, s'élève devant les législateurs désireux de limiter les naissances : il est religieux. Le « croissez et multipliez » commun à toutes les religions ne va pas dans le bon sens. Ces religions ont d'ailleurs de plus en plus d'adeptes, voire des fanatiques, et nous assistons de par le monde à de nouvelles guerres de religion. Comment alors être optimiste quant à leur action en faveur d'une limitation des naissances pour la stabilisation de la population humaine ?

Et pourtant cette limitation est inéluctable car les conséquences de l'explosion démographique sont faciles à imaginer. Un plus grand nombre d'humains sur Terre cela veut dire :

– moins de place (espace vital) pour chacun d'autant que, comme indiqué précédemment, les grandes concentrations de population seront urbaines. Dans nos pays industrialisés il y a déjà plus de citadins que de ruraux. Donc, si cette tendance se confirme, toutes les grandes villes des pays en développement deviendront des mégapoles ;

– moins de ressources naturelles à se partager pour l'alimentation, la boisson, le chauffage (bois de chauffage) et, d'une manière générale, l'énergie indispensable au fonctionnement des machines de l'homme[28] ;

– davantage de chômage : ce taux atteint 30 à 50 % dans les grandes villes actuelles des pays en voie de développement. Il faudrait une politique de création d'emplois inimaginable pour ces mégapoles de l'an 2000 ou 2100, nécessitant une économie très florissante.

Au plan écologique et économique la biosphère résistera-t-elle aux 12 milliards d'êtres humains ? C'est la question qui est posée aux chefs d'État, qu'ils soient des pays en voie de développement – d'où viendrait tout le mal de la surpopulation – ou des pays industrialisés responsables par leur technique d'une surexploitation et de la pollution de la biosphère.

Car, et c'est un paradoxe qu'il faut prendre en compte, les pays industrialisés prélèvent leurs ressources non renouvelables, dont l'énergie, dans les pays en voie de développement, soit parce qu'ils ne les ont pas sur leur territoire, soit parce qu'ils préfèrent économiser les leurs pour l'avenir.

Ainsi l'exemple des USA est tout à fait caractéristique : en 70 ans, pour une population qui a triplé, le produit national brut (PNB) par tête a été multiplié par 7, et par 20 pour l'ensemble de la population. En clair, cela revient à dire que pour une multiplication par 3 de la population, la ponction sur l'environnement a été multipliée par 20. Ce prélèvement se fait dans les pays en voie de développement à PNB bas et où la population augmente de façon explosive.

Or, les pays en voie de développement ont besoin des technologies des pays industrialisés, de même qu'ils ont besoin des ressources renouvelables (alimentaires) qu'ils sont incapables de produire ou qu'ils produisent en trop faible quantité.

L'interdépendance est donc une réalité. C'est d'ailleurs d'elle que naît la notion d'humanité : la « sociosphère » qui fonctionne grâce à la « technosphère », en particulier celle des communications. Pas un événement qui puisse passer inaperçu, quel que soit l'endroit où il se produise dans le monde. Tout le monde espionne tout le monde… les moyens techniques mis en jeu sont considérables et de plus en plus précis et performants. L'interdépendance est souvent conflictuelle, conduisant à des guerres ; on parle moins de guerres économiques, alimentaires, et pourtant elles existent.

Il faudra bien que les uns et les autres, pauvres et riches, prennent en compte l'augmentation de la population humaine comme le problème essentiel de l'avenir de l'espèce humaine.

À moins que de grands fléaux ne viennent réguler cette dynamique de population. Aujourd'hui encore, malgré les progrès de la médecine, des maladies parasitaires sévissent en particulier dans les pays en voie de développement et il n'est pas exclu que des maladies virales nouvelles s'y développent.

Les maladies parasitaires tuent des millions d'hommes : la malaria (ou paludisme dû à un protiste : du genre *Plasmodium*) tue à elle seule chaque année plus d'un million d'hommes. Ces parasites sont souvent véhiculés par des insectes qui vivent dans l'environnement de l'homme. Lutter contre eux a permis de réduire ce vecteur de la maladie mais la victoire a été fugace, l'insecte s'adaptant aux insecticides et devenant résistant ; on assiste donc à une recrudescence de ces maladies parasitaires.

Les virus font de nombreuses victimes. Celui de la grippe, par exemple, tue en France 4 000 personnes par an. Il peut devenir dévastateur dans des populations où il est nouvellement introduit.

Le dernier virus connu est responsable du SIDA. Il s'agit d'un virus sexuellement transmissible et qui accompagne les MST. Sa propagation en Afrique est très rapide[29]. En Centrafrique, 10 % de la population est déjà contaminée. Sera-t-il le régulateur de la reproduction humaine ou bien l'exterminateur de l'humanité entière ?

Les prions sont des protéines particulières, repliées sur elles-mêmes, indestructibles et contagieuses. Elles sont responsables de la « tremblante » du mouton et de la maladie de la vache folle. L'OMS juge « plausible » la contamination des hommes : maladie de Creutzfeldt-Jakob. Par quel agent ? Alimentation, greffe d'organes, injection d'hormones… Cette maladie rare, un cas par million d'habitants, va-t-elle devenir une nouvelle et terrifiante épidémie par la faute des hommes ? Car c'est en faisant manger du mouton (farines) aux vaches que celles-ci sont devenues folles !

Enfin, dans la sphère des relations humaines, on ne peut ignorer la consommation de drogues qui fait de nombreuses victimes, mais surtout la pratique de guerres aux motifs variés : raciaux, religieux, politiques, économiques… Elles font tous les jours des morts dont les médias nous rendent compte, que les conflits se déroulent à notre porte ou à l'autre bout du monde. Les conflits, de plus en plus nombreux, et les techniques d'autodestruction plus performantes pourraient réguler à jamais la croissance démographique de l'espèce humaine.

9

Des insectes au service de l'homme

L'homme, au cours de son histoire et encore actuellement, volontairement ou non, utilise les insectes, ce qu'ils produisent ou ce qu'ils transforment, au cours de leur activité biologique, qu'il s'agisse de s'alimenter, de se vêtir, ou de se parer. Cette utilisation volontaire est différente selon les coutumes des populations humaines considérées. L'aide indirecte que les insectes apportent aux agriculteurs est considérable, souvent méconnue de ceux-là mêmes qui ne voient en eux que des ennemis, des destructeurs de leurs récoltes.

Leur absence peut se faire cruellement sentir et l'on peut dire que, souvent, les insectes sont des auxiliaires, sinon des aides, de l'homme. Nous en donnerons quelques exemples et montrerons comment l'homme essaie de les domestiquer, de les acclimater, de les élever, comme des espèces utiles et utilisables. Certains de ces insectes sont devenus des « cobayes » pour la recherche scientifique, afin de conduire, grâce à eux, des recherches fondamentales ou appliquées, entendez par là appliquées à mieux les exploiter ou les combattre !

Un insecte domestiqué : le ver à soie

Si de nombreuses chenilles de Lépidoptères (papillons) peuvent être utilisées pour leur production de soie, seul le ver à soie, le bombyx du mûrier (*Bombyx mori*) a été élevé et domestiqué par l'homme. C'est effectivement le seul insecte réellement domestiqué, puisque l'homme maîtrise son élevage et sa reproduction dans les magnaneries. Sa survie dépend entièrement de l'homme et il n'existe plus dans la nature à l'état sauvage.

Pourquoi le bombyx du mûrier est-il le seul insecte ainsi domestiqué ? Comme sa domestication est fort ancienne, il est bien difficile de répondre à cette question. On peut imaginer que sa biologie, la qualité de sa soie et des tissus qui en résultent, la disponibilité de l'aliment d'élevage, le mûrier, voire sa facile acclimatation, sont les principales raisons de ce choix. Il donne alors lieu à une activité agricole baptisée sériciculture, qui a pour finalité de faire produire par la chenille – elle file un cocon (fil de 1 000 à 1 800 mètres de longueur) – la matière première, la soie. Celle-ci sera transformée par l'industrie en soierie.

L'origine serait en Chine, en 2700 avant J.-C., où l'impératrice chinoise Si-Ling-Chi aurait dévidé un cocon tombé malencontreusement dans sa tasse de thé. L'élevage resta secret d'État pendant trente siècles, mais la soie circulait sur « la route de la soie » jusqu'en Occident[1].

Ce n'est qu'au Ve siècle que le monopole chinois cessa et que des graines (œufs) furent frauduleusement transportées au Sin-Kiam (Turkestan chinois) puis au Japon, enfin à Byzance. Du VIIe au XVIe siècle, l'extension de la sériciculture et des soieries dans le bassin méditerranéen alla de pair avec l'influence des commerçants arabes (d'Arabie et de Syrie).

Il s'agit d'un commerce de riches habits. Aurélien (empereur romain de 270 à 275) aurait refusé un manteau de soie à son épouse en disant : « Pas de ces habits dont chaque fil vaut son pesant d'or. » C'est d'ailleurs pour éviter cette fuite de capitaux que Louis XI, en France, facilita à Lyon l'établissement de tisserands en draps de soie et d'or (23 novembre 1466). C'est grâce à Henri IV et à un agronome, Olivier de Serres, que la sériciculture se développa en France alors qu'elle était localisée en Provence. Soixante mille mûriers furent plantés en Touraine, Orléanais, Lyonnais et Beaujolais (en 1602), puis d'autres acclimatés dans le Bassin parisien.

La sériciculture, avec des hauts et des bas, progressa en France et le XVIIIe siècle est parfois qualifié d'« ère de la soie en France » avec une suprématie de Lyon. À la veille de la révolution, 30 000 métiers à tisser existaient en France, dont plus de la moitié dans la région de Lyon. Après l'à-coup de la révolution, la sériciculture reprit et atteignit sa production record en 1853 : 26 000 tonnes de cocons frais soit 2 200 tonnes de soie grège (ou brute). À Lyon, en 1860, on compterait 100 000 ateliers.

Mais tout élevage intensif présente des risques et de graves épidémies (en particulier la pébrine dont l'agent, une coccidie, fut identifié par Pasteur en 1865) déciment les élevages. Et puis, avec le développement de la concurrence par les textiles synthétiques (rayonne puis nylon), la sériciculture a régressé en France, mais aussi en Europe et même au Japon.

Actuellement, à elle seule, la Chine produit 80 % de la soie grège importée dans le monde. La France n'en produit presque plus mais continue de la travailler.

De la soie, l'homme a toujours tiré des tissus luxueux, d'abord réservés aux princes et princesses, à l'Église, puis aux riches. Les soieries naturelles restent encore aujourd'hui un produit de luxe de la haute couture : foulards, cravates, lingerie fine et prêt-à-porter de qualité.

À côté des soies naturelles, produites par les vers à soie domestiqués, existent des soies dites sauvages parce que réalisées par des chenilles non domesticables du genre *Antherea* et *Philosamia.* Les premières tissent un cocon dont on tire un fil continu de 1 000 à 1 200 mètres de long ; elles sont exploitées en Chine, au Japon, en Inde, et fournissent des soies connues sous le nom de soie tussah et soie muga. Les secondes filent un cocon ouvert aux deux bouts ; les cocons doivent alors être cardés, puis la soie sera filée : il s'agit de la soie eri. Un *Philosamia cynthia* acclimaté dans nos régions produit la filoselle.

Ainsi, l'homme a domestiqué et exploité quelques Lépidoptères pour obtenir de la soie. Selon un proverbe persan : « Avec du temps et de la patience la feuille de mûrier devient satin. » Voyons comment.

L'élevage des vers à soie à des fins commerciales (élevage industriel par opposition à l'élevage en laboratoire) s'effectue dans les magnaneries[2]. Il est réalisé à température constante et taux d'hygrométrie approprié. L'hygiène générale des locaux et du matériel d'élevage doit être rigoureuse sinon des épidémies peuvent se développer : pébrine, flacherie, grasserie et muscardine sont les maladies les plus fréquentes du ver à soie.

L'alimentation, on parle du nourrissage des vers à soie, s'effectue uniquement à partir des feuilles de mûrier dont il faut disposer en quantité suffisante. Le mûrier est un arbre qui s'acclimate bien en régions tempérées (mûrier blanc ou mûrier noir). La sériciculture commence donc par la culture du mûrier.

De l'éclosion de l'œuf au filage du cocon, un mois de vie larvaire entrecoupée de quatre mues s'accompagne d'une abondante prise de nourriture, en particulier durant le dernier âge avant le filage.

Dès que les cocons sont filés, il faut les récolter avant l'émergence : c'est le décoconnage. Il faut alors procéder à « l'étouffage des cocons », c'est-à-dire des chrysalides par de l'air chaud (90 à 110 °C). Puis, ils sont plongés dans l'eau bouillante et l'on dévide ensemble 3 à 6 cocons, parfois jusqu'à 20, afin d'obtenir un fil assez gros (soie grège). Les fils sont ensuite assemblés et torsadés afin d'en faire des fils plus forts. Ils seront teints, puis tissés et, selon les techniques utilisées, seront ainsi obtenus des tissus très variés : toiles, taffetas, serges, satins… Ainsi, la feuille de mûrier est devenue satin !

Quelques indications quantitatives pour conclure : une femelle de Bombyx pond 400 œufs, qui deviendront 400 cocons. Ils représentent une masse de 1 kg de cocon qui produit 200 g de soie grège, 150 g de soie pure et devient 1 à 1,5 m^2 d'étoffe, soit un grand foulard de soie…

L'abeille domestique ou exploitée

Il existe 20 000 espèces d'abeilles dont 85 % ne sont pas sociales mais solitaires ; cependant toutes jouent un rôle important comme pollinisatrice. Une de ces espèces sociales nous est familière à telle enseigne que nous l'appelons « l'abeille domestique » (*Apis mellifica*). Mais le terme domestique est abusif. Comme nous allons le voir, il s'agit d'une espèce dont l'homme exploite les productions – dont le miel – mais qu'il n'a pas domestiquée comme le ver à soie.

En effet, cette espèce existe à l'état sauvage et de nombreuses populations humaines qui vivent en régions intertropicales récoltent du miel dans les nids qu'ils trouvent dans les arbres. C'est par exemple, au Cameroun, l'unique activité de nombreuses familles vivant de l'exploitation de la forêt ombrophile[3]. C'est de plus, pour ces populations, une source importante de sucres.

Quand, dans nos régions, nous pensons abeille, nous y associons le nom de ruche. C'est vrai que depuis des temps très anciens l'homme a mis à la disposition des essaims d'abeilles des constructions artificielles, les ruches, qui sont, selon les régions, très différentes. Mais les abeilles lors de l'essaimage savent très bien trouver un endroit pour installer leur société, se loger et entreposer le miel qui leur servira à survivre pendant la mauvaise saison.

Elles savent donc se loger et n'attendent pas après l'homme de la nourriture pour réaliser le miel. Elles butinent, de fleur en fleur, récoltant le nectar mais aussi le pollen. Le nectar de la fleur est aspiré par la trompe et s'accumule dans le jabot. Là, le nectar subit une prédigestion grâce à des enzymes produites par les glandes pharyngiennes ; les sucres des fleurs sont transformés en fructose et en glucose. Le jabot d'une abeille contient 75 mg de produit, résultat de la visite de plus de mille fleurs. De retour à la ruche, l'abeille régurgite le contenu de son jabot, l'offre à une autre abeille et, après plusieurs passages, le produit qui s'est épaissi par perte d'eau est déposé dans une alvéole toujours incomplètement remplie. Les alvéoles, avant d'être fermées, font l'objet d'une ventilation qui permet d'éliminer l'eau en excès. Ainsi est réalisé le miel, très riche en sucres (fructose et glucose) mais aussi en vitamines. Cette réserve pour l'hiver des abeilles deviendra pour l'homme « un aliment universel ».

C'est pour obtenir le maximum de miel que l'homme a placé les abeilles dans les ruches. Il leur fait faire la transhumance afin qu'elles trouvent toujours des fleurs : colza, faux acacia, châtaignier, tournesol, bruyère, etc. Il est même capable, sous la loupe et à l'aide d'une mini-seringue, de pratiquer, sur la reine, l'insémination artificielle avec des spermatozoïdes sélectionnés, et ce dans le but d'améliorer la productivité !

Cet élevage particulier des abeilles s'appelle l'apiculture. Elle est pratiquée en France par des particuliers, 68 000 ayant entre 1 à 10 ruches, des pluriactifs, 15 000 ayant de 11 à 30 ruches, et des professionnels (6 300), qui possèdent 54 % du cheptel et assurent à eux seuls 80 % de la production nationale. Le Var avec 65 000 ruches est en tête, suivi des Alpes-Maritimes (36 000 ruches), puis de la Gironde (27 000 ruches).

L'apiculture connaît des difficultés qui sont de deux ordres : les ennemis des abeilles et la baisse de la consommation.

Parmi les Mammifères, en plus de l'homme, de nombreuses espèces aiment le miel. Dans nos régions, il s'agit essentiellement des blaireaux, des mulots et d'autres petits rongeurs… et des ours. Vivent également aux dépens de la ruche les chenilles de la « fausse teigne » (*Galleria mellonella*), un papillon qui pond dans la ruche ; les chenilles s'alimentent de cire et creusent des galeries dans les rayons.

Les abeilles sont elles-mêmes victimes de prédateurs, de parasites et de maladies. Les butineuses peuvent être dévorées par d'autres insectes : frelons, guêpes et philantes apivores. Dans la ruche, le « pou des abeilles », un petit Diptère sans aile, quémande le miel que lui régurgitent les abeilles. Il peut affaiblir la ruche lorsqu'il devient trop abondant. Les abeilles, parce que vivant dans un milieu confiné, peuvent être victimes de maladies dues soit à des bactéries (maladie de la loque du couvain), soit à des protistes (nosémose, occasionnée par un protiste du genre *Nosema*).

Elles sont depuis quelques années victimes d'un parasite, un acarien du nom de *Varroa*, qui en Gironde a détruit un quart des ruches. Ces ectoparasites pompent leur sang, ce qui les affaiblit et les rend plus vulnérables aux maladies (loques et nosémoses). On ne sait pas actuellement lutter efficacement contre ce parasite. La lutte chimique est onéreuse, difficile à supporter quand le marché n'est pas porteur et n'incite pas l'acheteur qui veut consommer un produit naturel. On recherche donc d'autres méthodes de lutte (biologique) et l'on sélectionne des abeilles résistantes à cet acarien.

Tout un programme qui ne se situe pas dans un contexte économique favorable. En effet, la consommation en France a baissé : elle est de 450 g par personne et par an alors qu'elle est de plus de 1 kg en Allemagne. De plus, le cours du miel en France est inférieur au cours mondial, ce qui explique la baisse des importations en provenance de Chine, d'Argentine et des pays de l'Est, importations qui atteignaient en 1990 le tiers de la production nationale.

Il faut dire, aussi, que le miel est victime d'une concurrence loyale, celle des autres sucres d'origine végétale : betterave et canne à sucre.

Pour sauver l'apiculture en France, il faudrait une augmentation de la consommation de miel. Cela peut être une question de mode et comme avec la mode de l'écologie on recherche des écoproduits, le miel a peut-être sa chance. Des jeunes devront alors assurer la relève d'une population vieillissante d'apiculteurs !

Mais l'Homme n'exploite pas les abeilles uniquement pour le miel qu'elles produisent. Ce miel est entreposé dans des logettes faites de cire sécrétée par les glandes cirières des jeunes abeilles. Il suffit de 20 g de cire pour stocker un kilogramme de miel. La cire a de multiples usages chez l'homme : fabrication de l'encaustique, de cierges, de moulages, etc.

Les butineuses récoltent aussi sur les bourgeons de certains arbres une gomme visqueuse brunâtre, la propolis, qu'elles transportent, comme le pollen, dans les corbeilles de leurs pattes postérieures. La propolis, mélangée à de la cire, forme une sorte de mastic qui permet de consolider le miel ou de colmater les fissures de la ruche. Elle sert aussi à enduire les cadavres des petits rongeurs tués dans la ruche et évite ainsi leur putréfaction grâce aux substances antibiotiques qu'elle renferme. La propolis est exploitée par l'homme pour la confection des vernis et comme médicament (antibiotique, bactéricide, fongicide, anesthésiant...).

Enfin, les abeilles nous sont familières par le transport qu'elles font du pollen. Elles transportent 40 à 50 mg de pollen, soit la moitié de leur propre poids, entassé en 2 pelotes de 2 à 3 mm de diamètre sur les pattes postérieures. Dans la ruche, l'abeille dépose son chargement dans des alvéoles à pollen. Miel et pollen servent à l'alimentation de la société des abeilles. Mais les toutes jeunes larves après leur éclosion, et les larves des jeunes reines jusqu'à leur transformation en adultes, sont nourries par les ouvrières d'une sécrétion de leurs glandes mandibulaires alliée à celle de leurs glandes pharyngiennes : la gelée royale. Cette substance posséderait des vertus innombrables vantées par une publicité abusive. Son action est efficace chez les personnes fatiguées, amaigries, sans appétit, auxquelles elle redonne du tonus. Mais ces vertus seraient moins nombreuses que celles de la propolis !

Ainsi les abeilles de nos ruches méritent bien d'être appelées « domestiques » par les multiples productions dont nous usons, même si nous ne les avons pas véritablement domestiquées. Elles savent d'ailleurs nous faire comprendre les limites à ne pas dépasser. Leurs piqûres en sont le témoignage : leur répétition peut être mortelle (allergie). Pas très sympathique pour un animal domestique !

Les insectes, aliments de l'homme : l'entomophagie[4]

Si nous consommons du miel, production des abeilles, il ne nous viendrait pas à l'esprit de manger lesdites abeilles et d'une manière générale les insectes piqueurs[5]. Mais beaucoup de ces insectes, que l'homme ne consomme pas, sont la proie d'autres espèces animales qui s'en nourrissent et qui finiront dans l'assiette de l'homme. Car, comme nous l'avons indiqué précédemment, les insectes sont présents dans beaucoup de chaînes trophiques. Nous mangeons donc indirectement des insectes quand nous consommons des poissons d'eau douce, des amphibiens (les cuisses de grenouilles), des oiseaux et même certains Mammifères !

Mais l'homme a consommé ou consomme encore directement des insectes. Cette idée choque généralement les Européens que nous sommes, mais nous mangeons d'autres Arthropodes marins et d'eau douce, dont les crustacés (crevettes, crabes, homards, langoustes, langoustines, écrevisses...), mais aussi des mollusques marins ou terrestres (moules et autres coquillages, escargots...). Il s'agit donc de coutumes alimentaires différentes et, comme se plaît à le rappeler R. Paulian[6], l'entomophagie en Europe n'a disparu qu'au milieu du siècle dernier : il rapporte qu'une châtelaine du Val-de-Loire offrait à ses invités des beignets de hanneton !

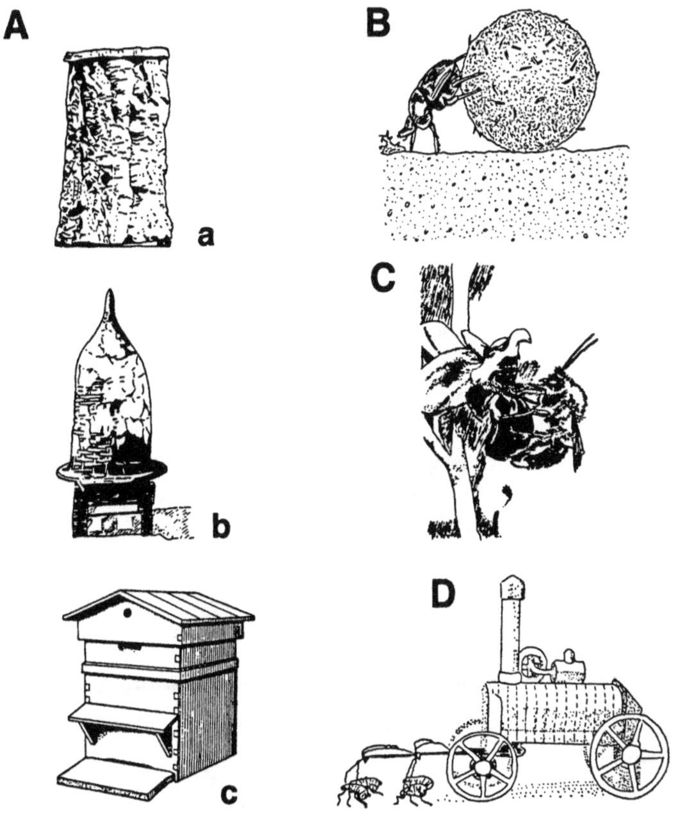

Figure. 21. – Des insectes utiles ou utilisés

A. Quelques types de ruches (d'après Ph. Marchenay, *L'Homme et l'Abeille*, Berger-Levrault, 1979) ; a. Ruche d'écorce de chêne-liège (région méditerranéenne) ; b. Ruche solognote en baguettes et éclisses tressées enduites de bouse de vache ; c. Ruche Dadant, ruche commune d'aujourd'hui.
B. Scarabée faisant rouler sa boule d'excréments (d'après B. Heinrich et G. Bartholomew, 1980).
C. Abeille sauvage s'accouplant à une orchidée : fécondation assurée (d'après une photographie de Cl. Nuridsany et M. Perennou, *La Planète des insectes*, Arthaud, 1983).
D. Puces dressées pour le cirque (d'après B. Grzimek) : des puces sont attelées à de minuscules véhicules (in *Le Monde animal en 13 volumes*, tome II : *Les Insectes*, par B. Grzimek et M. Fontaine, Édition Stauffacher, 1972).

RECETTE DE FONDANTS

Ingrédients

2 tasses de sucre	1 cuillère à café de vanille
2/3 de tasse de crème fraîche	60 g de chocolat noir
1/8 de cuillère à café de sel	1/2 tasse de sauterelles
1 cuillère à soupe de beurre	ou criquets hachés et grillés

Dans une casserole, mettre à chauffer le sucre, la crème, le chocolat et le sel. Remuer régulièrement jusqu'à ce que le chocolat soit fondu et le sucre dissous. Continuer la cuisson tout en remuant si nécessaire. Dès l'obtention du sucre-candi (s'en assurer en versant une petite quantité du mélange dans l'eau froide. À ce contact, il doit se former une boulette dure), retirer du feu, ajouter le beurre et laisser tiédir. Verser la vanille en malaxant vigoureusement jusqu'à ce que le mélange soit épais (7 à 10 mn environ). Ajouter les insectes, et remuer. Additionner de beurre et disposer dans une poêle. Laisser refroidir puis découper en carrés.

(D'après N. Myers, 1982)

Quoi qu'il en soit, les insectes représentent, à la fois par leur quantité et leur qualité – ils sont riches en protéines et en lipides –, une ressource alimentaire non négligeable et non négligée de certaines populations.

Criquet	50 à 75 %	Poulet	23 %
Nymphe de la mouche domestique	64 %	Poisson	21 %
Ver de l'agave	50 %	Bœuf	20 %
Termite	46 %	Porc	17 %
Fourmi	24 %	Agneau	17 %

Tableau comparatif de la teneur en protéines des insectes et de quelques aliments types. (D'après N. Myers, 1982.)

En plus du miel, production des abeilles, récolté par de nombreuses populations aborigènes d'Afrique, d'Australie et d'ailleurs (zone intertropicale), sont consommés les termites, les criquets (Acridiens divers), de nombreuses chenilles (Lépidoptères) et bien d'autres espèces.

Les termitières sont souvent éventrées afin d'y rechercher les reines, bourrées d'œufs. Les termites ailés sont grillés et vendus sur les marchés africains : ils auraient un goût de noisette, délicieux.

Lors des invasions d'Acridiens (criquets), qui malheureusement ne manquent pas de par le monde, cette manne de nourriture est exploitée par ceux-là mêmes dont elles détruisent les récoltes.

Les chenilles de Lépidoptères font également l'objet d'un commerce en Afrique. Elles sont savamment grillées afin d'éliminer les soies et poils qui pourraient être urticants. À Mexico vous pouvez acheter, en boîte de conserve, le ver de l'Agave qui n'est rien d'autre que la chenille d'un papillon mexicain[7].

Les Éphémères, en Chine, sont récoltées lorsqu'elles sont attirées par les lumières par myriades et qu'elles tombent au sol. Elles sont plongées dans l'huile ou broyées et mélangées avec du miel. Un régal !

L'excrément sucré et desséché de la cochenille – vous vous souvenez qu'il s'agit en fait de son urine – est, dans le désert du Sinaï, ramassé comme une manne.

Les blattes sont la nourriture de base des Bochimans dans le désert du Kalahari (Afrique) alors que, dans plusieurs régions d'Afrique et d'Asie, les mantes religieuses sont recherchées par les gourmets.

Même les mouches sont récoltées près du lac Victoria (Ouganda) ; broyées, elles forment une bouillie gluante qui, dit-on, ressemble au caviar par son aspect et son goût !

Enfin, R. Paulian rappelle qu'au cours de son histoire l'homme a toujours consommé les larves, les nymphes et les adultes de Coléoptères. Actuellement, en Papouasie est commercialisé un scarabéoïde lors de ses éclosions massives, alors qu'à Madagascar il s'agit de Dytiscides.

Les vers palmistes ou larves des charançons des palmiers (Curculionides) sont exploités en Afrique occidentale et même au Mexique où « ils ont trouvé leur place dans l'industrie touristique : les flacons de tequila destinés aux touristes renferment un ver palmiste, en guise de marque d'origine ».

En Guyane, les Indiens se délectent d'un gros dynaste (Coléoptères Scarabéidés) du genre *Megaceras* qu'ils savent trouver dans des galeries de sable submergé.

Il n'est donc pas exagéré de dire que les insectes contribuent à l'alimentation de l'homme des pays en voie de développement et qu'ils pourraient être mieux exploités si leur élevage industriel était possible. Il faudrait que ces populations passent de l'état de chasseur-cueilleur, où elles sont restées en ce qui concerne les insectes, à l'ère agricole voire industrielle. Tout un programme, dont nous verrons dans un instant les limites quand nous traiterons des méthodes d'élevage des insectes.

Des insectes éboueurs

Qu'il consomme ou non des insectes, l'homme pratique, pour s'alimenter, l'élevage et l'agriculture. Il est, souvent sans le savoir, aidé dans ces activités par les insectes. Nous allons en donner quelques exemples qui illustrent leur rôle comme éboueurs dans l'évolution des sols.

Lorsque les Anglais s'installent en Australie à la fin du XVIIIe siècle, ils introduisent l'élevage des ovins et des bovins, élevage indispensable pour faire vivre leur groupe. Comme il n'y a pas de prédateurs, moutons et bovins prolifèrent. Mais cet élevage atteint vite ses limites. Des crottes et des bouses, c'est-à-dire les excréments de ces animaux, s'accumulent sur le sol, le modifient, le stérilisent et, de plus, contribuent à la pullulation de mouches qui pondent sur le bétail, entraînant sa mort.

Pourquoi cette accumulation ? Tout simplement parce qu'en Australie manquent les « bousiers », ces insectes Coléoptères qui assurent le recyclage des bouses des Mammifères et l'incorporation de ces bouses dans le sol, en augmentant la fertilisation. Pour sauver l'élevage australien, les chercheurs partent en Afrique du

Sud et en Europe (France) à la recherche de bousiers susceptibles de vivre en Australie et capables de s'installer dans ces excréments. Deux espèces de bousiers d'Afrique du Sud sont sélectionnées, élevées et acclimatées en Australie. Elles prolifèrent, et cette introduction réussie d'espèces nouvelles est étendue avec le même succès en Nouvelle-Zélande. Australie et Nouvelle-Zélande sont actuellement les premier et deuxième producteurs d'ovins du monde : l'Australie (7 703 000 km^2), quatorze fois grande comme la France, compte 16 millions d'habitants pour 160 millions de moutons (10 moutons par habitant) alors que la Nouvelle-Zélande compte 60 millions de moutons pour seulement 11 millions d'hectares de pâturages et plus de 3 millions d'habitants (20 moutons par habitant).

Avec cet exemple est démontré le rôle fondamental que jouent les insectes dans la transformation et l'évolution des sols, leur fertilisation par incorporation des excréments des animaux domestiques, mais également des animaux sauvages des grands troupeaux qui peuplent les prairies et les savanes d'Afrique. Une vache dépose 25 à 30 kilogrammes de bouse par jour, un éléphant dix fois plus. Cela représente très rapidement des tonnes d'excréments à l'hectare, mis à la disposition des insectes qui se livrent une rude compétition pour venir à bout de cette manne.

D'abord les Diptères, puis les Coléoptères, sont attirés par l'odeur de la bouse fraîche. Au bout de quelques heures, encore humide, elle est perforée de nombreux trous ; les Coléoptères sont déjà à l'œuvre à l'intérieur. Ils vont dilacérer les fibres végétales, malaxer, brasser cette matière qui devient fertilisante par l'action combinée d'autres invertébrés (vers de terre et cloportes) et des bactéries. Au bout de quelques mois en Europe, ou de quelques heures en Afrique, tout a disparu et a été incorporé dans le sol.

Les Coléoptères spécialisés dans ces transformations sont des scarabées ; l'Afrique en compte plus de 2 000 espèces de tailles très variables. Ces spécialistes sont inféodés aux excréments de certains mammifères[8] ou au contraire exploitent n'importe quel type d'excréments. Ces derniers insectes sont la majorité en Afrique. Ils utilisent, selon les espèces, les excréments de trois façons différentes : sur place en s'en nourrissant, en creusant sous la bouse des trous dans la terre où des excréments sont enfouis, enfin en malaxant la bouse en forme de balle qu'ils roulent sur plusieurs mètres avant de l'enterrer[9]. Le célèbre scarabée sacré d'Égypte (*Scarabeus sacer*) œuvre de cette dernière façon : c'est un « rouleur de balle ». Ces trois catégories d'insectes sont en perpétuelle compétition, l'excrément servant d'aliment mais aussi de lieu de ponte, lorsqu'il est enfoui (un œuf pondu par balle enfouie).

En plus de ces insectes coprophages, éboueurs d'excréments, des insectes nécrophages nous débarrassent des cadavres. Là encore ce sont des Diptères (mouches) et des Coléoptères qui participent à la décomposition, à la transformation des cadavres (asticots) puis à l'enfouissement dans les sols. En Amazonie, des Hyménoptères (abeilles, fourmis) sont également nécrophores.

Enfin, le monde végétal retourne au sol, dont il est issu, par l'œuvre incessante des insectes. Les feuilles qui tombent sur le sol, mais aussi des branches, voire des arbres entiers déracinés par le vent, subiront l'œuvre d'éboueurs des insectes aidés par d'autres Invertébrés mais aussi les champignons et les bactéries. La formation de l'humus en sera facilitée. Les fourmis coupeuses de feuilles sont exemplaires à cet égard et me rappellent la corvée de feuilles qu'à l'automne nous sommes, chaque année, amenés à recommencer !

Ainsi, nos sols sont en permanence enrichis d'apports animaux et végétaux, grâce à l'action des insectes. De la surface ils intégreront ces éléments dans la profondeur du sol la mettant à la disposition des végétaux. Avec cet enfouissement, c'est aussi l'aération du sol qui est favorisée par les insectes ; de leur activité naît la fertilité des sols que l'homme exploite.

Les insectes pollinisateurs

Mais il ne suffit pas d'avoir un sol fertile et d'y réaliser une culture pour être assuré du succès. Il faut que les végétaux se multiplient, se reproduisent. Or, l'évolution du monde végétal n'a-t-elle pas failli être suicidaire ?

Fleurs mâles, productrices de pollens, et fleurs femelles, avec pistils et ovules se sont éloignées, au cours de l'évolution, à telle enseigne que la pollinisation, c'est-à-dire le processus par lequel le pollen est amené à se déposer sur le pistil, doit être assurée par le vent (chez les conifères, par exemple), par des insectes, par des oiseaux et même parfois des chauves-souris.

Une coévolution plantes-insectes a permis aux unes d'assurer leur fécondation et aux autres leur nutrition. Les insectes, selon les espèces, se nourrissent de pollens, c'est le cas de certains Coléoptères (cétoines...), et donc en assurent involontairement le transport, d'autres se nourrissent de nectars produits par la plante (Lépidoptères), d'autres à la fois de nectar et de pollens (Hyménoptères). Dans ces deux derniers cas, la plante a souvent mis en place un mécanisme astucieux qui lui permet, alors que l'insecte pompe le nectar, de déposer le pollen sur son transporteur. Celui-ci butinant de fleur en fleur, la pollinisation est ainsi assurée.

De nombreuses espèces sauvages utilisent ainsi des insectes pour assurer la pollinisation. Il en est de même pour la majorité des plantes cultivées par l'homme : on connaît 90 plantes de culture alimentaire dans ce cas aux États-Unis.

Les insectes se trouvent donc être des alliés indispensables à l'homme pour ses cultures et leur absence se fait parfois cruellement sentir. En effet, les insectes pollinisateurs sont soit spécialisés, c'est-à-dire qu'ils ne butinent qu'une seule espèce, soit généralistes, en fréquentant des milliers. C'est bien sûr dans cette dernière catégorie que se range l'abeille domestique, aussi n'est-il pas étonnant que des cultivateurs louent à des apiculteurs des centaines, voire des milliers de ruches afin d'assurer la pollinisation de leur culture, lorsque le nombre des pollinisateurs est insuffisant.

L'abeille domestique n'est pas la seule espèce pollinisatrice sur « la grande scène fleurie du théâtre de la nature » ; on estime aux États-Unis que la pollinisation des cultures est assurée à 50 % par des abeilles solitaires. Bourdons, guêpes, papillons, mouches et Coléoptères participent aussi à cette grande œuvre. Ces espèces sont souvent complémentaires, non compétitives, car butinant, selon la longueur de leur trompe, des espèces végétales différentes. Ainsi, la trompe plus longue du bourdon lui permet de puiser dans certaines fleurs à corolle profonde inaccessibles aux abeilles. Quant aux papillons, avec leur longue trompe, ils peuvent butiner des fleurs très profondes que ne peuvent pas atteindre les bourdons et encore moins les abeilles.

Les abeilles solitaires[10] méritent une attention particulière d'autant qu'elles sont très nombreuses (85 % des abeilles) et souvent victimes des activités humaines. L'urbanisation des campagnes, les techniques culturales mises en œuvre dans les grandes exploitations, l'irrigation des grandes cultures, la monoculture qui met à leur disposition pendant un temps très court une seule essence à polliniser, par comparaison avec l'homme on dirait qu'elles ont une surcharge de travail, puis un chômage technique (difficultés alimentaires), enfin, les utilisations abusives d'insecticides sont quelques-unes des causes de la diminution du nombre des abeilles solitaires. Or, leur rôle dans la pollinisation est quantitativement et qualitativement considérable. C'est ainsi qu'elles pollinisent plus efficacement certaines cultures, la luzerne[11] par exemple, que les abeilles domestiques. Il n'est pas étonnant que dans certaines régions les agriculteurs prennent des dispositions pour les attirer. Ainsi, les agriculteurs des États-Unis ont été les premiers à mettre en place dans leurs champs de luzerne des planches munies de cannelures destinées aux nids d'une abeille solitaire, la Mégachile de la luzerne (*Megachile rotundata*). Cette espèce connaît actuellement une exploitation commerciale. Après les États-Unis, le Canada puis l'Europe, dont la France, s'intéressent à l'élevage au laboratoire, voire à l'introduction de cette espèce chère aux producteurs de luzerne.

Au Japon, c'est une autre espèce d'abeille solitaire qui est exploitée. Il s'agit de l'abeille à cornes japonaise (*Osmia cornifrons*) qui niche dans le chaume des toits. Plus efficace que l'abeille domestique pour la pollinisation des pommiers, sa nidification est favorisée dans les pommeraies du Japon par un équipement d'abris garnis de roseaux creux.

Ainsi, des aménagements simples et économiques permettent de bénéficier de l'aide indispensable des insectes pollinisateurs sans avoir à recourir aux locations onéreuses des ruches d'abeilles domestiques. Il faut toutefois se rappeler que la valeur des services rendus par ces dernières comme pollinisatrices est bien supérieure au prix du miel et de la cire qu'elles produisent. Tout est relatif, puisque ces abeilles travaillent gratuitement pour ne pas dire gracieusement, et que rien n'interdit, au contraire, à un agriculteur d'être en même temps apiculteur !

Enfin, à côté de ces insectes pollinisateurs généralistes, tous n'étant pas, pour la même espèce végétale, également efficaces, il existe des liaisons privilégiées entre végétal et insecte. À telle enseigne que si vous transplantez le végétal il est indispensable, sous peine d'échec assuré, de disposer de l'insecte pollinisateur ou de l'introduire s'il n'existe pas.

C'est ainsi qu'en Californie l'introduction du figuier a nécessité d'importer un insecte du genre *Blastophaga* dont les larves vivent dans les figues, espèce qui n'existait pas dans cette région.

J'ai indiqué l'extraordinaire symbiose existant entre les orchidées (genre *Ophrys*) et des mâles d'Hyménoptères qui sont trompés par ces fleurs qu'ils prennent (odeur et forme) pour la femelle de leur espèce. Ils s'accouplent avec ces fausses femelles mais vraies fleurs en assurant la fécondation. Des orchidées australiennes sont fécondées par des mâles ailés de la fourmi *Myrmecia urens*, ce qui est exceptionnel. En effet, les fourmis possèdent généralement des glandes qui sont pollénicides (destructrices de pollen), glandes qui n'existent pas, d'après P. Jolivet, chez le mâle de cette espèce pollinisatrice.

Les orchidées sont des plantes ornementales de toute beauté ; elles sont donc commercialisées. Échangées, transplantées d'un continent à l'autre, sans leur insecte pollinisateur, qui assurera leur fécondation ? La main de l'homme : l'horticulteur remplacera l'insecte dans cette opération délicate et indispensable s'il veut perpétuer l'espèce.

Il en est de même pour une autre orchidée, la vanille, pollinisée par de nombreuses espèces d'abeilles (genre *Melipona* et *Trigona*) en Guyane ou au Mexique. Dans les régions où ces petites abeilles sont absentes alors c'est la pollinisation à la main qui est réalisée.

C'est dire que les insectes sont bien les alliés de l'homme et que celui-ci aura intérêt parfois à élever ces insectes – je n'ose dire domestiquer car ce terme est souvent utilisé à tort – afin de mieux les connaître, pour mieux les exploiter !

L'insecte, cobaye de laboratoire

Par leur diversité, leur adaptabilité, leur taille – même si certains sont petits –, leur pullulation (donc population importante), les insectes constituent, pour le biologiste, un matériel d'étude remarquable.

Il faut pour cela pouvoir en disposer à tout moment sans être tributaire des aléas de la nature. J'ai présent à l'esprit le cas de cet étudiant algérien qui souhaitait venir travailler à Bordeaux sur la chenille processionnaire du pin et qui, pour des raisons administratives – sa bourse d'étude ne prenant effet qu'au 1er janvier –, m'annonçait sa venue pour la mi-janvier. Le cycle de développement, dans la nature, commençant en septembre, l'année scolaire de cet étudiant était compromise ! Il en fut de même des recherches d'un autre étudiant parti comme VAT (volontaire à l'aide technique) en Guyane pour étudier un papillon urticant (genre *Hylesia*) et qui n'en vit aucun durant son séjour !

La maîtrise d'un élevage complet, de la ponte à la ponte, est donc la condition *sine qua non* pour réaliser, sur un insecte, une étude sérieuse. Cette maîtrise n'est pas évidente et bien des recherches furent compromises, voire interrompues, faute d'y réussir.

La mise au point d'un élevage est parfois pleine d'embûches et il ne suffit pas de prélever des insectes dans la nature et de les mener au laboratoire pour réussir. Il faut alors les alimenter pour qu'ils deviennent adultes et qu'ils daignent ensuite se reproduire.

La maîtrise de l'alimentation passe souvent, pour les nombreux insectes phytophages élevés dans les laboratoires, par la culture de la plante-hôte qu'ils affectionnent quand celle-ci n'est pas disponible dans la nature proche. Mon maître J. J. Bounhiol fit planter des mûriers sur le campus de Talence pour l'alimentation des vers à soie et obtint une parcelle de terrain pour planter des choux afin de nourrir les piérides. Nos élevages périrent quelquefois parce que, situés sur le domaine universitaire, nos plantes-hôtes bénéficiaient de traitements insecticides qui ne leur étaient pas destinés !

Et, quand bien même vous disposez de l'aliment idoine vous n'êtes pas certain que l'insecte s'en délectera ; nombreux, en effet, sont les facteurs qui interviennent dans la prise de nourriture et leur connaissance demande des essais répétés, jusqu'au succès. Le nec plus ultra sera d'obtenir une nourriture synthétique que l'on pourra fabriquer à volonté et quelle que soit la saison, mais cela nécessite un travail de recherche qui peut prendre plusieurs années !

Ce problème étant considéré comme réglé, alors reste le cap fatidique de la reproduction. Car ces petites bêtes le moment venu soit refusent de copuler, ou s'accouplent mais ne pondent pas. Là encore seule une connaissance parfaite des comportements reproducteurs de l'espèce, et ils sont souvent complexes, permettra de leur faire franchir cette étape décisive.

La ponte obtenue, il faudra savoir la conserver dans des conditions qui permettront à l'embryogenèse de se réaliser et aux jeunes larves d'éclore.

D'une manière générale, les conditions d'élevage en laboratoire ne sont pas adaptées à l'insecte venant de la nature. Il faut donc recréer au laboratoire des conditions aussi naturelles que possible. Cela passe par l'acquisition (ou la construction) de chambres (ou pièces) climatiques au sein desquelles les facteurs physico-chimiques de l'environnement sont réglables : température, humidité, photopériode... Je me souviens d'avoir découvert cette « professionnalisation » de l'élevage des insectes à Tours dans les années 1960 chez V. Labeyrie qui avait bénéficié de crédits importants pour construire un laboratoire de « Biocénotique expérimentale » où de nombreuses pièces d'élevage étaient équipées de la sorte.

On est là très loin des bricolages, même s'ils sont souvent astucieux, que les uns et les autres avons dû imaginer pour acclimater, plus qu'élever, des insectes au laboratoire !

L'élevage est donc la pierre d'achoppement du dispositif de recherche. Il n'est réussi que si l'on connaît avec précision la bioécologie de l'espèce amenée au laboratoire. Or, c'est justement pour approfondir ces connaissances que l'on a besoin de disposer, au laboratoire, de ladite espèce. C'est la quadrature du cercle !

Quoi qu'il en soit, des professionnels de l'élevage d'insectes existent et ils peuvent vous fournir des pontes, mais d'un nombre d'espèces limitées. Il s'agit de Lépidoptères dont le plus courant est bien évidemment le ver à soie, d'Orthoptères dont le criquet est le modèle le plus fréquent en laboratoire, de Phasmoptères avec le phasme, parthénogénétique, de Diptères avec la célèbre drosophile... La liste est bien plus longue, d'autant que des laboratoires sont obligés de faire leur élevage au champ. C'est le cas pour les abeilles domestiques ou solitaires (voir plus loin).

Ces insectes-cobayes servent bien évidemment à faire progresser la recherche entomologique mais aussi la recherche biologique dans des domaines variés qui profitent à l'ensemble de la biologie.

L'exemple le plus connu est la génétique dont les connaissances de base dues à Mendel (1822-1884) chez les végétaux (petits pois) ont été étendues au début de ce siècle aux animaux grâce aux travaux de l'école de Morgan sur la drosophile. Nous avons vu, dans la première partie de cet ouvrage, que c'est encore à cette espèce que l'on doit nos connaissances les plus modernes en ce qui concerne le développement et le vieillissement contrôlés par des gènes.

L'éthologie, science du comportement, doit beaucoup à l'étude des insectes (Fabre est le père de l'instinctivisme) et en particulier des insectes sociaux. Ceux-ci font l'objet de nombreux travaux sous l'égide de l'union internationale pour l'étude des insectes sociaux présidée par P. Jaisson[12].

On sait moins que c'est aux recherches faites sur les Lépidoptères que sont dues les plus intéressantes percées dans le domaine de l'endocrinologie et de la neuroendocrinologie. C'est en effet le Tchèque S. Kopec (1888-1941) qui envisagea dès 1917 chez la spongieuse (*Lymantria dispar*) l'existence, dans le cerveau, de neurosécrétions. On sait maintenant que ces neurohormones existent dans le monde animal et en particulier chez l'homme où elles jouent des rôles variés dans notre comportement : la neurobiologie est la recherche de la fin du XXe siècle. J. J. Bounhiol (1905-1979) s'est fait le défenseur de l'endocrinologie comparée en guidant ses collaborateurs dans des recherches portant sur le ver à soie et les Lépidoptères, ou sur des Amphibiens qui font, comme les insectes, des métamorphoses. En Angleterre à la même époque, V. B. Wigglesworth fit d'une punaise hématophage, *Rhodnius polixus*, un cobaye de choix pour l'endocrinologie expérimentale (parabioses, greffes...).

C'est encore grâce aux insectes Lépidoptères, et en particulier au ver à soie, que l'on parvient à la découverte, l'isolement et la synthèse par A. Butenandt et P. Karlson de la première phéromone, le Bombycol (1949-1959). Les phéromones existent dans tout le monde vivant et même chez l'homme, n'en déplaise à certains ! Elles interviennent, elles aussi, dans le comportement et leur extraction et synthèse, en particulier chez les insectes, conduisent à des utilisations intéressantes en lutte biologique.

D'autres modèles biologiques d'insectes ont fait l'objet d'élevage parce qu'ils représentaient des dangers pour les cultures ou l'élevage, pour les stocks de denrées entreposées, ou pour l'homme lui-même. Citons le doryphore, le ver de farine, les blattes, la teigne des ruches ou des poireaux, la piéride du chou, les bruches du haricot et divers charançons, les mouches (dont la Tsé-Tsé) et les moustiques...

L'élevage de masse

À côté de ces élevages de laboratoire, qui restent limités quantitativement, existent des élevages industriels de quelques rares espèces d'insectes. Je ne reviendrai pas sur les cas évoqués précédemment du ver à soie ou des abeilles domestiques : sériciculture et apiculture n'ont rien à voir avec les élevages de ces espèces au laboratoire à des fins de recherches. Il en est de même pour quelques espèces que l'homme a sélectionnées soit parce qu'elles produisaient des substances intéressantes ou qu'il s'agissait de pollinisateurs des cultures, ou de prédateurs, ou parasites des insectes.

Des insectes, et en particulier des cochenilles, ont fourni par le passé et fournissent encore des laques, des colorants dont le « carmin » qui servent à l'homme pour teinter les laines, les soies et même les aliments (pâtisserie) ou les boissons. C'est le cas d'une cochenille *Dactylopius coccus*, qui vit sur les cactus d'Amérique centrale et des îles Canaries et qui produit l'acide carminique. Il faut 150 000 insectes pour obtenir 1 kg de ce colorant. Aussi procède-t-on à l'élevage en transférant au printemps des femelles sur des cactus ; trois mois plus tard on récolte le précieux colorant. L'industrie chimique des matières colorantes a beaucoup concurrencé cette production par l'insecte, si bien que son utilisation a diminué. Cet insecte utile devient alors nuisible : c'est par exemple un parasite du figuier de barbarie.

L'apiculteur fournit donc – en location – des ruchers pour assurer la pollinisation des cultures en plein champ, mais ce n'est pas la vocation première de ses abeilles. Par contre, des abeilles solitaires, en particulier les Mégachiles de la luzerne, ont été importées d'Amérique du Nord et connaissent en Europe un grand développement commercial. On espère le même développement avec l'abeille à cornes japonaise *Osmia cornifrons* et en Europe avec une espèce voisine *Osmia cornuta* qui pollinisent les arbres fruitiers.

Mais ces introductions ne sont pas assurées de succès car toute espèce nouvelle se trouve confrontée à des prédateurs, des parasites, des maladies auxquels elle n'est pas adaptée dans ces pays de transplantation. A contrario, elle peut supplanter les espèces locales et elle peut devenir envahissante, voire dangereuse. C'est ainsi qu'au Brésil, le professeur Kerr[13] qui désirait produire par hybridation avec des abeilles domestiques européennes une nouvelle race mieux adaptée aux Tropiques et meilleure productrice de miel, introduisit une race africaine *Apis scutellata*. L'abeille africaine essaima très rapidement – échappant à son introducteur –, vraisemblablement s'hybrida avec la forme italienne *A. ligustica* qui peuplait déjà le pays, et partit à la conquête du Nouveau Monde : Brésil, Argentine... à quand les USA ? Si les producteurs de miel brésiliens sont satisfaits de cette abeille qui produit deux fois plus de miel que l'italienne et quatre fois plus que *A. mellifica*, il n'en est pas de même des populations brésiliennes en général, victimes de l'agressivité de cet hybride : elle est baptisée « l'abeille tueuse », faisant au Brésil, depuis trente-quatre ans, 50 victimes (animales et humaines) par an.

De plus, sous serre, le développement des cultures maraîchères et florales a nécessité d'optimiser les méthodes de pollinisation.

Ainsi, dans le cas de la tomate où la pollinisation était assurée mécaniquement (par vibration de la fleur), les producteurs ont demandé à l'INRA dès 1987 de mettre au point une méthode industrielle d'élevage de colonies de bourdons pollinisateurs. Il s'agit d'un bourdon commun, peu agressif et prolifique : *Bombus terrestris*, utilisé également en Hollande et en Belgique. Son élevage en France et les contraintes des maraîchers nécessitent de disposer de colonies à tout moment de l'année et pour ce faire de modifier son cycle de développement (rupture de la diapause) et faciliter sa reproduction. Les études menées par l'INRA en collaboration avec les chercheurs de l'Université de Bordeaux I permettent de fonder des espoirs en ce nouveau pollinisateur obtenu par élevage.

Les insectes sont aussi les pires ennemis des insectes (voir chapitre 12), qu'il s'agisse de prédateurs ou de parasites. Il n'est donc pas étonnant de trouver dans le commerce des élevages de ces insectes : coccinelles, calosomes, fourmis... L'exemple le plus classique – il est aussi très symbolique – est celui des coccinelles élevées en masse et lâchées dans les cultures envahies par les pucerons et les cochenilles qu'elles dévorent. Elles sont classiquement utilisées en lutte biologique. Comme le sont aussi d'autres insectes parasitoïdes. Le trichogramme (Hyménoptère) est élevé en masse et lâché dans des cultures, sous serre par exemple où il permet de lutter efficacement contre des chenilles mineuses des tomates : il pond ses œufs dans les œufs de ces Lépidoptères et en limite les pullulations. Dans les champs, pour lutter contre la pyrale du maïs, il faut être capable de disposer de 300 000 trichogrammes à l'hectare !

On trouve également des élevages en masse d'insectes modifiés génétiquement, voire stérilisés, qui seront introduits dans une population naturelle afin d'en perturber la reproduction ; nous verrons ultérieurement qu'il faut alors être capable d'en produire des millions (neuf à dix fois la population naturelle).

Un élevage de masse de la chenille processionnaire du pin a dû être abandonné par l'INRA, non que cette espèce ait été élevée pour elle-même – c'est un destructeur redoutable des forêts de pin – mais pour un virus qui vivait à ses dépens. On sait en effet que les virus sont des parasites obligatoires[14] et pour les obtenir en grand nombre il faut les élever sur du matériel biologique vivant. En l'occurrence, le virus de la chenille processionnaire du pin doit être élevé sur cette chenille afin d'en disposer en grande quantité pour faire de la lutte biologique : infester des populations de processionnaires du pin qui causent des dégâts dans les forêts. L'élevage industriel de la chenille processionnaire, et du virus, a été abandonné : la chenille étant urticante, aucun technicien ne résista aux poils volant dans l'atmosphère ! On préféra développer la lutte microbiologique grâce à une bactérie dont l'élevage se fait en fermenteur et donc sans danger pour les éleveurs.

L'élevage des insectes, qu'il s'agisse d'élevage au laboratoire ou industriel, n'est pas sans danger pour ceux-là mêmes qui s'en occupent.

Les insectes comme désherbants sélectifs

Comme nous le verrons dans le chapitre suivant, nombreux sont les insectes qui s'attaquent aux végétaux cultivés par l'homme, c'est-à-dire aux végétaux que nous considérons comme utiles. Aussi a-t-on envisagé d'utiliser certains de ces insectes, et en particulier les Lépidoptères, pour détruire des plantes nuisibles. P. Pesson rapporte un cas très intéressant en Australie où des cactus (*Opuntia stricta*), introduits volontairement par l'homme pour limiter les propriétés, avaient transformé en jungle impénétrable plus de 100 000 kilomètres carrés de terrain. Un papillon argentin, *Castoblastis cactorum*, fut importé et s'acclimata si bien qu'en quelques années ses chenilles détruisirent presque totalement cette plante indésirable. Ce que ne nous dit pas cet auteur[15], c'est ce que devint cet insecte lorsqu'il eut dévoré la plante-hôte !

Dans le même ordre d'idée où l'insecte est l'allié de l'Homme, peut-on lui faire supprimer la coca considérée comme une plante nuisible ? Ceux qui essaient de battre en brèche le pouvoir des barons de la drogue, la cocaïne, estiment qu'il faut faire disparaître la coca des territoires où elle est cultivée[16]. Or, au Pérou, un petit papillon appelé Malumbia (*Eloria noyesi*) a ravagé, en 1988, 20 000 hectares plantés en coca. Aussi le gouvernement péruvien a-t-il demandé à ses chercheurs de produire en masse ce papillon afin d'en faire des lâchers sur les zones plantées par les trafiquants, à savoir 130 000 ha. Tout un programme, difficile à mettre en œuvre et auquel les trafiquants pourront trouver une parade avec des insecticides comme le DDT, en vente libre.

De plus, la mastication de la coca est, chez les Indiens de ces régions, une tradition et donc autorisée par le gouvernement péruvien. Difficile dilemme que celui-ci : faut-il introduire un insecte anti-cocaïne parce que la coca est considérée comme nuisible lorsqu'on en extrait la cocaïne alors que par ailleurs elle est l'objet de culte !

L'insecte, mangeur de la coca, aura bien du mal à faire la différence !

L'insecte médicament ou poison

Si les insectes sont souvent dangereux, il n'est pas interdit de penser qu'étant donné leur diversité certains d'entre eux produisent – comme les végétaux – des substances à intérêt thérapeutique. Un calmant peut, selon la dose utilisée, vous calmer ou vous tuer !

La cantharidine, sécrétion d'un Coléoptère du genre *Lytta*, a été utilisée jusqu'à la fin du XIXe siècle comme vésicatoire – on adorait poser des ventouses – et même comme aphrodisiaque. Si cette dernière propriété n'est pas certaine – de même que pour la corne de rhinocéros ! –, par contre, les empoisonneurs romains utilisaient la cantharidine.

La chenille processionnaire fut également employée comme révulsif à l'instar des sinapismes, comme médicament à usage multiple, mais aussi comme poison dans l'antiquité. Aussi, « on en vint à Rome à promulguer une loi contre ceux qui empoisonnaient les gens avec les chenilles (loi Cornelie). Par un autre sénatus-consulte, il est établi que les droguistes (pigmentaires, pharmaciens, marchands de drogues) seront punis conformément à la présente loi s'ils délivrent à la légère de la ciguë, de la salamandre, de l'aconit, des chenilles du pin, des bupestres, des mandragons et des cantharides pour rompre les enchantements » (Parazols, 1895)[17].

La pédérine[18] produite par le Coléoptère européen, *Paederus fuscipes*, est employée à dose homéopathique, et avec succès, dans le traitement des ulcères. Le venin des abeilles est utilisé dans le traitement des maladies articulaires et la gelée royale s'est vue dotée d'un nombre astronomique de propriétés thérapeutiques !

Les Bushmen du Kalahari utilisent toujours comme poison pour leurs flèches des nymphes d'un Coléoptère toxique (*G. Diamphida*) dont ils savent qu'il est mortel pour eux si, par malheur, il pénètre dans leur circulation sanguine.

Des végétaux réagissent aux piqûres (voire pontes) d'insectes en produisant une galle. Il s'agit d'une prolifération cellulaire, sorte de cancer végétal, qui peut contenir des substances particulières : colorants et tanins utilisables en médecine. C'est ainsi qu'en Chine on cultive une plante-hôte *Rhus semialata* qui produit de nombreuses galles dues à un puceron (*Melaphis chinensis*), galles qui sont exportées dans divers pays dont les États-Unis.

Les asticots – dont l'aspect est un peu repoussant – ont été reconnus dès le XVIe siècle par le chirurgien Ambroise Paré comme facilitant la cicatrisation des blessures occasionnées par des armes à feu. Durant la Première Guerre mondiale (1914-1918) cette propriété fut exploitée et attribuée à une sécrétion de l'asticot : l'allantoïne. On préfère au travail des asticots l'action des antibiotiques, qui sont de découverte récente (1929, A. Fleming découvre la pénicilline) et produits par des bactéries et des champignons inférieurs. On s'intéresse actuellement – après l'ère des antibiotiques de synthèse – aux antibiotiques fabriqués par d'autres espèces végétales et animales. Les abeilles, comme nous l'avons vu précédemment, tirent du monde végétal la propolis aux propriétés antibiotiques (et fongicides). Des fourmis sécrètent des antibiotiques pour assurer une certaine stérilité et propreté à leur colonie.

Les Indiens d'Amérique du Sud utilisent toujours, en guise de point de suture pour fermer les plaies, les mandibules puissantes des fourmis dont ils coupent la tête ; les mandibules restent alors fermées après décapitation !

Il n'est pas douteux que même s'ils sont actuellement supplantés par d'autres substances naturelles, ou de synthèse, les insectes recèlent encore bien des substances inconnues utilisables par l'homme. Nous aurons l'occasion de parler ultérieurement (chapitre 12) de substances insecticides produites par les insectes et dont l'homme envisage l'exploitation en lutte biologique.

Les insectes « dressés » pour le cirque et la guerre

Au début de ce siècle des « cirques à puces » ont fait beaucoup parler d'eux, si l'on en croit B. Grzimek[19]. Ces puces n'étaient pas véritablement dressées, mais utilisées pour tirer de minuscules véhicules, un fil passé autour de leur métathorax, ce qui les empêchait de sauter. D'autres, retournées sur le dos, jonglaient avec des balles en moelle de sureau. Seules les femelles furent utilisées, car plus fortes et plus grosses que les mâles.

Et puis, la puce de l'homme est devenue rare parce que ses larves ne résistent pas aux insecticides et à l'action de nos aspirateurs. Alors le temps des « cirques à puces » est révolu !

Par contre, tous les espoirs sont encore permis pour utiliser certains insectes afin de détecter la présence de l'homme. C'est en 1963 que, selon R. Lubow[20], le « Limited Warfare Laboratory », avec l'aide du ministère de l'Agriculture, tenta de mettre au point un système de détection de l'homme reposant sur les aptitudes de l'insecte. Furent ainsi testés les insectes qui détectent facilement l'homme, à savoir punaise, puce, pou, moustiques (trois espèces différentes) ainsi qu'un acarien : la tique. Seuls les moustiques et les punaises sont utilisables et encore uniquement pour révéler l'intrusion d'un homme dans une pièce : l'insecte s'agite dans la boîte où il est enfermé quand il perçoit l'odeur humaine, et le bruit qu'il fait est amplifié afin d'être audible par un opérateur situé dans une autre pièce.

On a même envisagé d'utiliser le système de détection des insectes, c'est-à-dire les antennes pour les odeurs et les membranes tympaniques pour les sons, reliés à des appareils que les électrophysiologistes utilisent classiquement. Ce type de « préparation » relève de l'expérience de laboratoire et son application en vraie grandeur reste une fiction des hommes de guerre !

L'insecte dans l'art

L'homme a toujours aimé se parer, décorer son habitation... Il a donc exploité les insectes dans ce but et, sans revenir sur la soie, riche parure par excellence, colorée par les cochenilles, j'indiquerai quelques utilisations qui vous sont familières.

Les insectes de Guyane paient un lourd tribu à la décoration, en particulier le célèbre papillon aux ailes métalliques (*g. Morpho*). Capturés en grand nombre ces insectes font l'objet d'un commerce international. Ils finiront en sous-verre, en tableau, en compositions variées, soit seuls, soit associés à d'autres papillons. Car les Lépidoptères ont souvent des ailes d'une grande beauté et toujours d'une extrême diversité. Il n'est donc pas étonnant qu'ils soient capturés, ce qui est un réel danger pour leur avenir.

À côté des Lépidoptères, les Coléoptères parfois de grande taille ont été et sont encore exploités pour leur beauté. Les élytres des scarabées ont figuré dans la décoration des anciens temples d'Orient et sont encore utilisés, associés à des plumes multicolores, en pendentifs en Amazonie. Des Coléoptères (*g. Dynastes*...) sont souvent inclus dans la résine et vendus aux touristes.

L'homme utilise parfois, ce qui est plus étonnant, des insectes vivants. Des Coléoptères vivants sont portés par des élégantes en Amérique du Sud : il s'agit d'Élatérides à gros organes lumineux qui sont fixés dans les cheveux de ces dames. Au Mexique, c'est dans leurs écharpes que les femmes attachent des « Bupestres vivants aux élytres incrustés de pierres semi-précieuses »[21]. En dehors des périodes de gala ces Coléoptères sont « chouchoutés » dans de petites cages.

En Chine et au Japon, sont également conservés en cages des grillons placés dans les vêtements. On tient à entendre, dans les foyers chinois et japonais, leur chant mélodieux.

Des milliers de collectionneurs d'insectes existent de par le monde ; ils sont souvent de grands artistes. D'autres artistes prennent comme modèle l'insecte pour décorer des poteries ou des tissus. J. Lhoste et B. Henry[22] constatent que dans l'art extrême-oriental les Lépidoptères sont le plus souvent figurés pour leur beauté, mais aussi les cigales, symbolisant en Chine le cycle de la vie et de la mort ; les libellules au Japon sont un heureux présage...

Je ne sais quelle signification il faut attribuer aux insectes qui figurent dans les toiles de Salvador Dali, fourmis très nombreuses, criquets plus solitaires et sauterelles dont il avait la phobie, mais ils n'ont que quatre pattes. Le grand Maître était-il mauvais observateur ou avait-il un message à faire passer ?

Ceux qui collectionnent les timbres savent qu'en philatélie et dans tous les pays du monde l'insecte est souvent à l'honneur. J. D'Aguilar, qui fut secrétaire général de la Société entomologique de France, tient une chronique intitulée « Phil'Insectes, rubrique philatélique » dans la revue *Insectes*, pour ceux qui choisissent ce thème de collection.

Enfin, l'insecte a également été pris pour modèle par les joailliers dont certains réalisent des chefs-d'œuvre : filigranes, pierres précieuses...

L'insecte est donc très intimement associé à la vie et à l'histoire de l'homme. Certains furent adorés, d'autres bannis. Ils figurent déjà dans les représentations graphiques qui ornent les grottes préhistoriques : abeilles, sauterelles...

Le scarabée sacré des Égyptiens et en particulier des pharaons représente la continuité ; pas étonnant alors que l'on en trouve dans leurs tombeaux.

Les insectes sont aussi associés à notre langage et dans l'imaginaire de l'homme : le papillon est gracieux, il symbolise la femme (au Japon), la fourmi est besogneuse, elle est utilisée dans une publicité d'automobile[23], la coccinelle est utile au monde agricole, la banque qui finance les agriculteurs en France en a fait son emblème... Beaucoup d'expressions populaires font appel à l'insecte : avoir une taille de guêpe, être volage comme un papillon, chanter comme une cigale...

Enfin, jusqu'au siècle dernier, les insectes furent traînés en justice, à cause de leurs méfaits et ces méfaits, comme nous allons le voir, sont nombreux.

10

Les insectes, ennemis n° 1 des productions de l'homme

L'homme, depuis qu'il est devenu sédentaire, a développé l'agriculture et l'élevage. Mais il n'est pas l'unique consommateur de ses productions végétales ou animales. L'insecte s'est trouvé avantagé par la mise à sa disposition d'étendues cultivées extrêmement importantes (monocultures) ; il prolifère, consommant jusqu'à 30 % de certaines récoltes. Les quelques chiffres suivants de G. Riba et C. Silvy (1989) [1] pour les cinq principales cultures (en%) sont éloquents.

	Pertes totales	*Pertes dues aux insectes*
Riz	47,1	27,5
Maïs	35,6	13,0
Blé	24,4	5,1
Canne à sucre	54,0	19,5
Coton	33,9	16,0

Ainsi, 27,5 % des pertes totales de riz dans le monde sont dues aux insectes ; mais savez-vous que le riz constitue la nourriture de base de près des 3/4 des populations des pays en voie de développement ?

Or, l'évolution de la population humaine au plan mondial évoquée précédemment et le fait qu'actuellement 67 % de la population sont localisés dans les pays en voie de développement (plus de 3 milliards), où sévissent déficit alimentaire et malnutrition, font que la FAO[2] s'est donné pour objectif de doubler la production agricole mondiale d'ici l'an 2000.

Il faudra donc prendre en compte les insectes qui prélèvent non seulement dans les champs mais aussi dans les stocks (silos) et souvent faire face à des ennemis venus d'ailleurs. En effet, avec les moyens de communication, bateaux puis avions, les récoltes sont échangées et des insectes destructeurs potentiels se trouvent alors importés. Certains connurent un succès inattendu : doryphore, phylloxéra, mouche des fruits, pou de San José...

D'autres espèces sont endémiques, c'est-à-dire vivent sur place aux dépens de végétaux sauvages dont l'homme va sélectionner (domestiquer) certaines espèces les cultivant sur de grandes étendues. Les insectes phytophages vont alors pulluler : par exemple chenilles de Lépidoptères.

De plus, les cultures sont souvent envahies par des insectes migrateurs, se déplaçant à la recherche de nourriture : criquets, sauterelles, pucerons causent, là où ils se posent, des dégâts considérables.

Enfin, chez les végétaux mais aussi les animaux élevés par l'homme, l'insecte est souvent vecteur de maladies ou d'épidémies. Virus, bactéries, champignons, protistes sont ainsi transmis aux cultures et aux animaux d'élevage.

Sans prétendre à l'exhaustivité – impossible dans ce domaine où sur 500 000 insectes phytophages, 10 000 sont à haut risque (pour la France 75 espèces font l'objet d'une fiche de l'ACTA[3], pour 50 000 espèces connues) –, quelques exemples, parfois anciens mais ils sont encore d'actualité, suffiront pour comprendre que l'insecte est toujours l'ennemi n° 1 des ressources alimentaires de l'homme.

Le doryphore et la pomme de terre

C'est sûrement l'exemple le mieux connu et le plus démonstratif, à la fois d'une adaptation d'un insecte à une plante cultivée, la pomme de terre (Solanacée), et de son développement suite à une introduction accidentelle dans des territoires où il n'existait pas.

Le doryphore est un Coléoptère de la famille des Chrysomélides qui fut découvert par un entomologiste américain (Th. Say) aux États-Unis dans l'État du Colorado, d'où le nom de Colorado beetle que lui donnent les Anglo-Saxons. Il possède des élytres jaunes avec dix bandes noires d'où son nom latin actuel de *Leptinotarsa decemlineata*. Il vit alors sur quelques Solanacées sauvages des montagnes Rocheuses et va s'adapter à la pomme de terre cultivée. Cette culture se développe à partir de 1850 avec la « ruée vers l'or » et l'on observe en Californie de grands champs de pommes de terre dans lesquels le doryphore s'installe et se développe. Il envahit l'Ouest américain. Puis les échanges Ouest-Est sont favorisés par le chemin de fer (le Pacific Railway). Le doryphore emprunte alors le chemin de fer et, de proche en proche, gagne l'Est c'est-à-dire l'Atlantique où il arrive en grand nombre vers 1874. Pour gagner l'Europe il faut franchir l'Atlantique donc prendre le bateau. C'est chose faite le 14 juin 1876 : il débarque à Bremerhaven et attaque les champs de pommes de terre allemands. Mais il est exterminé et n'envahit pas, cette fois-ci, l'Europe.

Un nouveau débarquement a lieu dans le sud-ouest de la France, à Bordeaux, en 1917. C'est, en effet, le moment où les Américains viennent au secours des Alliés en guerre contre l'Allemagne. Ils installent une base à Bordeaux et apportent avec eux, dans leurs bagages, le doryphore. Ce nouvel envahisseur bénéficie de circonstances favorables : les entomologistes du Sud-Ouest sont en guerre contre un autre envahisseur. Le doryphore progresse, il atteint la Méditerranée en 1922 puis toute la France est envahie. En 1936 il franchit le Rhin, arrive en Allemagne et conquiert l'Europe puis gagne les pays de l'Est, dont l'ex-URSS.

Le doryphore est donc exemplaire : il a bénéficié à la fois de la nourriture que lui fournit l'homme et de ses moyens de transport qui lui permettent d'aller du Colorado à l'ex-URSS.

En 1953, la France disposait de 850 000 hectares de cultures de pommes de terre, aujourd'hui il en reste seulement 210 000 hectares. Le doryphore effectue une génération par an (exceptionnellement deux dans les régions méridionales), il hiberne en terre à l'état d'adulte immature (diapause imaginale). Au printemps, les adultes sortent de terre pour se reproduire et contaminent les champs de pommes de terre.

Le doryphore est actuellement en régression, grâce à une lutte acharnée, qui a commencé dans le Sud-Ouest avec des travaux de recherche à la station zoologique de l'INRA par le professeur Feytaux et ses collaborateurs (1924). Elle ne doit pas cesser car le doryphore est toujours présent et nous ne sommes pas à l'abri d'une nouvelle invasion des champs de pommes de terre.

Ceux-ci sont de plus attaqués par d'autres ravageurs comme l'indiquent G. Riba et C. Silvy (1989)[4].

Principaux pays producteurs	*Surface (millions ha)*	*Rendement (q/ha)*	*Quelques ravageurs importants*
1 URSS	6,89	120	- **Nématodes :** Globodera sp. - **Coléoptères :** - Chrysomelides : *Leptinotarsa decemlineata* - Elaterides : *Agriotes* sp. - Scarabaeides : *Anomala* sp. - **Homoptères :** - Aphidides (vecteur virus) *Myzus persicae, Aphis gossypii Macrosiphum euphorbiae* - Cicadellides : *Empoasca fabae* - **Lépidoptères** - Noctuides : *Agrotis segetum*
2 Chine	4	125	
3 Pologne	2,22	155	
4 États-Unis	0,50	296	
5 Inde	0,73	138	
6 RDA	0,42	178	
7 RFA	0,25	272	
8 Roumanie	0,28	221	
9 France	0,21	306	
10 Grande-Bretagne	0,19	319	

Quelques ravageurs importants de la pomme de terre
(D'après G. Riba et C. Silvy, 1989.)

Le phylloxéra et la vigne

Un autre envahisseur venu des États-Unis en Europe en 1868[5] est le phylloxéra de la vigne (*Viteus vitifolii*). Il a été transporté, certes involontairement, avec la plante-hôte sur laquelle il se développait. En effet, c'est pour vaincre l'oïdium de la vigne que l'on importe des plants américains susceptibles d'apporter une résistance à l'oïdium. Avec ces plants furent introduits le mildiou, autre maladie cryptogamique de la vigne et le phylloxéra qui détruisirent le vignoble français.

Le phylloxéra est une sorte de puceron qui, aux États-Unis, vit aux dépens des feuilles de vigne et des racines. Les générations qui se succèdent sont ovipares. L'œuf d'hiver fécondé est pondu sur l'écorce. Au printemps naît une larve qui se fixe sur la face supérieure des feuilles. Par ses piqûres elle provoque la formation d'une galle qui fait saillie en dessous de la feuille. Cette larve grandit et devient une fondatrice qui, par parthénogenèse, se multiplie activement (forme gallicole). Parmi ses descendants, certains diffèrent des individus vivant sur les feuilles et migrent vers les racines où ils se mettent alors à proliférer par parthénogenèse et deviennent prédominants, en fin de saison. De ces formes radicicoles sortent des formes ailées qui donneront naissance aux individus sexués producteurs des œufs d'hiver.

En Europe, le phylloxéra a un cycle réduit à la forme radicicole qui se multiplie indéfiniment par parthénogenèse. La phase gallicole (sur les feuilles) et la reproduction sexuée sont exceptionnelles. Sur les jeunes racines de la vigne les piqûres provoquent la formation de « tubérosités » cratériformes qui peuvent pourrir et entraîner la mort de la racine. Les larves de cette génération passent l'hiver au repos et reprennent leur développement avec la belle saison. Nos vignes européennes supportent mal les attaques des racines par comparaison avec les vignes américaines. Par contre, elles résistent mieux au niveau des feuilles. Aussi lutte-t-on contre le phylloxéra en greffant nos vignes sur des plants américains dont les racines sont résistantes à ces attaques[6].

Toujours est-il que le phylloxéra est, avec la plante-hôte que l'on a importée des États-Unis, l'exemple type des risques inhérents à une importation. Or, nous en pratiquons de plus en plus, sans parler des échanges de produits : graines, fruits, fleurs… Il n'est pas étonnant que, à ces occasions multiples, les insectes échangés deviennent cosmopolites.

Échangés ou pas, la vigne comporte, en plus du phylloxéra, de nombreux autres ravageurs contre lesquels une lutte constante doit être maintenue.

<table>
<tr><th>Principaux pays producteurs</th><th>Surface (millions ha)</th><th>Rendement (q/ha)</th><th>Quelques ravageurs importants</th></tr>
<tr><td>1 Italie</td><td>1,40</td><td>90,1</td><td rowspan="10">- Nématodes : Xiphinema index
(vecteur virus du court noué)
- Homoptères :
- Aphidides : Phylloxera viteus sp.
- Cicadellides : Empoasca vitis
Scaphoideus littoralis
(vecteur flavescence dorée)
Cicadella viridis
- Lépidoptères :
- Tortricides : Lobesia botrana,
Agyrotaenia sp.
Sparganothis reticulana
Zeuzera pyrina
- Noctuides
- Thysanoptères : Thripides</td></tr>
<tr><td>2 France</td><td>1,17</td><td>75</td></tr>
<tr><td>3 URSS</td><td>1,40</td><td>47,9</td></tr>
<tr><td>4 Espagne</td><td>1,70</td><td>30,8</td></tr>
<tr><td>5 USA</td><td>0,30</td><td>133,9</td></tr>
<tr><td>6 Turquie</td><td>0,82</td><td>43,9</td></tr>
<tr><td>7 Argentine</td><td>0,32</td><td>84,3</td></tr>
<tr><td>8 Roumanie</td><td>0,30</td><td>58,9</td></tr>
<tr><td>9 Grèce</td><td>0,18</td><td>86,6</td></tr>
<tr><td>10 Yougoslavie</td><td>0,26</td><td>51,1</td></tr>
</table>

Quelques ravageurs importants de la vigne
(D'après G. Riba et C. Silvy, 1989.)

La pyrale du maïs

Cette fois-ci, il s'agit d'une espèce d'origine européenne qui a envahi l'Amérique du Nord. Ce n'est d'ailleurs pas le seul Lépidoptère dans ce cas. La spongieuse, *Lymantria dispar*, a fait la même migration colonisatrice pour aller dévaster les massifs forestiers américains.

La pyrale est identifiée en Europe à la fin du XVIIIe siècle comme très polyphage, ce qui lui permet d'attaquer diverses cultures : houblon, millet, blé des Indes et bien sûr le maïs. Elle est introduite accidentellement aux États-Unis au début de ce siècle sûrement en provenance d'Italie ou de Hongrie avec des tiges de millet à balai. Elle est repérée dans le Massachusetts en 1916, puis au Canada en 1920 ; elle gagne tous les États qui développent la culture du maïs. Il faut dire que les conditions idéales sont requises pour que cette espèce prolifère avec, après la Seconde Guerre mondiale, le développement de la maïsiculture. Pas étonnant qu'elle soit le ravageur principal du maïs, mais pas le seul comme l'indique le tableau ci-contre.

Ajoutons que pour expliquer, sans vouloir la justifier, la maïsiculture, il faut savoir que le maïs donne lieu à de multiples transformations et utilisations : aliments du bétail, voire de l'homme (huile, margarine...), pâte à papier, alcool (whisky, gin, bourbon)...

Or, la pyrale est un Lépidoptère (*Ostrinia nubilalis*) qui, dans nos régions du sud-ouest de la France, passe l'hiver à l'état de chenille (diapause larvaire). Elle loge dans les restes de cannes de maïs pendant l'hiver, puis reprend son développement à la belle saison. Aidés par la sésamie (*Sesamia nonagrioides*), un autre Lépidoptère ravageur du maïs qui passe l'hiver en diapause dans le pivot, ces Lépidoptères causent des dégâts estimés à 10 à 15 % de la production des grandes exploitations maïsicoles françaises (cannes cassées, épis atrophiés ou plus petits...).

Principaux pays producteurs	*Surface (millions ha)*	*Rendement (q/ha)*	*Quelques ravageurs importants*
1 Etats-Unis	30,2	69	- **Lépidoptères :** - Pyralides : *Ostrinia* sp.
2 Chine	20,5	30	- Noctuides : *Spodoptera frugiperda* *Heliothis* sp.
3 Brésil	11,5	18	*Sesamia inferens* - Gelechiides : *Sitotroga cerealella*
4 Mexique	8,1	18	- **Coléoptères :** - Chrysomelides : *Diabrotica* sp.
5 Roumanie	3,15	36	- Elaterides : *Agriotes* sp - **Homoptères :**
6 URSS	3,5	23	- Aphidides : *Rhopalosiphum maïdis*
7 Yougoslavie	2,3	43	*Macrosiphum euphorbiae* *Sitobion avenae*
8 France	1,6	58	*Myzus persicae* - **Thysanoptères :**
9 Argentine	3,5	39	- Thripides : *Anaplothrips obscurus*
10 Inde	5,8	13	- **Nématodes :** *Heterodera avenae* *Ditylenchus dipsaci*

Quelques ravageurs importants du maïs
(D'après G. Riba et C. Silvy, 1989.)

D'une manière générale, les Pyralides sont une famille de Lépidoptères qui provoquent des dégâts soit en rongeant la tige de plantes cultivées comme la pyrale du maïs, de la canne à sucre ou du pin (voir plus loin), soit en s'attaquant à des denrées stockées : la teigne des ruches déjà citée (*Galleria mellonella*) minant la cire des abeilles, la pyrale de la farine ou teigne de la farine (*Ephestia kuehniella*) causant des dégâts dans les aliments secs et en particulier la farine. Ces deux dernières espèces citées sont, on s'en souvient, d'excellents insectes-cobayes de laboratoire.

Des insectes cosmopolites des denrées entreposées

Mais, comme nous venons de le voir avec les Pyralides, les insectes ne s'attaquent pas seulement aux plantes sur pied. Ils s'installent dans les récoltes entreposées, voire transformées : le blé ou la farine par exemple.

Les dégâts sont considérables. On estime que dans les pays développés 20 % des grains de consommation sont attaqués. Dans les pays en voie de développement où les grains sont stockés dans des conditions précaires (greniers en terre, en paille…) ceux-ci sont rendus impropres à la consommation pour l'homme en trois ou quatre mois ; ils seront alors consommés par les animaux domestiques. La FAO estime aussi que chaque année 20 à 40 % des récoltes mondiales de grains de céréales et de légumineuses sont détruits par les insectes au cours du stockage.

Or, quels sont ces insectes qui dévastent nos stocks de blé ou de riz ? D'où viennent-ils ? Ce sont d'abord des charançons du blé ou du riz connus dans tous les pays, dans tous les entrepôts, les silos mais aussi les bateaux qui assurent les échanges des céréales entre les pays. Le charançon du blé est peut-être d'origine européenne, celui du riz vient d'Asie et de l'Inde. Ils sont devenus cosmopolites.

Les charançons sont des Coléoptères de la famille des Curculionides[7] caractérisés par une tête prolongée par un rostre plus ou moins allongé, muni à son extrémité de pièces buccales petites mais robustes. Phytophages, ils perforent les tissus végétaux, minent les feuilles, les semences et même le bois.

D'autres Coléoptères de la famille des Bruchidés (1 000 espèces connues), on les nomme les bruches, attaquent les légumineuses : haricots, fèves, pois… Les femelles perforent les gousses avec leurs mandibules et y déposent leurs œufs ; les larves se nourrissent des grains. Lorsqu'il s'agit de grains stockés, les bruches du haricot[8], par exemple, pondent leurs œufs à l'intérieur des grains où se développent les larves : elles rendent ces haricots impropres à la consommation humaine.

Les insectes des forêts et des bois

Les forêts naturelles ou cultivées – on parle de sylviculture – sont aussi victimes des insectes. Les bois exploités, stockés, transformés et utilisés dans nos constructions ne sont pas à l'abri des insectes : en France le termite de Saintonge envahit nos maisons y faisant des dégâts parfois catastrophiques (voir plus loin).

Les forêts ont beaucoup évolué avec l'apparition de l'homme ; elles ont beaucoup régressé en superficie et n'occupaient plus en 1982 que 3 milliards d'hectares d'après les chiffres de C. Chararas[9] ; elles ont de plus changé qualitativement : des essences forestières ont été privilégiées aux dépens d'autres espèces. En France[10], et dans beaucoup d'autres pays, les résineux, parce qu'ils poussent plus vite, ont remplacé les feuillus : ainsi le pin maritime (ou d'autres espèces de pins) remplace-t-il le chêne parfois centenaire.

Les insectes profitent de ces changements pour pulluler et détruire des massifs forestiers entiers. Ils s'attaquent en effet, selon les espèces, soit aux feuilles (phytophages), soit au bois (xylophages) ; ce sont pour les premiers essentiellement des chenilles de Lépidoptères, pour les seconds des Coléoptères, en particulier des Scolytides.

La forêt est donc malade des insectes. J'ai eu l'occasion de développer par ailleurs qu'elle est aussi malade des hommes. Les pluies acides menacent de nombreuses forêts mais sous cette dénomination se cachent bien des inconnues. En effet, le dépérissement des forêts attribué à la pollution industrielle (pluies acides) est souvent dû à un manque d'eau (sécheresse pendant plusieurs années successives), voire à des attaques d'insectes.

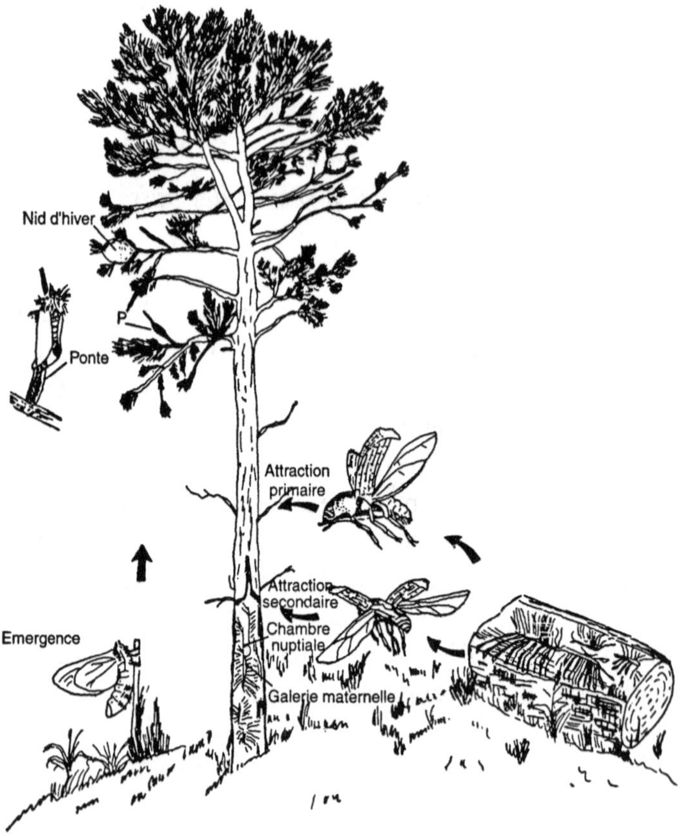

Figure 22. – Les insectes parasites des forêts
(Modifié d'après C. Chararas, 1982.)

Les Coléoptères Scolytides (à droite sur le schéma) quittent l'arbre mort ou abattu pour gagner un arbre souffreteux, ici déjà attaqué par des chenilles processionnaires (à gauche sur le schéma). C'est l'attraction primaire. Ils attireront alors d'autres partenaires : attraction secondaire. Mâles et femelles des Scolytides creusent des galeries (chambres nuptiales, galeries de ponte ou galeries maternelles) qui affaiblissent l'arbre et le rendent attractif pour d'autres insectes. Les Scolytides se nourrissant du bois sont des insectes xylophages, alors que les chenilles processionnaires (Lépidoptères) sont des insectes phytophages se nourrissant des aiguilles de pin. Les adultes (papillons) sortent de terre, étalent leurs ailes, volent à la recherche du partenaire, s'accouplent ; la femelle pond sur les aiguilles de pin. Les chenilles tisseront pour l'hiver un nid ; elles le quitteront en procession pour aller s'enfouir dans le sol où elles se métamorphoseront.

La spongieuse, *Lymantria dispar*[11], est le défoliateur le plus vorace et le plus polyphage, entendez par là qu'elle s'attaque aux feuillus d'espèces différentes. Cette chenille de Lépidoptère mange de préférence des chênes mais aussi d'autres feuillus : hêtres, saules, peupliers... et même des résineux dont le pin lors de fortes pullulations. Cette espèce européenne a été introduite accidentellement aux États-Unis en 1869 dans le Massachusetts et y a causé des dégâts considérables.

Dans les régions où cette espèce est endémique, elle peut être présente pendant plusieurs années avec des populations très faibles, à peine décelables, et puis pulluler brusquement une année ; c'est le cas en France en 1993 où certaines forêts ont été complètement défeuillées. Cette défoliation, même totale, ne tue pas l'arbre mais retarde sa croissance ; souvent il fera une seconde pousse de feuilles en remplacement de celles disparues. Affaibli par des agressions répétées, l'arbre peut être attaqué par d'autres insectes (dont des xylophages), ou victime de maladies.

D'autres Lépidoptères sont plus spécialisés, ne s'attaquant qu'à certaines essences végétales. La chenille processionnaire du pin, comme son nom l'indique, mange les aiguilles du pin, mais elle a ses préférences : pin noir d'Autriche, pin Laricio de Corse, pin sylvestre, pin maritime... cèdre et même mélèze.

Dans le sud-ouest de la France, la plantation par l'homme d'un massif forestier de 1 million d'hectares de pins maritimes, le plus vaste massif forestier planté d'une même essence végétale, crée des conditions optimales pour la pullulation de la chenille processionnaire. D'autant plus que dans ce massif l'homme réalise des aménagements : chemins forestiers, routes, constructions diverses qui facilitent la ponte – c'est une espèce dite de lisière[12] – et donc la prolifération de l'espèce.

La chenille dévore les aiguilles (= feuilles) du pin maritime, ce qui entraîne un affaiblissement de l'arbre et son invasion par d'autres insectes – dont des Coléoptères Scolytides –, voire le développement de maladies cryptogamiques (champignons) pouvant conduire à la mort de l'arbre.

Mais, sans en arriver à cette extrémité, la défoliation entraîne pour l'arbre une perte de croissance et donc un manque à gagner pour le sylviculteur. B. Lemoine, de la station forestière de l'INRA de Bordeaux (à Pierroton), a montré que le retard de production dû aux attaques d'une année nécessite trois ans de récupération avant que l'arbre ne reprenne sa croissance normale. Trois ans perdus ! Quand on sait que les sylviculteurs ont en dix ans, grâce à l'amélioration des techniques culturales, fait doubler la productivité de la forêt landaise (elle est passée de 4,5 à 9 m^3/ha/an), et que la dernière pullulation de processionnaires (1991-1992) a affecté 200 000 hectares de forêt (1/5 du massif), il est facile de calculer le manque à gagner pour les sylviculteurs concernés. Ils devraient organiser la lutte.

À côté des Lépidoptères dont les dégâts sont évidents – des arbres sans feuilles au mois de mai ou juin, ça se remarque ! – les Coléoptères, dont certains sont de toute petite taille, travaillent à la mort de l'arbre dans la profondeur du bois, donc hors de notre vue.

Un coléoptère (*Phoracantha semipunctata*) introduit accidentellement en Tunisie en 1965-1966 a en quatre ans, selon C. Chararas, envahi toutes les plantations d'Eucalyptus et « détruit plusieurs millions d'arbres, créant ainsi un très grave problème pour ce pays ». C'est un Coléoptère d'origine australienne spécifique de l'Eucalyptus. La femelle pond ses œufs par paquets de 20 à 60 dans les anfractuosités de l'écorce (200 à 230 œufs par femelle). Les jeunes larves se nourrissent d'abord de l'écorce puis s'enfoncent dans le bois et s'alimentent activement aux dépens du bois « qui se trouve complètement détérioré et devient techniquement inutilisable ». C. Chararas signale qu'existent des eucalyptus résistant aux attaques de ce Coléoptère par sécrétion importante de sève et de substances phénoliques qui gênent la pénétration des larves dans l'écorce.

Les Scolytides sont sûrement, parmi les Coléoptères, les insectes parasites des forêts les plus destructeurs. C'est ainsi que l'un d'entre eux (*Dendroctonus mexicanus*), au Honduras, a détruit en trois ans 2,5 millions d'hectares sur un total de 7 millions d'hectares de forêt ; le rythme était impressionnant : 162 000 arbres par jour ! En Amérique du Nord, un autre Scolytide a détruit plus de 2 millions d'hectares de sapins de Douglas en une seule année (1954). On estime actuellement à 14 millions de m^3 de bois la perte entraînée par les Scolytides dans les forêts américaines.

La France n'a pas été épargnée et les forêts de pins, en particulier dans le Var, ont été atteintes.

Mais les Scolytides sont aussi les vecteurs de champignons qui ont fait disparaître les ormes. C'est la maladie hollandaise de l'orme[13], ou graphiose de l'orme, qui est apparue en 1917 aux Pays-Bas puis a gagné toute l'Europe, dont la France en 1920, puis les États-Unis en 1930. Les Scolytides introduisent les champignons (genre *Ceratocystis*) dans les galeries qu'ils creusent dans le bois ; les champignons envahissent les vaisseaux qui réagissent en sécrétant des gommes qui les obstruent. La sève ne peut plus circuler entraînant la mort de l'arbre. Ainsi, en Europe et aux États-Unis, des millions d'ormes sont morts, pertes chiffrables à plusieurs milliards de francs.

D'autres insectes peuvent s'attaquer aux arbres des forêts et être vecteurs de parasites, en particulier de champignons : c'est le cas des cochenilles du hêtre (*Cryptococcus fagisuga*) qui, par les minuscules blessures faites à l'écorce par leurs piqûres, facilitent la pénétration d'un champignon microscopique (*genre Nectria*) qui entraîne un déclin progressif de l'arbre et même parfois la mort. Les hêtres français, allemands, anglais et américains (Amérique du Nord) sont victimes de cette maladie et d'autant plus atteints qu'ils sont hors de leur aire géographique naturelle. Dure leçon de sylviculture !

Des insectes mangent nos maisons

Si les arbres sur pied sont victimes des insectes, il en est de même des arbres abattus et stockés. Avant même d'être transformés, ils sont attaqués par d'autres insectes. L'hiver 1985, très rigoureux, détruisit 50 000 hectares de forêt landaise. Les arbres furent abattus et stockés en grande quantité dans la forêt. Ils furent envahis par des Ips[14] qui, de ces gîtes, n'avaient plus qu'à attaquer les arbres sains de la forêt voisine. Il faut donc, aussitôt après l'abattage, sortir les arbres de la forêt (débardage), les mettre en pile et les traiter aux insecticides !

Mais les arbres exploités, et qui deviendront les éléments de nos constructions, ne sont pas à l'abri d'attaques d'autres insectes.

Le plus redoutable est le termite de Saintonge détecté en France, à La Rochelle, dès 1422. Il est aidé par le termite lucifuge, le plus répandu en France, actuellement. Ils contaminent, au sud de la Loire, les régions de la côte atlantique, surtout le bassin de la Garonne et le pourtour méditerranéen.

Des Coléoptères attaquent aussi les charpentes, les planchers et même les meubles. En France, les plus connus – et combattus – sont le capricorne, le lyctus et la vrillette (grosse ou petite). Cette dernière fait des trous dans nos meubles. S'ils sont neufs, c'est que les bois n'ont pas été traités. Si ce sont des meubles anciens, ces trous en font tout le charme ! D'ailleurs, le menuisier du XXe siècle fabrique des meubles anciens et, à votre convenance, il les perfore en tirant des coups de fusil ! L'homme est vraiment incorrigible !

Les pucerons, insectes vecteurs de maladies des plantes

Nous avons vu précédemment que l'orme, le hêtre étaient victimes de maladies cryptogamiques. Mais les insectes peuvent aussi véhiculer des bactéries et des virus. Les viroses végétales sont les maladies épidémiques les plus graves des cultures. Elles sont généralement transmises par des insectes piqueurs et suceurs de sève : cicadelles et pucerons.

Les pucerons à eux seuls servent de vecteurs pour un tiers des maladies virales végétales. C'est dire l'importance de ce groupe d'insectes de petite taille (les Aphidiens ou Aphididae), que les spécialistes, les aphidologues, ont bien du mal à recenser ; 3 000 espèces étaient connues en 1951. Ils ont un certain nombre de caractéristiques, dont quelques-unes ont été signalées dans la première partie de cet ouvrage, et qu'il faut rappeler rapidement car importantes pour la compréhension de leur rôle de vecteur de maladie.

Les aphidologues reconnaissent quatre caractéristiques essentielles :

– l'alternance des modes de reproduction : parthénogenèse et reproduction sexuée ;

– l'alternance d'hôtes : en règle générale il existe deux types d'hôtes. À l'automne les formes sexuées colonisent une plante ligneuse (arbre) : c'est l'hôte primaire sur lequel naît la première génération de printemps. Puis des formes ailées s'en échappent et vont gagner des plantes herbacées, hôtes secondaires souvent très variés. Après plusieurs générations parthénogénétiques sur l'hôte secondaire, à l'automne, les formes ailées vont regagner l'hôte primaire pour assurer la reproduction sexuée ;

– le polymorphisme des générations : existence de formes aptères (sans ailes) et de formes ailées assurant la dissémination de l'espèce. J'ai eu l'occasion de vous dire que les pucerons (*Apis fabae*) des fèves françaises, dont l'hôte primaire est le fusain vivant en été sur une multitude de plantes herbacées, dont les fèves même anglaises (hôtes secondaires) : la forme ailée étant transportée avec le plancton aérien jusqu'en Angleterre ;

– la variabilité des cycles en fonction des conditions écologiques ; ainsi, alors que, aux États-Unis dont il est originaire, le phylloxéra de la vigne – déjà cité – alterne les modes de reproduction et d'hôtes, en Europe il n'est connu que sous la forme parthénogénétique radicicole (des racines).

En fait, étant donné leur grand nombre d'espèces et leur adaptabilité, les pucerons présentent, par rapport à ces quatre caractéristiques toutes les exceptions possibles. Il n'est pas dans mon intention de développer ici cette diversité qui fait l'objet d'études savantes de la part des aphidologues, mais plutôt de vous montrer que ces pucerons sont une calamité pour les cultures.

Revenons un instant sur le puceron de la fève. Il est exploité, on dit même élevé, par les fourmis qui se délectent d'un miellat qui suinte au bout de leur abdomen. De ce fait, le puceron est obligé d'absorber sans arrêt de la sève pour produire ce miellat dont se nourrissent les fourmis. Cette active alimentation assure une croissance plus rapide et donc une multiplication plus intense. Cette symbiose entre pucerons et fourmis entraîne une augmentation des dégâts aux cultures : on a montré que, dans un champ de fèves où l'on éloigne constamment les fourmis la récolte est double de celle d'un champ de même surface où l'association fourmis-pucerons est fonctionnelle.

Mais le pompage de sève n'est pas le seul dommage que causent les pucerons aux plantes. Le puceron vert du pêcher (*Myzodes persicae*) a pour hôte primaire le pêcher et de nombreux hôtes secondaires parmi lesquels des espèces utiles. Or, ce puceron est vecteur de virus qui sont responsables par exemple de la maladie dégénératrice de la pomme de terre ou du jaunissement de la betterave. Beaucoup de ces maladies sont mal identifiées et on les désigne sous le nom de « dépérissement », « flétrissure », « pourrissement », « jaunissement », etc.

Autres exemples de maladies dues aux virus : la pourriture du riz, le flétrissement du fraisier, la mosaïque du tabac, la maladie de Fidji de la canne à sucre, le swollen shot du cacaoyer, etc.

Difficile de lutter contre les virus, sauf en sélectionnant des espèces cultivées résistantes, ce qui semble réalisé dans quelques cas. Les recherches se poursuivent car ces viroses, dispersées par les pucerons et d'autres insectes, sont des maladies insidieuses dont le coût économique est considérable.

Le sous-ordre des Aphidiens, les familles des Aphididés (Pucerons), des Phylloxéridés (Phylloxéras) et celui des Coccides (cochenilles ou pucerons à carapace) comprennent de très nombreuses espèces suceuses de sève des espèces cultivées. Citons les cochenilles qui nuisent aux vergers, dont le célèbre « pou de San José » (*Quatraspidiotus perniciosus*) venu de Chine. Il est apparu d'abord en Californie d'où il s'est répandu dans le monde entier comme une espèce nuisible aux vergers.

C'est à une autre cochenille venue d'Australie, la cochenille de l'oranger (*Icerya purchasi*) et à son envahissement des plantations de citronniers en Californie, que l'on doit la mise en œuvre des méthodes de lutte biologique.

Les insectes sans frontières envahisseurs des cultures

À côté des insectes introduits accidentellement, à l'occasion d'échanges commerciaux de leur plante-hôte, et qui connaissent un succès retentissant, existent des insectes qui, par eux-mêmes et souvent aidés par les courants aériens, s'affranchissent des frontières. Ils vont d'un pays à l'autre, en fait à la recherche de leur nourriture, détruisant tout sur leur passage.

Sauterelles et criquets sont des fléaux dont témoigne déjà l'Ancien Testament et qui sont toujours d'actualité. C'est sur le continent africain que sévissent les criquets qui appartiennent aux genres *Locusta* (dont le criquet migrateur : *Locusta migratoria*) et *Schistocerca* (dont le criquet pèlerin : *Schistocerca gregaria*). Les populations des pays en voie de développement sont souvent impuissantes face à ces milliards d'insectes volants[15] : un essaim de criquets migrateurs de 250 km de longueur et 20 km de largeur envahit le Sud marocain en 1955. Quelques années plus tard, dans la même région, une nouvelle invasion détruisit tous les orangers : en cinq jours les criquets dévorèrent 5 000 tonnes d'oranges (soit 60 000 kg à l'heure), quantité supérieure aux besoins annuels de la France !

Ils sont capables de venir jusqu'en Europe où pourtant les conditions climatiques ne leur sont pas favorables : on les signale jusqu'en Russie. Ils font certes des dégâts dans les cultures mais aussi sont une gêne pour la circulation : routes et voies ferrées devenues impraticables, car glissantes du fait des insectes écrasés. Ils meurent en grand nombre et rendent l'eau impropre à la consommation...

Pas étonnant qu'avec ces insectes sans frontière, seule une organisation internationale de lutte puisse avoir une certaine efficacité : il faut être capable de suivre et donc de prévoir leur déplacement, afin de parer à toute éventualité. Malgré des moyens de communication de plus en plus performants, beaucoup de pays sont encore victimes de ces envahisseurs.

Les insectes menacent nos élevages et nos productions animales

Si la grande majorité des insectes sont phytophages et, par conséquent, utilisent nos productions végétales, d'autres insectes piqueurs transmettent des maladies aux animaux de nos élevages, d'autres encore pondent leurs œufs (ou leurs larves) dans nos animaux domestiques ou dans nos denrées animales. Ils limitent, en particulier dans les pays en voie de développement, les élevages d'animaux domestiques : l'apport protéique en sera ainsi fortement diminué.

Parmi les insectes piqueurs, je prendrai quelques exemples concernant des continents, ainsi que des élevages différents : les mouches dont les mouches tsé-tsé, les poux, et les moustiques.

Les mouches tsé-tsé (ou glossines) vivent uniquement en Afrique où elles colonisent un tiers du continent, soit 10 millions de km² de forêts denses et de savanes humides. Elles sont vectrices de protistes, les trypanosomes[16], responsables de trypanosomiases humaines (la maladie du sommeil) et de trypanosomiases animales (le Nagana). Les mammifères sauvages (antilopes, buffles, phacochères...) plus ou moins résistants sont des réservoirs à trypanosomes. Les mammifères domestiques sont les victimes toutes désignées.

Or, l'Afrique est une importante zone d'élevage de bovins : ils sont estimés à 160 millions de têtes. Ils sont inégalement répartis. Les plus nombreux occupent 8 millions de km² des zones sahélo-soudaniennes couvertes de steppes et de savanes sèches plus ou moins boisées. 12 millions de km² sont des déserts ou des régions semi-désertiques impropres à l'élevage. Les 10 millions restants sont occupés par des forêts denses et des savanes humides (7 millions d'hectares) où sévissent les mouches tsé-tsé. « On peut donc estimer à 7 millions de km² les zones où, malgré la présence de pâturages de bonne qualité et d'eau en abondance, le bétail est pratiquement absent du fait de l'existence de ces mouches et des trypanosomes qu'elles lui transmettent[17]. »

Et pourtant, qu'a fait l'homme dans certaines de ces régions ? Il a, parce qu'il mange chaud, détruit les galeries forestières afin de trouver le bois nécessaire à la cuisson de ses aliments[18]. En même temps, il a développé l'élevage des bovins. Les mouches tsé-tsé, faute de Mammifères sauvages chassés par la destruction de leur abri naturel (galerie forestière) se sont donc attaquées aux bovins qui ont développé des trypanomiases parce qu'ils sont non résistants. Ces maladies limitent considérablement l'élevage des bovins dans ces régions africaines (ex. : le Cameroun).

Les poux des animaux sont des parasites externes (ectoparasites) qui vivent dans le plumage ou dans la fourrure des animaux à sang chaud. Ils ne peuvent vivre longtemps hors de ces milieux auxquels ils sont morphologiquement, anatomiquement et physiologiquement bien adaptés. Ils se nourrissent, selon les espèces, des débris de plumes ou de poils, et bien sûr de sang qu'ils prélèvent sur leur hôte.

Il existe une très grande spécificité. Par exemple, le pou du coucou est différent de celui des passereaux, oiseaux dans le nid desquels le coucou pond son œuf. Les parents passereaux donneront leurs poux aux jeunes passereaux mais pas au coucou qu'ils élèvent à la place de leurs petits quand leur nid a été parasité par lui.

Du fait de cette spécificité, les poux des espèces domestiques ne peuvent vivre sur l'homme et donc nuire à sa santé. Ils représentent par contre un fléau dans les élevages de poules et de pigeons, par exemple.

Les poules, à elles seules, peuvent être parasitées par sept espèces de poux. Les jeunes poules peuvent être tuées par une attaque massive de poux. Par contre si les adultes résistent mieux que les jeunes, on a montré que les poules épouillées ont une capacité de ponte qui dépasse de 11 % celle des poules non épouillées : sachant que les poules pondeuses produisent en France 15 milliards d'œufs par an, il est facile de calculer le manque à gagner que représentent les poux dans les élevages[19].

Il en est de même pour les pigeons domestiques dans le plumage desquels vivent quatre espèces de poux.

Nous n'avons évoqué là que le cas des poux qui appartiennent au sous-ordre des Mallophages. Les poux proprement dits, du sous-ordre des Anoploures, sont encore mieux adaptés à la vie parasitaire. Ectoparasites, ils sont inféodés souvent à une seule espèce : pou de la chèvre, pou du mouton… et bien sûr pou de l'homme, vecteur, dans notre espèce, de germes pathogènes.

Les Diptères (insectes à deux ailes) sont, avec les moustiques et les mouches, les insectes piqueurs-suceurs les plus dangereux pour nos animaux domestiques : ils peuvent tuer directement ou par l'entremise d'agents pathogènes qu'ils véhiculent.

Les simulies, qui ressemblent à de petites mouches (ce sont en fait des moustiques), ont fait des dégâts considérables par leur piqûre venimeuse et leur prélèvement de sang. Ainsi, en 1923, en Roumanie, les simulies tuèrent « 17 474 chevaux, ânes, bœufs, buffles, moutons, chèvres et porcs ». En 1934, en Yougoslavie, les pertes furent de 11 901 de ces animaux domestiques (d'après Baranoff)[20].

La lucilie bouchère est une mouche avide de sang, endémique en Amérique tropicale et subtropicale, où elle cause des dégâts considérables dans les élevages de bovins (dommages estimés au Texas en 1976 à 300 millions de dollars[21]). Cette mouche a failli récemment (1988), sur le continent africain, en Libye, décimer les troupeaux. L'envoi par les Américains de mâles stériles a permis d'en venir à bout.

On doit aussi aux moustiques la transmission de la myxomatose, maladie volontairement déclenchée par l'homme pour réduire l'invasion des lapins sauvages en Australie, qui constituaient un fléau pour l'agriculture. Cette maladie apparaît en France dans les élevages de lapins en 1952, due à un virus. Elle peut se transmettre soit directement, soit par la piqûre du moustique. Ces lapins infectés deviennent rapidement aveugles et meurent en quelques jours. C'est l'hécatombe dans les clapiers français ; pour y mettre fin, l'Institut Pasteur a mis au point un vaccin. Ainsi, les Australiens propagent une maladie que les Français n'ont plus qu'à prévenir ou guérir ! Le comble c'est que les lapins sauvages australiens sont devenus depuis résistants à ce virus.

Une autre intervention néfaste des moustiques, vecteurs de maladies, mérite d'être contée car elle permet d'expliquer la disparition d'oiseaux sauvages à partir de maladies de volailles domestiques. En 1778, Cook découvre les îles Hawaii où les Hawaiiens fabriquent des parures multicolores avec des plumes d'oiseaux ; il s'agit d'une vingtaine d'espèces de passereaux (famille des Drépanides). Cook introduit dans l'île des volailles venant d'Europe : poules, pintades, etc. Or, quelques années plus tard, vers 1830, les Drépanides disparurent et les ornithologues les recherchèrent en vain. Comment expliquer leur disparition ? On le sait maintenant. En 1826, un bateau de passage aux îles vient y vider ses restes d'eau, vase et eau croupie. Or, cette eau croupie contient des larves de moustiques européens (genre *Culex*). Les moustiques se trouvent ainsi introduits accidentellement dans les îles. Ils vont piquer les volailles européennes porteuses de maladies et en assurer la transmission aux volailles mais aussi aux Drépanides non résistants à ces maladies qui vont être ainsi entièrement exterminés. Avec cet exemple se trouve confirmé le danger que l'on fait courir aux espèces animales indigènes par l'introduction volontaire (ici les volailles) ou involontaire (les moustiques) d'espèces étrangères.

Mais non contents de piquer les insectes pondent leurs œufs ou leurs larves dans les animaux domestiques ou sauvages. C'est ainsi que l'œstre du mouton, une mouche (*Oestrus ovis*) dont les œufs se développent dans l'utérus maternel, dépose ses larves (elle accouche) dans les narines du mouton. Elles se développent dans les sinus frontaux, provoquant des vertiges et souvent la mort de l'animal.

Quand les mouches tournent autour d'un troupeau, pour pondre, leur approche provoque la panique et la fuite éperdue pouvant entraîner des accidents (chutes) parfois mortels.

Les moutons ne sont pas les seules victimes des mouches. D'autres espèces de la même famille (Œstridés) parasitent les chevaux, les cerfs, les chameaux, les éléphants…

Des mouches (Diptères) voisines des Œstridés et appelées les hypodermes des Bovidés pondent leurs œufs sur les pattes de ces Mammifères. Il en sort des larves qui pénètrent sous la peau puis migrent le long des nerfs des pattes jusqu'à la moelle épinière. Elles y cheminent et finalement sortent entre deux vertèbres pour aller s'installer sous la peau. Chaque larve perfore cette peau d'un orifice pour respirer. Il se forme à son niveau une « myiase » qui contient du pus et de la lymphe dont s'alimente la larve. À la fin de son développement la larve agrandit le trou, tombe sur le sol et se nymphose. Les myiases produisent des cicatrices qui rendent les peaux inexploitables ou qui en diminuent considérablement la valeur. L'hypoderme du renne, dans les régions du nord de l'Europe, constitue un vrai fléau pour les éleveurs.

Mais les insectes pondent aussi dans les denrées d'origine animale : fromages, viandes... Je suis toujours effaré du nombre de mouches qui volent autour des étals des marchés africains. J. Lhoste[22] indique qu'au Mali 40 % du poisson d'eau douce pêché sont perdus lors du stockage (poissons séchés) et du transport, du fait des insectes. Sur 120 000 tonnes de poissons séchés, 50 000 tonnes sont livrées aux insectes, 70 000 aux hommes : 1/3 pour les Maliens, 2/3 sont exportés au Ghana, en Guinée et en Côte d'Ivoire.

Enfin, en Europe, nos animaux domestiques sont aussi victimes des poils urticants des chenilles processionnaires du pin ou du chêne et des chenilles du Bombyx « cul brun ». Les chiens, de chasse ou non, les moutons parcourant la Lande, les porcs brassant le sol avec leur truffe présentent des atteintes du museau, voire de la langue, qui peut se nécroser ce qui nécessite d'abattre l'animal incapable de s'alimenter.

On m'a signalé des chevaux morts vraisemblablement après avoir absorbé, avec leur alimentation, des poils urticants de chenilles processionnaires. Ils vivaient en liberté sous les pins et furent victimes de troubles du transit digestif, sorte d'occlusion, dont on peut penser qu'elle fut provoquée par les poils urticants et la décharge d'histamine[23] qu'ils induisent.

L'insecte est bien l'ennemi n° 1 des productions végétales et animales de l'homme et, en particulier, de ses productions alimentaires. Les pertes sont considérables et le coût économique doit être augmenté des dépenses engagées pour lutter contre ces insectes. Il faut aussi avoir présent à l'esprit, en particulier pour l'alimentation des populations humaines des pays en voie de développement, que la moitié des produits cultivés et consommés par le paysan servent en fait à nourrir ses parasites. Nous allons voir que beaucoup de maladies parasitaires de l'homme ont aussi, comme vecteur, l'insecte.

11

Les insectes qui tuent l'homme

L'histoire de l'homme, histoire récente par rapport à celle des insectes, est jalonnée d'épidémies, de maladies pour lesquelles il fut parfois long et difficile de démontrer que le vecteur, voire le responsable, était l'insecte.

C'est chose faite maintenant et la liste n'est peut-être pas close. Le SIDA, dernière en date des épidémies dévastatrices de l'espèce humaine, dû à un virus, doit-il sa transmission à un insecte ? On a d'abord incriminé les moustiques. Puis on les a disculpés. Mais la réponse est-elle définitive ?

La liste est suffisamment longue pour ne retenir que les espèces officiellement reconnues comme responsables de maladies bien identifiées, maladies véhiculées par l'insecte-vecteur et dont le responsable est un virus, une bactérie, un protozoaire, un ver… ou maladies produites par l'insecte lui-même parce qu'il pique ou (et) produit des substances toxiques qui, dans l'environnement de l'homme, déclenchent des urtications, voire des allergies parfois mortelles.

La puce et la peste

L'histoire de l'humanité a été marquée par de grandes épidémies qui ont tué des millions d'êtres humains. La plus célèbre d'entre elles, car la plus meurtrière, est sûrement la peste.

Ph. Gorny[1] en conte l'histoire du XIVe au XIXe siècle où l'on comprend enfin comment est assurée, par un insecte piqueur, la puce, la contagion d'une bactérie, le bacille de Yersin.

Au XIVe siècle les Génois, grands commerçants et navigateurs, vont des bords de la mer Noire (comptoir de Caffa) introduire la peste à Constantinople, puis en Sicile, puis à Gênes, enfin à Marseille. La peste s'installe alors en Europe en trois ans : 1347-1350.

Elle est suivie d'autres épidémies de peste de moindre importance, puis semble avoir disparu de la surface de la terre. Pour quelles raisons ?

Jusqu'à la fin du XIXe siècle la mise en quarantaine fut le seul remède contre cette maladie dont on ne connaissait pas le responsable. Celui-ci fut isolé par Yersin[2] en 1894, lors de la peste du Tonkin. Le bacille qu'il isole d'un cadavre pesteux et qui porte maintenant son nom, bacille de Yersin, fut retrouvé dans des cadavres de rats, eux aussi décimés par la peste. Du rat à l'homme, le vecteur du bacille fut trouvé par Simond : il s'agit de la puce.

Rats et puces assurèrent donc le succès de ces épidémies de peste qui firent autant de victimes que les guerres pendant des siècles.

Les puces ne transmettent pas que la peste. Elles sont vectrices selon les espèces par leurs piqûres d'autres bactéries, de rickettsies et de virus responsables de maladies. Citons parmi les maladies bactériennes : tularémie, brucellose, salmonellose... ; parmi les rickettsioses : typhus murin, fièvre boutonneuse... Seul le virus de la myxomatose du lapin et du lièvre est transmis (transmission mécanique) par la puce, les vecteurs habituels étant les moustiques.

Nous verrons ultérieurement que la puce de l'homme, *Pulex irritans*, par sa piqûre, sa salive anticoagulante, peut altérer notre peau. Nous pouvons aussi être victimes des piqûres de puces du chien, du chat, du rat ou des oiseaux domestiques.

Actuellement, rats et puces sont limités par la dératisation et les insecticides. De plus, nous disposons d'un vaccin et d'antibiotiques efficaces comme le bacille de Yersin. Mais celui-ci n'a sûrement pas totalement disparu ; une épidémie vient de se déclarer en Inde (septembre-octobre 1994).

Les moustiques et le paludisme

Si la peste a marqué l'histoire de l'humanité, le paludisme aujourd'hui constitue la plus importante endémie parasitaire. Il affecte un cinquième de la population du globe, soit un milliard d'êtres humains, répartis dans cent pays, principalement les pays en voie de développement. Il tue un à deux millions de personnes par an (1,5 million est un chiffre couramment cité) ce qui en fait le fléau numéro 1 de l'humanité d'autant – et nous allons en expliquer les raisons – qu'il est toujours invaincu[3].

Trois éléments sont à prendre en considération : l'homme, l'eau et le moustique.

L'homme est atteint de paludisme lorsque son organisme est parasité par des Protozoaires du genre *Plasmodium*. Quatre espèces parasitent l'homme : *Pl. ovale, Pl. malariae, Pl. vivax* et *Pl. falciparum*. Cette dernière espèce est responsable de 95 % des cas de mortalité. La maladie se manifeste chez l'homme par des accès de fièvre, les fièvres palustres, dues à l'éclatement des globules rouges (érythrocytes) qui contenaient le protozoaire en cours de multiplication asexuée (les sporozoïtes). L'éclatement et donc l'accès de fièvre se produisent avec une très grande régularité : fièvre tierce (un accès toutes les 48 heures : *Pl. falcipa-*

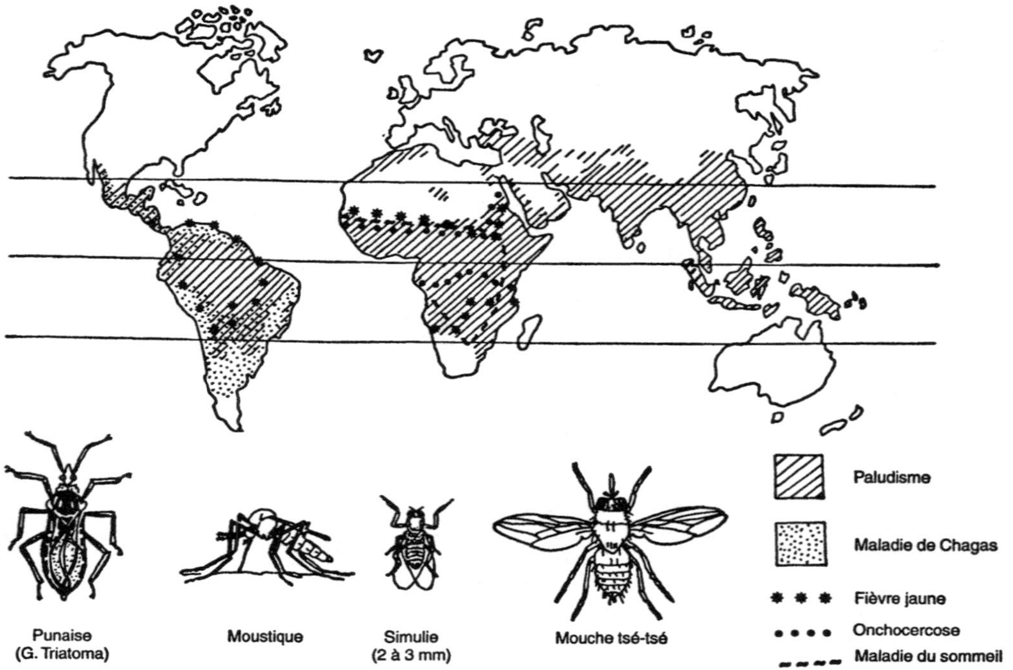

Figure 23. – Distribution géographique et limites des grandes endémies transmises par des insectes vecteurs (D'après l'OMS.)

rum), fièvre quarte (un accès toutes les 72 heures : *Pl. malariae*).

Le paludisme, ou malaria, ou fièvre des marais, est lié à l'eau. Hippocrate fit la relation entre l'existence des marais, la fièvre et un signe chronique : l'augmentation de la rate. On sait maintenant que cette dernière observation est à mettre en relation avec la destruction des globules rouges. Longtemps, on crut que la maladie était due à des miasmes (*male aria* : mauvais air) émanant des marais, avant qu'A. Lavrant, en 1880, ne découvre dans le sang de l'homme le protozoaire responsable. Et pourtant la liaison à l'eau existe par le biais du troisième élément intervenant dans le paludisme : le moustique.

Les moustiques abondent dans les régions marécageuses, les larves et les nymphes faisant leur développement dans l'eau. Ce sont donc des espèces qui colonisent successivement deux biotopes : l'eau et l'air. C'est en 1897 que R. Ross découvrit dans le moustique le *Plasmodium* et établit le cycle de ce parasite dans l'organisme de l'insecte. Celui-ci est donc le vecteur de la maladie : c'est à l'occasion d'une piqûre de moustique que l'homme contracte le paludisme[4].

Or, si l'on a décrit plus de 3 000 espèces de moustiques, 100 sont réellement dangereuses pour l'homme. Quelques maladies ne sont transmises à l'homme que par la piqûre de certaines espèces. Ainsi, le paludisme est transmis uniquement par des moustiques appartenant au genre *Anopheles*, mais toutes les espèces ne sont pas vectrices et les vecteurs diffèrent d'un pays à l'autre. *Anopheles gambiae* et *A. funestus* sont les principaux vecteurs de l'Afrique tropicale, *A. minimus* sévissant à Taiwan et aux Philippines.

Seules les femelles font un repas de sang – nous avons indiqué qu'il était indispensable à la maturation des ovules – et se contaminent si elles piquent un homme atteint de paludisme[5]. Le sang contient l'agent pathogène, le *Plasmodium*, en particulier des stades gamétocytes qui achèveront la reproduction sexuée, formation des zygotes : les ookinètes, dans le tube digestif de l'insecte. Ils traverseront le tube digestif et iront coloniser les glandes salivaires : ils sont alors sous forme de sporozoïtes infestants. C'est en piquant un individu sain et en lui inoculant la salive infestée de sporozoïtes que le moustique assure la transmission du paludisme. Mais il n'est pas que vecteur, il est aussi un hôte intermédiaire indispensable à la reproduction sexuée du protozoaire.

Toutefois, l'homme peut contracter le paludisme par transfusion sanguine, par voie transplacentaire (mère-enfant) et (ou) par l'intermédiaire de piqûres effectuées avec des aiguilles souillées par du sang d'hommes impaludés (atteints par le paludisme)[6].

Le cycle parasitaire homme-insecte est donc bien connu, ainsi que chez l'homme l'évolution du paludisme. Les sporozoïtes infestants gagnent d'abord le foie où ils subissent une première reproduction asexuée : un sporozoïte peut en produire jusqu'à 40 000. Déversés dans le sang ils vont alors pénétrer dans les globules rouges où ils subiront une deuxième multiplication asexuée aboutissant à l'éclatement synchrone de très nombreux globules rouges. Cette destruction entraîne la fièvre et l'anémie. La libération des pigments et autres substances déclenche des phénomènes immunitaires et induit des perturbations métaboliques aboutissant à des lésions viscérales et à la mort. Cette dernière n'est pas inéluctable.

En Afrique, par exemple, on distingue classiquement trois classes d'âge répondant différemment aux atteintes du paludisme :

– 0 à 5 ans : 50 % des enfants meurent, dont 50 % du paludisme ;

– 5 à 15-20 ans : ils sont atteints du paludisme mais n'en meurent pas ;

– au-delà de 20 ans : une défense (immunité) s'est développée et la charge parasitaire est faible.

Ce sont donc les jeunes enfants, les femmes enceintes et les populations migratoires dont les défenses immunitaires sont affaiblies ou insuffisantes qui paient le plus lourd tribut…

Et pourtant, malgré nos connaissances, le paludisme est toujours invaincu et même actuellement (depuis 1970) en recrudescence dans les pays en voie de développement.

Il faut dire que deux espoirs ont été déçus, bien qu'ils aient permis de sauver des milliers de vies humaines ; il s'agit de la quinine et du DDT.

Très tôt, au Pérou, un traitement du paludisme est obtenu grâce à l'écorce du quinquina. La quinine est découverte par Pelletier et Caventou (1820) ; elle a une grande spécificité vis-à-vis du paludisme dont elle tue le *Plasmodium*. Elle a beaucoup d'autres vertus, aussi disait-on : « Le quinquina a fait pour la médecine ce que la poudre a fait pour la guerre[7]. » On a donc utilisé de la quinine pendant des dizaines d'années contre le *Plasmodium*, le résultat est que celui-ci est devenu résistant à ce médicament miracle. Il reste donc à l'homme de l'art à chercher de nouvelles molécules, ce à quoi il s'emploie activement : l'artiminicine, extrait d'une plante de la famille de l'absinthe, sera peut-être le prochain médicament. Il est chinois et testé actuellement au Viêt-nam et au Cambodge.

Avec la découverte des propriétés insecticides du DDT (P. Muller, 1939) et sa production en grande quantité à partir de 1940-1945, l'OMS envisagea de vaincre le paludisme, en détruisant les moustiques vecteurs. C'était sans conteste une bonne idée, mais c'était mal connaître l'insecte et sa biologie. D'abord aquatique avant de devenir aérien, le moustique n'est traité jusqu'en 1960 par le DDT que pour sa forme aérienne, adulte piqueur, ce qui n'est pas si mal, mais pas suffisant. Et puis, là encore, ce qui devait arriver arriva : à trop utiliser un insecticide, les insectes développent de la résistance. Les moustiques sont devenus résistants au DDT, puis à d'autres insecticides employés et donc se multiplient activement.

Résistance du *Plasmodium* et résistance des moustiques aux insecticides ne suffisent pas à elles seules à expliquer la recrudescence mondiale du paludisme. Dans la plupart des pays concernés – et c'est le cas en particulier de l'Afrique, le continent le plus touché – les conditions socio-économiques ont changé suite à la décolonisation. De ce fait, on a pu assister à une déstructuration du système sanitaire et de l'organisation de la lutte anti-moustiques : soins aux malades et destruction des insectes non assurés de manière systématique. Le manque d'argent et (ou) les conflits ethniques (guerres) ont accentué cette inorganisation favorisant le paludisme dans des pays où la malnutrition sévit[8].

Le paludisme progresse donc dans le monde de manière inquiétante. Pourtant toutes les populations ne sont pas également atteintes, soit parce qu'elles ne sont pas dans l'aire géographique concernée – le moustique vecteur a des contraintes écologiques précises –, soit parce qu'elles ont développé des défenses immunitaires qui les rendent plus ou moins résistantes au paludisme. Ainsi, dans les années 1950, on s'est aperçu que les porteurs sains du gène de la drépanocytose[9] en Afrique résistent exceptionnellement bien au paludisme[10]. Comme l'avantage de résister au paludisme est supérieur au handicap de la mortalité par la drépanocytose, alors « la sélection naturelle a préservé le gène de la drépanocytose chez les Africains, au lieu de l'éliminer ». On vient récemment (1991) de découvrir deux gènes du complexe majeur d'histocompatibilité (CMH) qui protègent les hommes du paludisme. « Le gène de la drépanocytose prévient 12 pour cent des cas graves de paludisme en Afrique, alors que les gènes du CMH en préviennent 15 pour cent. »

Les parasitologues qui s'intéressent à la coévolution entre le paludisme et l'homme estiment que *Plasmodium falciparum* qui est à l'origine de 95 % des décès provient des oiseaux et que « l'homme, infesté par le parasite *Pl. falciparum* des oiseaux depuis moins de 10 000 ans, n'aurait pas eu le temps d'acquérir une immunité efficace ».

Ces considérations fort intéressantes mais inquiétantes sur les problèmes immunitaires nous amènent à parler des recherches actuelles en vue d'obtenir un « vaccin antipaludisme », recherches divulguées par l'OMS avant leur publication[11]. D'après ces informations, le Colombien Patarroyo testerait un vaccin, le SPf66, en Tanzanie, vaccin déjà testé en Colombie, et qui pourrait, si les résultats sont concluants, être utilisé en 1998. Il s'agit d'un vaccin préparé à partir des protéines de membranes des *Plasmodium* des globules rouges. L'équipe française du Pr Gentilini essaie d'obtenir un vaccin à partir des protozoaires intrahépatiques.

Si cette nouvelle voie de recherche semble prometteuse pour l'OMS, bien qu'immunité et paludisme ne semblent pas aller de pair, il ne faut pas oublier qu'actuellement, faute de vaccin, faute de médicament, faute d'insecticides efficaces contre les moustiques, on est en « état de désespérance ».

Moustiques, fièvre jaune et autres maladies virales[12]

Les moustiques, toujours parce qu'ils piquent et absorbent du sang, assurent la transmission de nombreux virus. Ils sont vecteurs de la fièvre jaune, de la dengue et d'encéphalites.

La fièvre jaune est transmise en ville, d'homme à homme, par un moustique urbain connu du genre *Aedes*: *A. aegypti*. La dengue est également transmise par des moustiques du genre *Aedes* alors que les encéphalites (extrêmement nombreuses et variées) le sont par des moustiques du genre *Culex* ou *Aedes* selon les cas.

La fièvre jaune reste préoccupante. Elle fait encore des milliers de morts en Afrique (en Éthiopie, de 1960 à 1962, une épidémie de fièvre jaune toucha 300 000 personnes et fit 30 000 morts)[13] et en Amérique équatoriale. Cependant elle est maîtrisée (ou maîtrisable) grâce à un vaccin efficace. Il n'en fut pas toujours ainsi et, sous la IIIe République, le plus gros scandale financier est lié aux moustiques et à la fièvre jaune. Ferdinand de Lesseps, après avoir réalisé le canal de Suez, reliant la mer Rouge et la mer Méditerranée, imagina de relier la mer des Caraïbes à l'océan Pacifique. Le canal de Panama, qu'il commença en 1881, ne fut achevé qu'en

1914 par les Américains. L'échec de F. de Lesseps est certes lié à la conception du canal qu'il imaginait – au niveau de la mer – mais surtout aux moustiques qui sévissaient dans la région et qui, en inoculant le virus de la fièvre jaune, décimèrent les contingents d'ouvriers amenés de France pour cette œuvre colossale.

En 1903, l'Américain J. Stephens choisit le parti de faire un canal surélevé – au niveau des collines, grâce à six écluses, deux barrages avec lacs de retenue – et réussit parce qu'il entreprit au préalable une démoustication de la région. Du pétrole fut épandu sur lacs, étangs et divers gîtes à moustiques ce qui certes n'est guère écologique – on était au début du XXe siècle et l'écologie n'était pas encore à la mode – mais fut efficace et permit à J. Stephens de réussir là où F. de Lesseps avait échoué, en ayant d'abord eu raison des moustiques !

L'histoire de l'homme est souvent une histoire d'eau ; l'histoire de l'eau est toujours une histoire de moustiques et des maladies qu'ils transmettent ! L'histoire du canal de Panama est exemplaire à cet égard : elle devrait nous servir de leçon. Mais l'homme n'apprécie pas de recevoir des leçons ; encore moins quand elles viennent de la nature et, en particulier, des insectes.

Et pourtant, les études actuelles nous montrent qu'il est difficile, dans certaines régions, d'échapper aux insectes et à leurs méfaits. Ainsi, les encéphalites sont liées aux moustiques et l'on peut mettre en relation la dynamique d'une population de moustiques et les cas d'encéphalite japonaise humaine. La relation est scientifiquement démontrée !

Par contre, il est difficile de prouver la provenance du virus. Dans le cas de la fièvre jaune de l'homme, le virus amaril est originaire des populations de singes (colobes, cercopithèques...) qui peuplent la canopée forestière : singes et moustiques assurant la pérennité et la multiplication du virus. Lorsque les singes se rapprochent des habitations humaines, le virus passe du singe à l'homme, toujours grâce aux moustiques, puis de l'homme à l'homme, du village à la ville (cycle urbain) grâce au moustique dit domestique, *Aedes aegypti*, tellement sa présence est liée à

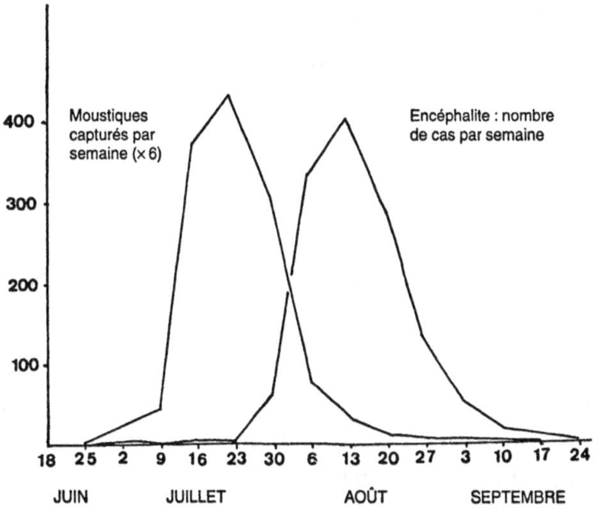

Figure 24. – Relation entre les populations de moustiques vecteurs et les cas d'encéphalite japonaise

Le décalage entre les deux courbes correspond au temps d'incubation de l'encéphalite (de l'introduction du virus pathogène dans l'homme à la manifestation clinique des symptômes).
(D'après Barnett modifié par R.F. Harwood et M.T. James, *Entomology in human and animals health*, Mac Millan Publ. Co. Inc., 1979.)

l'homme et toujours à l'eau : stockage volontaire de l'eau dans des récipients destinés à cet effet, stockage involontaire dans des récipients et objets abandonnés (bidons, pneus...).

Les virus des encéphalites peuvent être hébergés et transportés par des oiseaux sauvages. Ils sont transmis à l'homme par des moustiques du genre *Culex*.

Par contre, pour la dengue, si des singes ont été trouvés infectés, il semble que ce soit l'homme l'hôte unique de ce virus transmis par des *Aedes* (dont *A. aegypti*). Il provoque d'ailleurs en Thaïlande, zone d'endémie, une infection qui est responsable de la majorité des cas de mortalité infantile[14].

Nombreux sont les virus transmis par des moustiques et bien évidemment je ne peux éluder le cas du plus récent d'entre eux

– récent quant à ses manifestations chez l'homme –, le virus du SIDA (HIV)[15]. Qu'en est-il de sa transmission par un moustique ?

On a effectivement pensé, à partir de 1986, que les moustiques pouvaient être responsables de la transmission du virus du SIDA. Mais, d'une part on n'a pas trouvé le virus dans les insectes, d'autre part le virus est contenu dans le sang des sidéens à un taux très faible, ce qui rend peu probable sa transmission par la piqûre seule, l'effet seringue : un moustique piquant un sidéen est dérangé et va immédiatement piquer un individu sain. P. Jolivet[16] indique : « Finalement, la transmission du SIDA par un moustique, bien que théoriquement possible, est hautement improbable. On ne peut expérimenter sur l'homme, mais la seule façon de le prouver serait de mettre sous la même tente des personnes porteuses de l'HIV et des personnes saines, puis d'y introduire des Anophèles, des Culex ou des Aedes. On pourrait voir alors si les personnes saines étaient contaminées. » J'ajouterai que pour que cette expérience soit probante, il faudrait interdire à ces personnes d'avoir des relations sexuelles – ou alors qu'elles utilisent des préservatifs –, qu'elles ne se droguent pas en employant les mêmes aiguilles, enfin qu'elles évitent de faire des transfusions sanguines !

Faute de certitudes, les moustiques restent toujours suspects d'autant que l'histoire du virus du SIDA semble bien avoir des analogies, du singe à l'homme, avec d'autres virus dont les moustiques sont les vecteurs[17].

Des moustiques qui véhiculent des vers : les filaires

Les moustiques ne se contentent pas de véhiculer des virus, protistes ou organismes de petite taille (microorganismes). Ils sont aussi les hôtes intermédiaires dans le cycle de développement des vers. Ce phénomène, découvert dès 1877 par P. Manson dans le cas de la filaire de Bancroft, est considéré par les spécialistes de l'entomologie médicale[18] comme responsable de l'avènement de cette discipline.

En effet, pour la première fois, en 1877, un insecte est décrit comme intermédiaire dans le cycle du développement d'un ver parasite et dans la dissémination de la maladie.

Le ver parasite est une filaire. On connaît actuellement trois espèces transmises par des moustiques : la filaire de Bancroft (*Wuchereria bancrofti*), la filaire de Malaisie (*Brugia malayi*) et la filaire de Timor (*Brugia timori*). Elles sont responsables de filarioses lymphatiques qui affectent 250 à 300 millions de personnes dans les régions intertropicales (Asie, Afrique, Amérique, Océanie...). Les filaires adultes sont localisées, chez l'homme, dans le système lymphatique – elles peuvent provoquer un gonflement des jambes, voire du scrotum, chez l'homme : c'est l'éléphantiasis –, elles assurent leur reproduction sexuée sous forme de microfilaires (250 à 300 µm chez *W. bancrofti*) qui sont déversées dans le sang circulant. Ces microfilaires sont, avec le sang humain, absorbées par le moustique (selon les régions il s'agit de moustiques du genre *Aedes*, *Culex* et (ou) *Anopheles*). Dans ce dernier, la microfilaire évolue : elle traverse le tube digestif et grandit en faisant des mues successives[19]. Après la troisième mue, les larves mesurent 1 200 à 1 600 µm de longueur, elles gagnent le labium et c'est par effraction, au niveau de la plaie de la piqûre, que les filaires infesteront un nouvel hôte. Les parasites gagneront alors le système lymphatique de l'homme : le cycle de développement est ainsi bouclé et l'on peut noter l'importance du moustique dans le développement larvaire (sans multiplication) de ce parasite.

On pourrait croire que ce mode de transmission par effraction est, par comparaison avec l'inoculation avec la salive du *Plasmodium*, aléatoire. Mais il faut dire que le moustique fait le maximum ! À Calcutta, par exemple, où sévit la filaire de Bancroft, le moustique vecteur (*Culex pipiens fatigans*: un moustique très lié à l'homme et aux gîtes aquatiques artificiels : récipients, citernes bidons, pneus...) pique l'homme inlassablement. « Le nombre moyen de piqûres de *C. p. fatigans* par homme et par nuit varie, selon la saison, de 100 à 515 (maximum 700 !), soit 115 000 piqûres par homme et par an[20]. »

Difficile, dans ces conditions, d'échapper aux filaires !

La mouche tsé-tsé et la maladie du sommeil

Les moustiques ne sont pas les seuls insectes suceurs de sang (hématophages). En Afrique sévissent également des mouches, les glossines ou mouches tsé-tsé. Elles sont vectrices d'un autre protozoaire du genre *Trypanosoma*, responsable de trypanosomiase chez l'homme (la maladie du sommeil) et chez l'animal (le Nagana).

J'ai indiqué précédemment combien ces trypanosomiases sont limitantes dans l'élevage du gros bétail. Elles sont donc un frein au développement économique de l'Afrique et ont dû, dans un passé récent, retarder la pénétration du continent africain, aidées en cela par le paludisme.

Une vingtaine d'espèces de glossines sévissent en Afrique. Elles y sont localisées car elles trouvent, sur 10 millions de km^2, les conditions écologiques favorables à leur développement. Il s'agit en Afrique intertropicale de forêts denses (3 millions de km^2) et de savanes humides (7 millions de km^2) qui représentent le tiers de l'Afrique (30 millions de km^2). Selon les espèces, on les trouve donc soit en savanes, soit en forêts claires, soit en forêts denses, soit en galeries forestières, soit dans la végétation bordant les cours d'eau, les lacs, les côtes (mangroves)... Il s'agit d'espèces de petite taille (6 à 16 mm) dont la reproduction est originale (accouchement après un développement larvaire intra-utérin avec lactation des jeunes larves) mais avec une faible fécondité.

C'est à la saison humide que les adultes abondent. Mâles et femelles sont hématophages – contrairement aux moustiques où seules les femelles piquent – et ainsi les deux sexes participent au développement et à la transmission des trypanosomes. Ceux-ci sont absorbés avec le sang et, dans l'organisme de la glossine, ils vont migrer, se transformer, se multiplier et finalement coloniser les glandes salivaires. C'est en piquant un individu sain et en lui inoculant de la salive riche en trypanosomes que la mouche transmet la maladie du sommeil, maladie qui passe d'un homme à un autre.

Il s'agit d'une maladie existant depuis toujours en Afrique, encore présente et préoccupante, qui a connu une recrudescence au début du XXe siècle : une épidémie, dans la région du lac Victoria, fit 200 000 morts[21].

Après piqûre et injection de salive contaminée, les trypanosomes se multiplient. La maladie du sommeil se traduit par des accès de fièvre, l'hypertrophie des ganglions lymphatiques, des œdèmes, de l'anémie, de la faiblesse, de la somnolence, de la paralysie et, en l'absence de traitement, elle aboutit à la mort.

En phase terminale, l'homme est dans un état de somnolence continue : d'où le nom de la maladie.

Contrairement au paludisme, on dispose actuellement de médicaments efficaces contre le trypanosome et de méthodes de lutte variées (chapitre 11) contre les glossines qui ne semblent pas avoir développé de phénomène de résistance. On avait même préconisé de déboiser, pour détruire les « gîtes de repos » des glossines (technique de l'éclaircissement forestier) : ce qui fut fait de 1938 à 1958 au Nigeria le long des cours d'eau. Les chantiers de « prophylaxie agronomique » ont fonctionné jusqu'à l'avènement de la lutte chimique.

On a même imaginé, toujours pour gêner les glossines et en particulier les empêcher de se nourrir, d'exterminer les espèces sauvages (antilopes, buffles…) qu'elles piquent abondamment.

Déforester ou défauner – ce qui est devenu condamnable écologiquement – a dû contribuer à déplacer le problème de la tsé-

tsé et des trypanosomiases de l'homme à ses animaux d'élevage.

Une bonne connaissance de la biologie de ces espèces – et en particulier de leurs habitudes alimentaires : elles piquent le jour et leurs piqûres sont douloureuses, mais qui piquent-elles ? – permettra peut-être de comprendre comment l'homme joue à l'apprenti sorcier. De l'animal sauvage à l'homme et (ou) à l'animal domestique, les tsé-tsé transfèrent les trypanosomes. Ceux-ci sont assurés du succès et l'Afrique restera une zone de très forte endémicité des trypanosomiases humaines (maladie du sommeil) et animales (nagana) tant que les tsé-tsé piqueront. J. Itard[22] indique : « On estime que, actuellement, au moins 45 millions de personnes sont, sur l'ensemble du continent (Afrique), exposées au risque d'infection alors que 10 millions seulement sont sous surveillance médicale plus ou moins régulière. Avec les récentes épidémies que connaissent l'Ouganda, le Soudan, le Cameroun, la Côte d'Ivoire, plus de 10 000 nouveaux cas sont déclarés annuellement. »

Les simulies et l'onchocercose

Les simulies sont, comme les glossines, des Diptères mais qui présentent, par rapport à ces dernières, deux différences fondamentales : d'une part, on en connaît 1 000 à 1 300 espèces vivant partout dans le monde où il y a de l'eau qui circule, d'autre part, seules les femelles sont hématophages : repas sanguin, avant la ponte, pris en une seule fois sur des oiseaux ou des Mammifères, dont l'homme.

Les simulies sont des hôtes intermédiaires d'un ver nématode du genre *Onchocerca*, responsable chez l'homme de l'onchocercose ou « cécité des rivières ». C'est l'une des plus invalidantes des maladies parasitaires de l'homme, puisque les vers se localisent dans l'œil et entraînent la diminution puis la perte de la vue.

On a tous présentes à l'esprit ces images, difficiles à supporter, d'un enfant qui guide, à la queue leu leu, plusieurs adultes aveugles.

L'onchocercose sévit, du fait de la bio-écologie des simulies vectrices, le long des cours d'eau : d'où son nom de « cécité des rivières », en Afrique noire (entre le 15° lat. Nord et 13° lat. Sud), au Yémen et en Amérique tropicale (du Mexique au Brésil). Quatre espèces de simulies sont les principales responsables de la transmission de l'onchocercose : *Simulium damnosum* et *S. neavi* en Afrique et au Yémen, *S. metallicum* et *S. ochraceum* en Amérique[23].

On estime de 20 à 30 millions le nombre des onchocerquiens, dont 95 % sont africains, et à 1 million le nombre des aveugles par onchocercose[24].

Les simulies femelles assurent donc d'un homme onchocerquien à un homme sain les transmissions de la maladie. Les microfilaires absorbées avec le repas sanguin migrent et évoluent sans se multiplier (elles font des mues) à l'intérieur de l'organisme de la simulie avant de gagner les pièces buccales d'où elles s'échappent pour venir par effraction, lors de la piqûre, infecter un individu sain.

Du fait de sa localisation le long des cours d'eau, cet insecte est, en Afrique, le rival de l'homme qui abandonne des zones qui seraient cultivables. L'homme fuit devant les simulies et leurs piqûres très nombreuses.

L'homme organise pourtant la lutte contre les simulies, lutte inégale, car elles sont tellement prolifiques qu'elles sont déjà devenues résistantes à plusieurs insecticides chimiques, en particulier à l'abate (un organophosphoré).

Pourtant récemment, à la télévision, dans la semaine du 2 au 8 mai 1994, j'entendais cette information au journal de 20 heures : « L'onchocercose est vaincue, car on a réussi à détruire les simulies. » Suivait un reportage comprenant l'interview des enfants d'une école africaine, enfants qui n'avaient plus à apprendre ce mot : onchocercose, puis d'un membre de la

Banque mondiale qui se félicitait de cette victoire sur la simulie, car les populations concernées allaient enfin pouvoir cultiver, dans ces régions, des plantes industrielles exportables. Renseignements pris auprès du responsable de l'OMS du programme de lutte contre l'onchocercose (Dr Samba) – car je sais que les médias aiment le sensationnel et je ne pouvais me satisfaire de cette information télévisée –, les succès annoncés se révélaient exacts et étaient le fruit de vingt ans de lutte contre les simulies et de recherche d'une chimiothérapie capable de vaincre les microfilaires, voire les macrofilaires, c'est-à-dire les vers responsables de la maladie.

Commencé en 1974 et continué pendant vingt ans, le programme de lutte contre les simulies – dont les larves sont aquatiques – a concerné les pays de l'Afrique de l'Ouest (Bénin, Burkina-Faso, Côte d'Ivoire, Ghana, Guinée, Guinée-Bissau, Mali, Niger, Sénégal, Sierra Leone, Togo), soit une superficie de 1 235 000 km^2 occupée par 30 millions d'habitants dont 2,2 à 2,4 millions d'individus infectés et près de 100 000 aveugles.

Les rivières furent donc traitées avec des insecticides variés du fait des résistances qui apparurent. Ainsi furent utilisés des organophosphorés (témephos, chlorphoxin, phoxim), un pyrèthre (permethrin), un carbamate (carbosulfan) et *Bacillus thuringiensis* (B.t.H.-14), un insecticide biologique. On s'aperçut très vite qu'il apparaissait des résistances aux insecticides mais, de plus, que des simulies venaient de zones non traitées ; il fallut donc appliquer les traitements à l'ouest et au sud de la zone initialement traitée. Dans cette aire initiale, « le nombre des personnes infestées est pratiquement nul et la lutte antivectorielle en cette zone a presque cessé ». Dans les aires d'extension la lutte continue… les simulies existent toujours. Quant à la maladie, l'onchocercose est, depuis la fin des années 1980, traitée à l'ivermectine (Mectizan Merck) qui s'est révélée très efficace contre les microfilaires. Administrée une fois par an et par voie orale, elle protège toute l'année sans avoir d'effets secondaires : elle réduit considérablement le risque d'apparition de lésion oculaire.

En 1993, 2 millions d'individus ont été traités à l'ivermectine dans la zone où l'on lutte contre les simulies.

Pour l'OMS et les responsables du programme Onchocerciasis Control Programm (OCP), « l'onchocercose a été pratiquement éliminée des sept pays d'origine de l'OCP. De plus, il n'y a presque plus de nouvelles infestations onchocerquiennes dans les aires d'extension du programme ». En éliminant cette menace les populations humaines vont pouvoir recoloniser les terres abandonnées. « On estime qu'au total 250 000 km^2 de terres riveraines peuvent être repeuplées et cultivées grâce, dans une très large mesure, aux activités de l'OCP. Cultivées selon des techniques et des méthodes d'agriculture traditionnelle, ces "nouvelles terres" produiront de quoi nourrir 17 millions d'individus. »

Entre plantes industrielles et plantes nourricières il semble que l'OMS et la Banque mondiale aient des idées divergentes ! Il faut dire que vingt ans de traitement ont coûté cher ; le tableau ci-dessous donne un aperçu éloquent des sommes que la Banque mondiale a gérées.

			Quatrième phase financière						
Première phase financière (1974-79)	*Deuxième phase* financière (1980-85)	*Troisième phase* financière (1986-91)	1992	1993	1994	1995	1996	1997	*Total* (1992-97)
			Dépenses approuvées			*Propositions de dépenses*			
56,1	106,9	177,4	31,7	29,7	28,3	28,3	27,7	26,9	172,6

En millions de dollars américains

(D'après OCP, 1974-1994, Programme de lutte contre l'onchocercose, OMS, 1994.)

Mais peut-on affirmer que les simulies et l'onchocercose sont définitivement éradiquées ? Prudence. Si l'on cesse les traitements insecticides – c'est déjà le cas dans certaines zones –, si l'on ne traite pas les personnes à l'ivermectine, alors tout peut être à recommencer. La victoire contre les insectes vecteurs n'est jamais définitivement gagnée !

Les phlébotomes et les leishmanioses

Les phlébotomes ou « mouches des sables » sont des Diptères de petite taille (maximum 2,5 mm) assurant chez l'homme la transmission d'un protozoaire du genre *Leishmania*, responsable des leishmanioses.

Ces maladies sont encore importantes. F. Rodhain et C. Perez indiquent « qu'une estimation récente fait état d'une incidence annuelle (nouveaux cas) dans le monde de 400 000 cas ».

Il faut dire que les insectes vecteurs de petite taille passent à travers les mailles des moustiquaires ; seules les femelles piquent mais activement. Il s'agit des espèces du genre *Phlebotomus* pour l'Ancien Monde et du genre *Lutzomyia* pour le Nouveau Monde, seules responsables de la transmission des leishmanioses.

Celles-ci, en simplifiant à l'extrême, revêtent deux formes :

– une leishmaniose viscérale ou kala-azar, très répandue en Afrique, Asie, Europe dont la France (Sud) et transmise par les espèces du genre *Phlebotomus*. Elle existe également en Amérique (Mexique, Brésil, Argentine, Paraguay) où les vecteurs appartiennent au genre *Lutzomyia* ;

– une leishmaniose cutanée ou bouton d'Orient qui sévit en Asie, en Afrique du Nord et dans la région méditerranéenne et également, de façon sporadique, en Amérique (Brésil, Venezuela, Pérou, Bolivie...).

Ces leishmanioses affectent souvent les animaux sauvages (carnivores ou rongeurs) ou domestiques (chiens) qui servent donc de réservoirs. Le passage à l'homme est accidentel, dû à des modifications écologiques : au Brésil, lors de la déforestation intensive pour la construction de la route transamazonienne, se trouvent mis en relation les rongeurs porteurs, les phlébotomes et l'homme.

Mais les phlébotomes, comme d'autres Diptères hématophages déjà cités, ne sont pas vecteurs que des seuls protozoaires du genre *Leishmania*. Ils véhiculent aussi un autre protozoaire, à moins qu'il ne s'agisse d'une bactérie, *Bartonella bacilliformis*, responsable en Amérique du Sud des bartonelloses : elles englobent la fièvre de Oroya (ou maladie de Carrion) et la verruga péruvienne. Au Pérou, le phlébotome vecteur est *Lutzomya verrucatum*, très attiré par l'homme puisque celui-ci peut subir, par nuit, entre 20 et 50 piqûres !

Enfin, de par le monde, les phlébotomes seraient vecteurs de nombreux virus, responsables de « fièvres à phlébotomes » répandues dans le bassin méditerranéen, le Moyen-Orient, l'Asie, l'Inde, l'Afrique orientale et l'Amérique tropicale. Il s'agit de fièvres épidémiques liées à une pullulation des phlébotomes.

Heureusement, les phlébotomes sont encore très sensibles aux insecticides chimiques et en particulier au DDT. Ils ont été limités dans leur développement lors des traitements contre les moustiques et le paludisme. Ils sont impossibles à éradiquer du fait de leur petite taille, des gîtes très nombreux qui les abritent, et sont toujours agressifs vis-à-vis de l'homme même quand celui-ci essaie de se protéger par des moustiquaires : les mailles sont souvent trop grandes. Enfin, les réservoirs que constituent les rongeurs, les carnivores et les animaux domestiques (dont les chiens) font que les leishmanioses ont encore de belles années devant elles !

Les punaises et la maladie de Chagas

Les Diptères ne sont pas les seules espèces hématophages. Il en existe aussi chez les Hémiptères, en particulier les punaises. La punaise des lits n'est pas aussi rare que l'on veut bien le dire et je connais plus d'un jeune militaire qui fut victime de leur piqûre. L'espèce responsable dans nos régions est *Cimex lectularius*: la piqûre est douloureuse et la salive, anticoagulante, provoque des réactions locales (inflammatoires, voire allergisantes) (voir plus loin). On n'a, actuellement, aucune preuve que ces punaises transmettent des maladies.

Par contre, en Amérique du Sud, des punaises du genre *Triatoma* transmettent à l'homme un protozoaire, *Trypanosoma cruzi*, responsable de la maladie de Chagas.

La punaise, de grande taille, s'infecte en faisant un repas de sang sur un homme malade. Les trypanosomes, pompés avec le sang, resteront dans le tube digestif de l'insecte – ils ne migrent pas vers les glandes salivaires comme dans le cas évoqué précédemment des trypanosomes responsables de la maladie du sommeil – et seront déposés avec les excréments à la suite de la piqûre d'un individu sain.

La piqûre est indolore, sûrement grâce à un effet anesthésique de la salive injectée, ce qui ne réveille pas l'homme endormi. La prise de sang dure ainsi plusieurs minutes à une demi-heure. Une fois rassasiée, la punaise – mâle ou femelle, car les deux sont hématophages – dépose ses excréments liquides sur la peau près de la piqûre. L'individu sain se contamine alors en se grattant et en faisant ainsi pénétrer les excrétats de l'insecte et les trypanosomes au niveau de la piqûre où la peau est déchirée.

Il s'agit là d'un mécanisme de transmission original, lié à la défécation de l'insecte suite à l'absorption de sang. L'insecte reste contaminé et donc contaminant toute sa vie. Il faut dire qu'il peut se contaminer sur d'autres espèces animales sauvages (édentés, dont les tatous, rongeurs, chauves-souris, etc.) ou domestiques (chiens, chats) ; les réservoirs sont nombreux et limitent sérieusement la lutte contre la maladie de Chagas qui constitue « l'un des grands problèmes de santé publique en Amérique latine » d'autant qu'il n'existe ni vaccin ni médicaments efficaces. L'OMS estime que 20 millions de personnes sont atteintes et que 65 millions d'individus sont exposés à cette maladie.

Il ne reste plus aux Sud-Américains qu'à exterminer les insectes vecteurs. Facile à dire, mais difficile à réaliser, car ces punaises se cachent le jour dans les murs ou les toitures des maisons ; elles sortent la nuit pour assurer leur alimentation aux dépens de l'homme ou des animaux domestiques. Les détruire nécessiterait la destruction des maisons d'habitation : impensable !

Les poux de la tête, du pubis ou d'ailleurs

Les poux sont bien connus du public car ils fréquentent souvent les lieux publics : écoles, hôpitaux... et les transports en commun : trains, autobus, bateaux... Ils sont la hantise des mères de famille, des maîtres et maîtresses d'école, des infirmières dans les hôpitaux.

Les poux, auxquels nous pensons tous, sont les poux de la tête (*Pediculus capitis*) que des générations associent à la Marie-Rose, cette lotion à odeur de vinaigre chargée de les faire disparaître. Ce sont des ectoparasites suceurs de sang, de petite taille : 1,8 millimètre pour le mâle adulte et 2,5 millimètres pour la femelle. Les œufs ou lentes ont 1 millimètre de longueur et sont généralement déposés à la racine des cheveux. Ils éclosent au bout d'une semaine et le développement de l'insecte, entrecoupé par trois mues, se réalise en trois à quatre semaines. Un pou adulte vit de un à deux mois sur son hôte. On en compte habituellement dix à quinze par tête. Mais des chiffres de cent et plus ne sont pas rares. Exceptionnellement, on en a décompté plus de mille ! Quand on sait qu'un pou pond huit œufs par jour, il n'y a pas de risque que cette espèce soit en voie de disparition malgré les traitements mis en œuvre. Il s'agit de poudres ou de shampooings contenant un insecticide : DDT, HCH, malathion, abate... La chevelure est poudrée d'insecticide le soir, la tête étant enveloppée d'un bonnet pour la nuit. Le matin la tête est lavée et les cheveux peignés au peigne fin. L'opération est répétée deux à trois fois de suite. Bien évidemment, les poux sont devenus résistants aux insecticides (dont le DDT) et il a fallu en changer. Ainsi, actuellement, la Marie-Rose contient des pyréthrines, NIX de la perméthrine et les deux semblent avoir une bonne efficacité. Jusqu'à quand ?

Car il faut bien éliminer les poux de la tête de nos chérubins, victimes innocentes, mais souvent cruels les uns envers les autres : le « Il a des poux » laisse à croire qu'il s'agit d'une maladie honteuse alors qu'il n'en est rien. Étant donné leur mode de dissémination et de résistance – un œuf peut rester viable, sans éclore, pendant cinq semaines dans des vêtements non utilisés –, nous avons tous des chances d'être, si nous ne l'avons été, un pouilleux !

Il existe aussi les poux du corps (*Pediculus corporis*) qui, selon les entomologistes, ne seraient que des poux de la tête devenus une variété de la même espèce, *Pediculus humanus*.

Or, ces poux de la tête ou du corps provoquent par leurs piqûres un prurit (démangeaison) intense. Le grattage entraîne des irritations et des lésions de la peau qu'il faut traiter car la surinfection peut conduire à de l'impétigo. Ils ont aussi le triste privilège de transmettre des maladies, dont certaines furent épidémiques et causèrent des milliers de morts : typhus exanthématique (dû à *Rickettsia prowazeki*) et fièvre récurrente (due à un spirochète : *Borellia recurrentis*). La transmission des germes à un individu sain ne semble pas due à la piqûre, mais à l'écrasement des poux contaminés ou à leurs excréments et au grattage à l'endroit de la piqûre ou d'une zone abîmée de la peau.

Le DDT, dont on ne vantera jamais assez les bienfaits – n'en déplaise aux écologistes –, a permis de juguler l'épidémie de typhus à Naples après la guerre, alors que les poux n'étaient pas encore résistants.

Enfin, même s'il n'a jamais été accusé de transmettre des maladies, un autre pou, rendu célèbre par les chansons des carabins, le « morpion » (*Phthirius pubis*), s'en prend à la région du pubis de l'homme et cause une importante démangeaison. Il peut aussi se déplacer sur le corps là où il y a des poils (aisselles, barbe), des cils ou sourcils.

Ils ne sont pas aussi rares qu'on veut bien le dire et les dermatologues savent que les victimes ne sont pas toujours innocentes puisque la contamination a surtout lieu par contacts sexuels.

L'abeille tueuse

Mais les insectes ne sont pas que des vecteurs de maladies plus ou moins graves. Ils peuvent être aussi dangereux, voire mortels, par eux-mêmes.

Tous les ans la presse relate, dans les faits divers, que des insectes ont tué, par piqûre, des hommes ou des animaux. Nombreux sont en effet les insectes piqueurs. Ils appartiennent à l'ordre des Hyménoptères et les plus souvent cités comme pouvant être mortels sont : les bourdons, les frelons, les guêpes et les abeilles.

Ces dernières ont connu une célébrité dont se seraient bien passés les apiculteurs. L'abeille domestique (*Apis mellifera*) est utilisée par l'homme pour le miel qu'elle produit et par l'agriculteur qui trouve en elle un allié dans la pollinisation de ses cultures.

L'espèce européenne a été importée en Amérique du Nord par les colons, lorsque ceux-ci constatèrent que n'existait pas, sur le continent américain, d'espèce productrice de miel. Cette espèce est naturellement peu agressive : même si parfois arrivent des accidents, ils sont limités à des personnes qui font une réaction allergique aux piqûres de ces insectes (voir plus loin).

En Amérique du Sud, l'espèce européenne s'acclimatant mal, le gouvernement brésilien autorise l'importation d'une espèce africaine (*Apis mellifera scutellata*) en 1956 à São Paulo, afin d'étudier son implantation au Brésil. En 1957, involontairement puis volontairement, des colonies furent lâchées et s'hybridèrent avec les abeilles européennes en place. Ces abeilles « africanisées » sont mieux adaptées à l'environnement de l'Amérique du Sud qu'elles ont colonisé, arrivant au Mexique. En octobre 1990, elles ont franchi la frontière séparant le Mexique des États-Unis et progressent depuis vers l'Arizona et le Texas.

Or, ces abeilles, d'origine africaine, sont dites tueuses parce qu'en moins de 35 ans elles ont fait plus de 1 000 morts sur le continent sud-américain et de très nombreuses victimes parmi les animaux domestiques.

Ce sont des abeilles qui défendent leurs ruches bien plus agressivement que les abeilles européennes. Elles piquent tout animal ou homme qui s'approche de leur colonie. De plus, elles attaquent en très grand nombre (plusieurs milliers).

L'apiculture, en Amérique du Sud, est devenue, avec cette abeille tueuse, un métier à risque. L'inquiétude gagne l'Amérique du Nord où les apiculteurs louent aux agriculteurs leurs colonies d'abeilles ; cette pratique devra être interdite si les colonies sont « africanisées ». L'invasion vient de commencer et l'on cherche déjà un remède[25].

On sait depuis la plus haute antiquité que les abeilles, frelons, guêpes… tuent. Ce n'est que depuis le début du siècle, grâce aux travaux de P. Portier et C. Richet, que l'on sait qu'elles tuent par une réaction de type anaphylactique[26]. Celle-ci s'explique par une hypersensibilité au venin d'abeille qui, heureusement, n'existe que chez certains individus. Ceux-ci développent, à la suite d'une première piqûre, des anticorps sensibilisants de type IgE qui se fixent sur des cellules du système immunitaire. Lors d'une autre piqûre les antigènes introduits iront se lier aux IgE provoquant la libération des médiateurs (histamine…) contenus dans les cellules et qui sont responsables du choc anaphylactique.

On connaît maintenant les antigènes (allergènes) qui sont contenus dans le venin d'abeille. Il s'agit de protéines : mellitine (50 %), phospholipase A2, hyaluronidase et phosphatase acide. Il est possible, chez les sujets présentant des allergies graves, de réaliser une désensibilisation au venin d'abeille grâce à ces allergènes purifiés. Il s'agit d'injecter une dose croissante de ces allergènes puis une dose d'entretien (durée trois ans minimum) qui a pour résultat de faire chuter le taux des IgE.

Ce sont des méthodes longues à mettre en œuvre, dangereuses parfois – car le choc anaphylactique n'est pas exclu et l'hospitalisation est souvent nécessaire – mais qui connaissent une remise à l'honneur grâce à la purification des allergènes contenus dans les venins. L'hypersensibilité aux venins d'Hyménoptères est un phénomène important, puisqu'en France les insectes tuent plus que les serpents[27].

Les insectes piquent et pondent

Les piqûres d'insectes sont de trois types : les insectes hématophages piquent avec leur appareil buccal pour s'alimenter à nos dépens (pompage du sang) et inoculent de la salive ; les insectes piqueurs se défendent en enfonçant leur dard dans notre tégument ainsi que du venin contenu dans leur appareil venimeux (glandes à venin de l'abeille emmenées avec le dard qui se casse lors de la piqûre) ; enfin des insectes, grâce à leur appareil de ponte (tarière) introduisent par piqûre des œufs dans le tégument de l'homme ou des animaux, à moins que ce ne soient leurs larves qui y pénètrent par effraction.

Salives, venins, œufs (ou larves) sont autant de substances ou de corps étrangers qui génèrent des réactions dermatologiques dont l'importance est très variable d'un individu à l'autre. Du plus simple au plus compliqué – et que mes collègues dermatologues me pardonnent ma simplification – la salive (des poux, puces, punaises...) ou le venin (des abeilles, guêpes...) provoquent une réaction urticarienne locale répondant à la triade de Lewis : érythème (rougeur), œdème (gonflement) et prurit (démangeaison, l'envie de se gratter). C'est d'ailleurs ce grattage qui, comme indiqué précédemment, est responsable de tous nos maux. Si le phénomène se répète alors, dans certains cas, les mêmes causes ne provoquent pas les mêmes effets : le sujet est sensibilisé à un produit (salive, venin) et réagit de manière violente. Le choc anaphylactique qui se produit peut conduire à la mort : c'est le cas de ces personnes victimes des piqûres d'abeilles étudiées ci-dessus.

Il s'agit là d'un phénomène immunitaire de type allergique, un cas extrême où les défenses immunitaires sont exacerbées et, au lieu de protéger l'individu, elles entraînent la mort !

Moins graves sont les atteintes dermatologiques dues aux insectes qui s'installent dans la peau de l'homme pour s'y développer. L'œuf peut être pondu directement dans le tégument, ou déposé sur celui-ci. C'est alors la larve qui entre par effraction dans le tégument humain, en particulier au niveau des plaies. On connaît même une mouche sud-américaine qui dépose ses œufs sur un moustique, lequel les transporte sur la peau humaine (ou animal) où ils provoquent des myiases.

Des puces de petite taille, les chiques des régions chaudes, perforent le tégument, en particulier dans les pieds, et se gorgent de sang : il faut les extraire et désinfecter la plaie.

Les myiases (du grec *muia* : mouche, et *iasis* : maladies) sont donc les maladies provoquées par les larves apodes des insectes Diptères (mouches)[28] se développant aux dépens des tissus de l'homme.

J'ai évoqué les myiases cutanées les plus fréquentes, mais les larves des insectes peuvent aussi se développer dans des cavités naturelles de l'homme : oreille, sinus..., provoquant des myiases cavitaires. Elles peuvent être fatales à ceux chez qui elles se développent ; il s'agit souvent d'enfants malpropres, ces larves se nourrissant de substances organiques en décomposition[29].

Enfin, des œufs ou des larves peuvent être absorbés accidentellement avec les aliments ou la boisson et se développer dans le tube digestif : myiase intestinale.

Selon leur localisation, il est évident que les myiases peuvent avoir des conséquences variables allant d'une gêne localisée lorsque la larve se déplace (démangeaisons) à un abcès – le ver de Cayor fréquent en Afrique provoque des furoncles douloureux –, voire une septicémie pouvant être mortelle.

Il est possible d'extraire ces larves, afin d'en réduire les effets. Il serait possible d'en réduire le nombre tout simplement par une prophylaxie appropriée. Celle-ci consiste d'une part en une amélioration de l'hygiène, d'autre part en une information du public. Je pense en particulier aux touristes qui, en Afrique, fréquentent les plages où se déplacent en liberté les animaux domestiques (chiens, chats...) ou des rongeurs : ils ont toutes les chances de revenir « les fesses pleines de vers de Cayor » !

Chenilles et papillons urticants : de l'urticaire à l'allergie

Les Diptères ne sont pas les seuls insectes à léser notre peau. Ils sont bien aidés par des Lépidoptères auxquels j'ai consacré, avec mes élèves, plusieurs années de recherche.

En effet, des chenilles et des papillons urticants sont responsables respectivement d'atteintes dermatologiques baptisées érucisme = dermite de la chenille, ou lépidoptérisme = papillonite (dermite due au papillon).

En France, sévissent trois espèces : les chenilles processionnaires du pin (*Thaumetopoea pityocampa* Schiff), les chenilles processionnaires du chêne (*Th. processionea* L.) et les chenilles du Bombyx cul brun (*Euproctis chrysorrhoea* L.). Elles rendent inaccueillantes les forêts de pins et de chênes dans beaucoup de régions touristiques françaises (stations balnéaires) et causent de plus des retards de croissance importants aux arbres (manque à gagner pour le sylviculteur). Des pullulations importantes eurent lieu ces dernières années, en particulier de processionnaires du chêne et du Bombyx cul brun.

En Afrique et en Amérique du Sud, ce sont des papillons qui sont responsables d'atteintes souvent épidémiques de papillonite ou Lépidoptérisme. Il s'agit des papillons du genre *Anaphae* en

Afrique (processionnaire du colatier), et en Amérique du Sud, en particulier en Guyane française, des papillons du genre *Hylesia* : le papillon cendre[30]. Les touristes sont victimes de papillonites mais aussi les chercheurs, ingénieurs, etc., de la base de Kourou ; les papillons (de nuit) étant attirés par les lumières (aéroport, base de Kourou, habitations).

En France, la sortie en masse de papillons du Bombyx cul brun attirés par les réverbères où ils viennent mourir en grand nombre provoqua une papillonite en Charente-Poitou, Creuse, Haute-Vienne, etc., en juillet 1986 et 1987.

Les phénomènes d'urtication provoqués par les chenilles sont connus depuis l'Antiquité. C'est aux célèbres entomologistes Réaumur (1736) puis Fabre (1900) que l'on doit les premières observations sur les chenilles et les éléments responsables de ces atteintes : les poils urticants.

J'ai entrepris (voici bientôt dix ans) d'abord sur la chenille processionnaire du pin (espèce abondante de la forêt de Gascogne), puis sur les autres espèces : processionnaire du chêne, Bombyx cul brun, enfin sur les papillons urticants, une étude comparative mettant en œuvre les méthodes les plus performantes :

– la microscopie électronique à balayage pour l'observation des appareils urticants ;

– la microscopie électronique à transmission pour étudier les structures cellulaires productrices des poils urticants ;

– des méthodes biochimiques et immunologiques pour isoler, identifier et comparer les substances urticantes en cause ;

– des tests dermatologiques mis en œuvre chez l'animal et chez l'homme, *in vivo* et *in vitro*, afin de comprendre le mode d'action de ces substances urticantes.

Au plan épidémiologique, en France, les chenilles sont urticantes souvent sur un mode épidémique : c'est le cas dans les terrains de camping souvent installés dans les pins ou les chênes.

Les symptômes surviennent quelques heures après un contact direct (manipulation ou repos auprès des arbres infestés) ou indirect (simple promenade en sous-bois, ou même transport par le vent des poils à partir d'arbres situés près des habitations[31].

Ces dermites dues aux chenilles se produisent souvent en période estivale : juin-juillet pour la chenille processionnaire du chêne et du Bombyx cul brun. Pour cette dernière, la sortie des papillons a lieu en juillet et c'est donc la période de survenue de la papillonite à *Euproctis* décrite en 1986 dans la Creuse et la Haute-Vienne et que j'ai pu observer en juillet 1987 en Charente (Ruffec). Les papillons venaient par milliers terminer leur vie au niveau des lampadaires des villes. C'est souvent en les balayant que l'homme développe la papillonite.

En ce qui concerne la chenille processionnaire du pin dont le cycle est annuel, les contaminations directes se font surtout au moment où les chenilles processionnent pour aller s'enfoncer dans le sol (sable) : selon la rigueur de l'hiver cette procession peut se produire de janvier à mars-avril. Les contaminations indirectes ont lieu à n'importe quel moment de l'année, mais surtout l'été. Les enfants en sont le plus souvent victimes et surtout les garçons. En se roulant par terre, ils peuvent être en contact avec des poils abandonnés par les chenilles lors de leur enfouissement dans le sol. En manipulant des nids de processionnaires (ils jouent même parfois au ballon avec ces nids), ils sont victimes de poils très nombreux qui sont encore présents sur et dans le nid, alors que ce nid est totalement vide (il reste parfois des chenilles mortes et souvent de nombreuses exuvies).

La caractéristique des poils est qu'ils restent indéfiniment urticants et donc dangereux pour l'homme.

Les véritables papillons urticants, c'est-à-dire ceux qui sont responsables de papillonite et fabriquent leurs poils urticants[32] baptisés fléchettes par H. Floch et E. Abonnenc (1944), possèdent à l'extrémité de l'abdomen une touffe d'écailles de ponte parmi lesquelles se distinguent les fléchettes urticantes. C'est une production essentiellement femelle qui a pour but, en recouvrant la ponte, de protéger les œufs et même ensuite les jeunes chenilles, juste écloses, qui emmènent sur le dos les fléchettes produites par leur mère. Elles sont donc urticantes et protégées des prédateurs.

Les fléchettes du papillon cendre de Guyane, que nous avons étudiées au microscope électronique à balayage, ont l'allure générale d'un poil urticant, c'est-à-dire effilé aux deux extrémités et présentant des barbelures dirigées vers l'extrémité distale. La taille est comparable : 150 à 200 micromètres. Par contre, à fort grossissement la confusion n'est plus possible. Les fléchettes présentent, à la différence d'avec les poils urticants, des ornementations de surface dans le sens de la longueur, et c'est sur ces bourrelets que sont alignées les barbelures, ce qui donne à la fléchette une allure générale plus ou moins épineuse mais caractéristique de chaque espèce.

Quoi qu'il en soit, les fléchettes se détachent très facilement du corps des papillons lorsqu'ils volent et provoquent des papillonites qui sont souvent épidémiques.

Elles se produisent en Guyane à intervalles de trois mois, durée de développement de l'espèce. En mars, juin, septembre et décembre sortent les papillons et apparaissent les épidémies de papillonite. En Argentine où l'hiver est rigoureux les *Hylesia* n'ont qu'une génération par an et sont responsables d'une seule épidémie.

Il en est de même en Afrique, en ce qui concerne les papillons du genre *Anaphae*. Ceux-ci, par exemple au Cameroun, éclosent en grand nombre en février et envahissent la nuit les maisons éclairées, provoquant la papillonite.

Étant donné les habitudes crépusculaires des papillons urticants, ce sont souvent les femmes, vaquant à leurs activités domestiques, qui sont victimes de la papillonite : elles manipulent les objets sur lesquels les fléchettes des papillons ont été déposées. Comme pour les poils, le pouvoir urticant des fléchettes est indéfini : mes collègues du Muséum national d'histoire naturelle en font, à leurs dépens, la triste expérience chaque fois qu'ils ouvrent les boîtes de collections contenant des *Hylesia* ou des *Anaphae*.

Mais pourquoi ces poils ou ces fléchettes sont-ils urticants ? Est-ce uniquement dû à la piqûre de cet élément cuticulaire (effet mécanique) ou est-ce associé à une substance chimique contenue dans ou sur le poil (effet chimique) ?

En 1985, nous avons mis en évidence, dans les poils urticants de la chenille processionnaire, la présence d'une protéine urticante que nous avons nommée thaumétopoéine[33], formée de deux sous-unités de masses moléculaires respectivement égales à 15 000 et 18 000 Daltons. Nous avons étudié la synthèse de cette protéine par la « glande urticante » de l'insecte, puis son incorporation dans le poil ; les recherches ont été complétées par l'étude de l'urtication chez l'homme et chez l'animal.

Actuellement, nous pouvons l'interpréter de la façon suivante. Le poil est une ampoule close qui se casse et libère la substance urticante : la protéine urticante (thaumétopoéine). Celle-ci provoque alors une suite de réactions : dégranulation des mastocytes qui libèrent des médiateurs tels que histamine, kinine ou prostaglandine qui entraînent l'augmentation de la perméabilité vasculaire, d'où un œdème à l'endroit de la piqûre par le poil.

La substance est dite histamino-libératrice et les trois phénomènes observables : rougeur (érythème), œdème et prurit réalisent la triade de Lewis.

La réaction d'urtication nécessite donc la conjonction d'un phénomène mécanique (pénétration du poil ou de la fléchette) et d'un phénomène chimique (libération de la substance toxique). Des différences existent entre dermite de la chenille et papillonite. Pour cette dernière, la substance urticante pourrait également être transportée par la sueur (d'après R. Pradinaud) et nous avons montré qu'effectivement la fléchette présente un orifice d'où peut sortir la substance urticante. Il en résulte une généralisation de l'urtication à une grande partie du corps. Il existe de plus des sensibilités individuelles plus ou moins grandes à ces atteintes dermatologiques, et vraisemblablement des sensibilisations à la suite de contacts répétés. Certains sujets développent des manifestations allergiques pouvant conduire à des chocs (œdème de Quincke) nécessitant intubation et assistance respiratoire. Les enfants sont souvent victimes de ces accidents aigus.

Mais sont-ce les poils qui sont responsables de ces allergies ? En d'autres termes la protéine urticante est-elle un allergène ? Les poils sont, comme les pollens, transportés par le vent à de grandes distances et seraient comme eux allergisants.

Dans cette hypothèse, nous avions prévu que les individus allergiques devaient présenter, dans leur sérum, une concentration élevée de molécules immunitaires nommées immunoglobulines E, en réaction à la présence de l'allergène. C'est ce que nous avons vérifié chez des professionnels de la forêt, par les méthodes immunochimiques : les immunoglobulines E sont bien dirigées contre la protéine urticante (la thaumétopoéine). Il s'agit donc d'un allergène nouveau qui vient s'ajouter à une liste déjà longue.

Les poils de la chenille processionnaire du pin sont-ils responsables de manifestations hivernales de type allergique que les allergologues ne peuvent pas attribuer aux pollens absents ? Les tests immunologiques devront le déterminer, d'autant que les allergologues, et non des moindres – en particulier ceux de l'Institut Pasteur –, nient le fait que les insectes urticants puissent être allergisants[34].

Pourtant tous ceux qui travaillent sur les insectes dans les laboratoires savent que même « les poussières d'insectes » (particules cuticulaires) provenant d'insectes réputés non dangereux pour l'homme sont allergisantes. Heureusement, comme pour les phénomènes d'allergie, tous les chercheurs ne sont pas atteints !

Les recherches sur les insectes doivent nécessairement se poursuivre activement car on est loin de connaître toutes les espèces qui causent des torts à l'homme et aux animaux domestiques.

Nous n'avons, volontairement, traité que des principaux insectes vecteurs de maladies mortelles ou invalidantes pour l'homme ainsi que de ceux qui sont dangereux par eux-mêmes ou par ce qu'ils produisent. Beaucoup d'autres insectes sont, parce qu'ils sont piqueurs et hématophages, vecteurs reconnus ou non de maladies bactériennes ou virales. C'est le cas des Diptères Ceratopogonidae, Culicoïdes, Tabanidae (dont les Taons), Muscidae. D'autres mouches, non piqueuses, souillent les aliments de l'homme après s'être déplacées sur les excréments : protistes, bactéries, virus et même des vers sont ainsi véhiculés « involontairement » accrochés aux pattes ou aux pièces buccales. Dysenterie, poliomyélite, tuberculose, charbon, fièvre typhoïde, choléra, peste, lèpre, pian, etc., sont quelques-unes de ces maladies dont la contagion est assurée par les mouches. Citons entre autres la mouche domestique *Musca domestica* qui affectionne nos maisons et surtout nos aliments (sucreries, viandes...) et nos déchets (pourritures et excréments).

Il est donc reconnu que par le passé les insectes ont véhiculé des maladies épidémiques graves. Mais, de nos jours, dans quelques pays ou dans certaines situations catastrophiques (cyclones, tremblements de terre, guerre...), où les conditions d'hygiène ne sont pas ou plus respectées, ils continuent de répandre ces maladies qui sont hélas toujours d'actualité.

D'autres espèces sont non pathogènes par elles-mêmes mais envahissantes par leur nombre qui peut rendre la vie impossible à l'homme. C'est le cas des Chironomides qui représentent une vraie nuisance. P. Jolivet[35] raconte comment ces petits moucherons « rendent la vie impossible aux populations vivant en bordure du Nil », populations obligées de quitter leurs maisons. Il faut dire que ces moucherons pénètrent partout, non seulement dans les maisons, mais aussi dans les assiettes et les verres, et de plus dans le nez, la bouche, les oreilles, les yeux...

D'une manière générale, lorsqu'il y a pullulation d'une espèce d'insectes, même considérée comme utile, elle devient alors une nuisance dans l'environnement humain : les chaussées recouvertes d'insectes deviennent glissantes, les pare-brise des voitures perdent leur transparence, les tuyauteries se bouchent...

Pas étonnant alors que l'homme, par tous les moyens, essaie de limiter les pullulations des insectes.

12

La limitation des populations d'insectes

Qu'il s'agisse des productions végétales ou animales de l'homme ou de sa santé, les insectes sont des compétiteurs, voire des nuisibles, qu'il nous faut exterminer. L'homme a donc imaginé et mis en œuvre tout un arsenal de techniques qui tendent à limiter les pullulations d'insectes ravageurs des cultures ou vecteurs de maladies.

Dès l'Antiquité, le soufre et l'arsenic étaient connus pour leur action insecticide. Mais la première lutte organisée contre les insectes, pucerons des pêchers, le fut en 1763 avec du jus de tabac dont on aspergea les arbres. Au cours du XIXe siècle furent utilisés des produits d'origine naturelle (roténone, pyrèthre) et des composés d'origine minérale (à base de cuivre et d'arsenic)[1].

Comme l'indiquent Riba et Silvy[2], jusqu'au milieu du XIXe siècle, « le paysan ne disposait guère que de ses mains pour lutter contre les pullulations d'insectes ». Hannetons (on parle de hannetonnage), doryphores, sauterelles, criquets (dont les pontes) furent ainsi ramassés à la main.

Au XXe siècle, c'est bien évidemment l'industrie chimique qui est venue au secours de l'homme grâce à des produits phytosanitaires faciles d'emploi, d'un prix modéré et donc largement utilisés par les agriculteurs. C'est ce que Ch. Descoins[3] baptise « l'assurance tous risques contre les ennemis potentiels d'une culture ». En effet, « une protection phytosanitaire insuffisante peut entraîner un manque à gagner allant jusqu'à 50 % du prix de la récolte alors qu'un traitement phytosanitaire ne représente au maximum que 3 % de ce prix ».

Pas étonnant si nos agriculteurs ont usé et même abusé de ces molécules chimiques variées avant que l'on ne s'aperçoive des effets pervers de tels traitements et que le cri d'alarme ne soit lancé d'Amérique en 1962 par R. Carson. Cri taxé alors d'exagération en Europe, mais entendu par J. Kennedy alors président des USA un an avant son assassinat !

La lutte organisée contre les insectes a ses limites et il faut prendre conscience qu'à côté d'elle la nature a mis au point une limitation naturelle des populations d'insectes qui est le fruit d'équilibres écologiques précaires, mais efficaces quant à leur résultat. Si nous ne sommes pas ensevelis sous des mètres cubes d'insectes, malgré leur grand pouvoir de reproduction évoqué précédemment, c'est le résultat des limitations naturelles.

Limitations naturelles d'insectes

Dans la nature les insectes sont victimes, comme les autres espèces animales, de prédateurs, de parasites et de maladies. Quelques exemples suffiront pour illustrer ces trois types de limitations naturelles.

Les prédateurs d'insectes, c'est-à-dire ceux qui s'en nourrissent, sont appelés des insectivores. Ils sont nombreux dans le monde animal mais il ne faut pas oublier qu'existent aussi des plantes carnivores (près de 350 espèces dans le monde) qui mettent à leur menu des insectes et disposent à cette fin de pièges très perfectionnés. Parmi les animaux, citons des Vertébrés et des Invertébrés. Poissons et amphibiens capturent, en milieu aquatique, des insectes ou leurs larves. Les oiseaux sont des insectivores efficaces en particulier en forêt. Les Arachnides (araignées) capturent leurs proies (insectes) grâce à leur toile. Mais les insectes entomophages sont les plus nombreux : ils représentent 15 % du monde des insectes. Ils appartiennent à l'ordre des Coléoptères : coccinelles, dont larves et adultes se nourrissent de pucerons (50 à 100 pucerons mangés par jour, par une larve du 4e âge), des Névroptères (chrysopes), des Hyménoptères (fourmis, guêpes, sphex), des Diptères (syrphes), des Hémiptères (punaises)…

Des parasites vrais ont pour hôtes des insectes. Il s'agit de vers Nématodes en particulier des Mermithides (*g. Mermis*) qui modifient considérablement la reproduction de l'hôte (castration parasitaire). Des insectes parasitent d'autres insectes qu'ils tuent : on les baptise des parasitoïdes pour les distinguer des parasites vrais qui eux ne tuent pas l'hôte. Ils injectent leurs œufs ou leur larve à l'intérieur de l'hôte ou déposent un œuf à la surface du tégument de l'hôte (la larve qui naîtra pourra alors pénétrer dans l'hôte ou rester fixée sur le tégument). Ces parasitoïdes appartiennent essentiellement aux ordres des Diptères (ex. : tachinaires) et des Hyménoptères (ex. : trichogrammes). Les tachinaires s'attaquent aux chenilles de Lépidoptères ou aux larves et aux adultes de Coléoptères. Les trichogrammes pondent leurs œufs dans les œufs de Lépidoptères.

Bien évidemment, les insectes-hôtes essaient de se défendre, par exemple en encapsulant l'œuf introduit dans leur organisme. Les parasitoïdes, de leur côté, sont capables de contourner les défenses de l'hôte. C'est ainsi que certains parasitoïdes injectent, avec leur œuf, des virus qui induisent une dépression immunitaire chez l'hôte qui tolère ainsi le parasitoïde[4].

Enfin, les insectes sont victimes de maladies dues à des virus, des bactéries, des champignons et des protistes : on parle d'espèces entomopathogènes.

Les virus entomopathogènes ont été isolés à 60 % des Lépidoptères. Il s'agit de Baculovirus qui agissent souvent après hydrolyse dans le tube digestif de l'insecte. Ils affectent d'abord des cellules digestives (mésentéron), avant d'atteindre les autres tissus où ils se multiplient à leurs dépens, entraînant la mort de l'insecte.

Les bactéries entomopathogènes appartiennent aux genres *Serratia* et surtout *Bacillus*, l'espèce la mieux connue et la plus étudiée étant *Bacillus thuringiensis*. Espèce pathogène de chenilles de Lépidoptères, elle agit grâce à une toxine, sorte de cristal protéique, qui entraîne la destruction des cellules intestinales (cellules du mésentéron) et la mort de l'animal.

D'autres insectes, dont les Diptères, sont également victimes de ces bactéries, et l'on recherche actuellement quelles sont les espèces responsables car, comme nous le verrons dans ce chapitre, les bactéries sont l'un des espoirs de la lutte biologique.

Des champignons entomopathogènes ont été responsables d'épidémies graves, de « muscardines », dans les élevages de vers à soie dès le XIXe siècle. On sait qu'actuellement de nombreux insectes, en particulier dans le sol, peuvent être victimes de mycoses. Le champignon se fixe sur le tégument de l'insecte. Il pénètre par les pores cuticulaires et, grâce à des enzymes (lipases, protéases, chitinases), il envahit ensuite la cavité hémocœlienne de l'insecte ce qui entraîne sa mort. Il s'ensuit une attaque généralisée des tissus et l'apparition de nombreuses spores à l'extérieur du cadavre assurant le succès de l'épidémie.

C'est encore dans les élevages de vers à soie que Pasteur, en 1865, a identifié un protiste responsable de la « pébrine » du ver à soie : microsporidie, *Nosema bombycis*[5]. D'où le nom de nosémose donné aux maladies provoquées par le genre *Nosema*. Il est responsable d'épidémie grave également chez les abeilles domestiques.

La maladie du ver à soie est héréditaire. La pébrine se traduit extérieurement par des taches brunes du tégument, taches en forme de grains de poivre, d'où le nom de pébrine (pèbre, en provençal, veut dire poivre). Pasteur a montré que des spores sont rejetées avec les excréments, déposées sur les feuilles de mûrier et absorbées par la chenille. Les spores parasitent les cellules intestinales où elles se développent, formant de grands plasmodes producteurs de spores qui, si la chenille n'en meurt pas, envahissent les gonades et en particulier les ovocytes : alors le Bombyx pondra des œufs parasités.

D'autres Sporozoaires, Protozoaires tous obligatoirement parasites, affectent les insectes. Il s'agit soit de grégarines, soit de coccidies.

Les grégarines parasitent l'intestin des insectes. L'espèce la plus commune, *Stylocephalus longicollis*, est présente chez le blaps, un Coléoptère ténébrionide noir, fréquent dans les lieux sombres et humides, où la contamination, par absorption, est facilitée par la vie de ces insectes en milieu confiné.

Enfin, des Coccidies provoquent une coccidiose, caractérisée par une prolifération intracellulaire, chez de nombreux Invertébrés dont les insectes.

Toutes ces maladies, épidémiques, contribuent à la limitation naturelle des populations d'insectes dont le mode de vie, et en particulier le groupement, facilitent la propagation.

La lutte chimique : les insecticides

La lutte organisée par l'homme, contre les insectes, est essentiellement chimique, liée à la mise au point, par l'industrie chimique, de substances actives et faciles d'emploi. Il s'agit donc pour l'industriel de trouver des molécules nouvelles originales, à efficacité toujours plus grande, et ensuite de les faire homologuer. Une molécule, sur 10 à 12 000 synthétisées, est retenue afin de satisfaire aux tests (dont les tests de toxicologie) qui permettront d'obtenir son homologation : 6 à 10 ans sont nécessaires.

Le coût de l'homologation d'un produit nouveau était de 120 millions de francs en 1982 (d'après Ch. Descoins)[6] et de 350 millions de francs en 1987 (d'après Cultivar)[7].

C'est dire si les produits anciens ont la vie longue, sauf lorsque l'on démontre leurs effets toxiques pour l'environnement, ce qui fut le cas pour le plus célèbre d'entre eux : le DDT. De plus, les recherches conduisent à homologuer des insecticides à large spectre d'activité, ce qui les éloigne de l'insecticide idéal dont nous évoquerons les caractéristiques à la fin de ce paragraphe.

D'après R. Dajoz[8] et en suivant à peu près l'ordre de leur apparition les insecticides peuvent être classés en trois catégories :

– les insecticides non organiques, dont l'arséniate de plomb et l'arsénite de soude, sont encore utilisés ;

– les insecticides d'origine végétale : la nicotine (alcaloïde extrait du tabac), le pyrèthre (mélange d'esters provenant de Composées, genre *Chrysanthemum*) ; la roténone (extraite de Papilionacées), la ryanodine (alcaloïde de *Ryania*, plantes tropicales de la famille des Flacourtiacées), la sébadille (extraite de grains d'une Liliacée d'Amérique tropicale), ont été employés. Plus récemment on a testé le pouvoir insecticide de la caféine naturelle ou synthétique. C'est qu'en effet l'industrie chimique par synthèse permet de réaliser des analogues synthétiques de beaucoup de ces produits naturels : parfois et abusivement on les baptise insecticides biologiques !

– les insecticides organiques de synthèse ont été mis au point pendant la Seconde Guerre mondiale. Pour eux le marché se développe actuellement grâce à de nouvelles molécules plagiant des substances naturelles à effet insecticide, hormonal ou autres substances toujours néfastes pour l'insecte. On distingue classiquement les insecticides organochlorés, organophosphorés et les autres, très divers.

Le DDT synthétisé en 1874 par Zeidler n'a vu ses propriétés insecticides mises en évidence qu'en 1939 par P. Muller (Laboratoire Geigy à Bâle) dont les travaux furent récompensés par le prix Nobel, en 1948. Le dichloro-diphényl-trichloréthane (DDT) commercialisé dès 1943 est donc un insecticide organochloré qui a sauvé des millions de vies humaines. Il agit par contact et persiste pendant très longtemps : on dit que c'est un insecticide rémanent. Or, il a été produit à raison de 100 000 tonnes par an dans le monde depuis 1943[9]. Il n'est donc pas étonnant que, s'accumulant au long des chaînes trophiques, il devienne néfaste en particulier pour les oiseaux dont le pouvoir reproducteur diminue :

une mauvaise calcification de la coquille entraîne la fragilisation de l'œuf[10]. Ce phénomène, mis en évidence à partir de 1970 par un chercheur anglais (Ratcliffe), a été confirmé pour de nombreuses espèces d'oiseaux, ce qui amena l'interdiction du DDT dans les pays industrialisés (1972 aux USA), mais pas son exportation vers d'autres pays !

Le lindane, isomère γ de l'HCH (Hexachloro-Cyclo-Hexane)[11], doit son nom au chimiste belge Van Der Linden qui révéla son existence en 1912 ; il est 5 à 20 fois plus toxique pour les insectes que le DDT selon l'espèce considérée.

L'aldrine, la dieldrine, l'heptochlore, le chlordane sont d'autres insecticides organochlorés moins connus du public. Certains ont été interdits en Amérique du Nord et (ou) en Europe, du fait de leurs effets écotoxicologiques.

Les insecticides organophosphorés ont été mis au point par l'industrie chimique allemande, pendant la Seconde Guerre mondiale, « comme succédanés de la nicotine et aussi comme dérivés des gaz de combat tels que le sarin ou le tabun ». Ces insecticides agissent, comme les organochlorés, par contact : on dit qu'il s'agit d'insecticides ectothérapiques. C'est le cas du parathion, le premier organophosphoré synthétisé, ou du malathion moins toxique. D'autres sont dits endothérapiques[12] : le premier mis au point est le schradan (pestox ou OMPA). Le démétron (ou systox), l'endothion, le dimefox sont d'autres insecticides endothérapiques. Le dimefox, composé fluorophosphoré, rend la sève toxique ce qui permet de tuer les pucerons qui s'en nourrissent : pucerons du houblon, par exemple.

Ces insecticides organophosphorés ont une très forte toxicité reconnue pour les Vertébrés, aussi leur usage est-il déconseillé, voire, pour certains d'entre eux, interdit.

De ce fait d'autres insecticides ont été synthétisés – les carbamates (carbaryl, propoxur, bendiocarbe…) et les pyréthrinoïdes (deltamétrine, perméthrine…) – ou seront synthétisés dans les années à venir. Ainsi, après les organochlorés et les organophosphorés, ces nouveaux insecticides correspondent à une troisième génération d'insecticides de synthèse dont le but est d'agir sur l'insecte à un niveau déterminé à l'avance (voir plus loin : lutte physiologique).

Il faut dire que par le passé on a tué les insectes sans savoir comment. Actuellement 90 % des insecticides utilisés agissent comme des neurotoxiques. Nicotine, DDT, lindane, etc., affectent d'abord le système nerveux de l'insecte et ensuite des réactions en chaîne aboutissent à la mort. La littérature scientifique regorge de travaux sur les effets des insecticides de synthèse sur le métabolisme général (dont la respiration), sur divers organes cibles (dont certains tissus) détruits par l'insecticide.

Il faut ajouter que, par le passé, on s'est plus intéressé à favoriser la pénétration ou l'absorption de l'insecticide qu'à son mode d'action. Ainsi a-t-on mis au point trois types d'insecticides : les insecticides de contact qui doivent pénétrer à travers le tégument, les insecticides d'ingestion absorbables par l'insecte et les insecticides fumigeants devant pénétrer par les trachées. On a également testé leur efficacité exprimée en DL 50, c'est-à-dire la dose létale médiane, soit la quantité d'insecticide qui tue 50 % des individus.

De plus, du fait de leur toxicité et de la pollution de l'environnement, les insecticides ont eu des destinées diverses. De ce fait, si les organochlorés ont été les plus utilisés, il y a vingt ans, ils le sont moins parce que trop polluants. Les organophosphorés, qui ont pris leur relais, ont connu une phase de progression, puis de stabilisation ; ils commencent à régresser. Ils sont relayés par les pyréthrinoïdes de synthèse qui représentent actuellement 25 % du marché mondial des insecticides[13].

Actuellement, le phénomène qui préoccupe le plus les industriels et les utilisateurs est la résistance que développent les insectes à la suite d'emploi d'insecticides. C'est un phénomène connu depuis longtemps mais qui s'est accéléré avec l'utilisation intensive des insecticides organochlorés après la Seconde Guerre mondiale. Dès 1946 on note, en Suède, la résistance de la mouche domestique au DDT. En 1948, quatorze espèces sont résistantes à au moins un insecticide, elles sont deux cent vingt-quatre en 1969 et quatre cent quarante-sept en 1984. Beaucoup de ces espèces sont devenues résistantes à plusieurs insecticides : la course aux nouveaux insecticides est donc engagée !

On a donc cherché à comprendre comment s'installait cette résistance et montré que trois mécanismes y conduisent : une réduction de la pénétration de l'insecticide (modification du tégument), une modification du site (cible) reconnu par l'insecticide, une métabolisation (hydrolyse) de l'insecticide assurant sa détoxication. Ce dernier mécanisme est mis en œuvre chez les moustiques – espèces devenues résistantes et dont on a vu l'importance comme vecteurs de maladies – qui disposent d'enzymes de détoxication de l'insecticide[14]. Or, les enzymes sont des protéines codées par des gènes et l'augmentation de production d'enzymes est liée à une amplification[15] du gène. Produites jusqu'à cinq cents fois plus dans l'insecte résistant que dans l'insecte sensible, ces enzymes détruisent l'insecticide. Il existe parfois plusieurs gènes de résistance dont les effets peuvent se cumuler. Ce phénomène étant génétique, il est donc transmis à la descendance, qui sera résistante.

Nicole Pasteur et son équipe ont constaté que cette résistance du moustique présente sur les trois continents (Afrique, Asie et Amérique) est du même type (amplification du gène de l'estérase B_2). Elle s'est produite en un endroit, l'Afrique ou l'Asie, et s'est propagée grâce aux transports internationaux à travers ces continents.

Avec l'exemple des moustiques, leur pullulation et la recrudescence du paludisme, c'est l'échec de la lutte chimique qui est consommé. D'une manière générale, nous pouvons dire que les insectes font, et feront toujours, de la résistance – entendez par là des gènes de résistance – chaque fois que l'homme emploiera de façon continue et sur plusieurs générations des insecticides chimiques. Augmenter les doses[16], changer d'insecticides sont des stratégies vouées à l'échec et dangereuses pour l'environnement. En effet, on a très bien compris et expliqué comment les insecticides non biodégradables, dont les organochlorés (DDT, DDD, etc.), s'accumulent au long des chaînes trophiques grâce à des « concentreurs biologiques » et peuvent devenir toxiques pour les espèces situées en bout de chaîne, dont les oiseaux et même l'homme.

C'est ainsi que l'utilisation du lait de femme a été déconseillée en Californie pour l'allaitement des nourrissons par suite de sa contamination par le DDT au long de la chaîne trophique suivante : sol → herbages → bovins → lait → femme[17].

Il faut donc changer de stratégie.

Nous allons voir que cela est possible, dans certaines conditions, d'autant que l'insecticide idéal n'existe pas – mais il n'est pas interdit d'en rêver ! Alors quelles sont les caractéristiques qui feraient dire d'un insecticide qu'il est idéal ?

– il doit être sélectif, à action rapide, et posséder une certaine rémanence (action prolongée) ;

– il doit être inoffensif pour l'homme et les autres espèces, biodégradable afin de ne pas s'accumuler dans l'environnement et ne pas générer de phénomènes de résistance ;

– enfin, il doit être peu coûteux, bénéficiant de franchises douanières, facile d'utilisation et sans risque pour les objets traités (végétaux, vêtements, etc.), et de bonne conservation (stockage).

La lutte physique et mécanique

Il est possible d'échapper au réflexe de lutte chimique contre les insectes dans certaines conditions. Ainsi dans les denrées stockées – nous avons vu combien elles étaient contaminées par des insectes – l'introduction d'insecticides chimiques est délicate, voire déconseillée, pour l'alimentation humaine et animale.

Aussi, dans ce cas précis, a-t-on fait appel avec succès aux facteurs physiques que sont la température (chaud ou froid) et les ondes.

Du blé, contaminé par des charançons, peut être traité par un courant d'air chaud. Un chauffage de 8 secondes à 150 °C, ou 56 secondes à 60 °C débarrasse le blé de tous les insectes (travaux de Fleurat-Lessart et Cangardel, 1982, à l'INRA de Bordeaux). Cette courte exposition à la chaleur ne modifie pas la qualité des blés.

À l'inverse, on peut utiliser le froid pour ralentir l'activité biologique, voire tuer les insectes : des pruneaux peuvent ainsi être stockés à 2 °C et 80 % d'humidité relative pendant 2 à 3 mois, ce qui les protège des attaques par le Coléoptère *Carpaphilus hemipterus* et le Lépidoptère *Plodia interpunctella*[18].

Les ondes de haute fréquence (HF et VHF) et les micro-ondes (UHF, SHF) remplacent actuellement les techniques de lutte chimique pour la désinsectisation des stocks de grains et de denrées alimentaires. La destruction des insectes au cours de l'exposition au champ électromagnétique est consécutive à l'élévation brutale de la température du corps de l'insecte au-dessus du seuil vital. En effet, dans un mélange hétérogène, grains et insectes, les ondes agissent sur l'élément le plus riche en eau, ici les insectes (60 à 80 % d'eau) qui meurent par perte d'eau et hyperthermie.

À des doses sub-létales on constate, chez les insectes, des anomalies : malformations que nous avons, avec nos collègues de l'INRA de Bordeaux (Anglade, Cangardel, Fleurat-Lessard), essayé d'interpréter. Il s'agit d'anomalies (mauvaise exuviation, malformation des appendices…) qui apparaissent normalement dans les élevages mais dont la fréquence est considérablement augmentée après des expositions aux ondes de hautes fréquences ou aux micro-ondes.

Les modifications du métabolisme, qui ont été mesurées, ne sont pas dues au seul choc thermique, car elles persistent dans le temps : le complexe neuroendocrine doit être également touché par les ondes.

Quoi qu'il en soit du mode d'action, des doses létales d'ondes tuent proprement les insectes sans modifier les grains ou les aliments !

Enfin, il faut savoir que, par le passé et encore actuellement, des procédés mécaniques peuvent être utilisés pour se débarrasser des insectes. Par exemple, pour éliminer les chenilles dans les arbres fruitiers ou dans les jeunes pins maritimes, on utilise un échenilloir. Cette cisaille, au bout d'une longue perche, permet de couper la branche où sont accrochés les chenilles ou le nid (pour les processionnaires du pin). Les branchages et les nids sont alors brûlés. L'échenillage a bien sûr ses limites, la longueur de l'échenilloir. Aussi, lorsque les nids de processionnaires sont inaccessibles, a-t-on imaginé de les détruire grâce à un coup de fusil – on peut dire que l'homme a tout essayé pour se débarrasser des insectes – ; mais dans ce cas d'espèce urticante, attention, pour le manipulateur, aux retombées de ces manipulations sans précaution : grattages garantis !

La lutte physiologique

Nos connaissances, de plus en plus précises du développement et de la reproduction des insectes, permettent aujourd'hui d'aborder la lutte contre ces espèces de manière plus scientifique. Entendez par là que nous savons quand, comment et où agir avec précision.

Mais ne nous leurrons pas. Il s'agit, dans tous les cas que je vais évoquer rapidement, d'une nouvelle lutte chimique moins aveugle, plus précise quant au but (la cible, comme l'on dit actuellement) à atteindre : il s'agit de la troisième génération d'insecticides chimiques annoncée précédemment.

Quels sont les buts à atteindre ? Nous en retiendrons trois. Pour éviter la pullulation des insectes, il faut éviter la reproduction, c'est-à-dire la rencontre des partenaires sexuels, diminuer la fertilité et empêcher le développement (mues, métamorphoses, diapause).

La rencontre des partenaires nécessite, comme nous l'avons indiqué précédemment (chapitre 6), la mise en jeu d'odeurs : les phéromones. Il s'agit de substances chimiques spécifiques, c'est-à-dire propres à chaque espèce et que nous savons identifier chimiquement et synthétiser : ce sont des attractifs spécifiques, les phéromones sexuelles.

Elles ont actuellement deux utilisations : l'avertissement agricole et la lutte par confusion sexuelle.

Pour déceler la présence d'insectes[19] en vue de leur traitement, on dispose de pièges englués contenant une capsule qui libère lentement la phéromone. Nous avons à notre disposition plus de cinquante phéromones différentes.

Pour lutter contre les insectes, on utilise la méthode dite de « confusion sexuelle ». Dans un verger, par exemple, on place un grand nombre de tubes capillaires très fins, emplis de phéromones. Les mâles sont totalement désorientés par ces odeurs et ne retrouvent pas les femelles. Les utilisations sont limitées (carpocapse de la pomme, pyrale du maïs, eudémis de la vigne[20], ravageurs du cotonnier), voire décevantes dans le cas d'insectes des forêts. On peut également ajouter un insecticide chimique dans les pièges à phéromone : efficacité limitée[21].

D'après les spécialistes, l'utilisation des phéromones restera aléatoire tant que les travaux concernant le comportement chimique et la diffusion des molécules instables dans l'atmosphère seront inexistants. V. Labeyrie rapporte l'opinion de W. Wellington, professeur honoraire à Vancouver, spécialiste des phéromones, qui souligne notre ignorance en écrivant que « si les pêcheurs ne connaissaient pas mieux les phénomènes hydrologiques que les entomologistes les phénomènes atmosphériques, ils n'attraperaient pas beaucoup de poissons ».

En plus des pièges à phéromones, qui perturbent la rencontre des partenaires et dont l'utilisation est parfois baptisée « lutte éthologique », on a imaginé une deuxième série de techniques qui tendent à réduire la fécondité de l'insecte et où l'insecte est son propre destructeur ; on parle de lutte autocide ou de lutte génétique[22].

Plusieurs idées ont été émises mais, à l'exception de la Libye (1988-1992), elles ne font l'objet d'aucune application pratique actuellement, alors qu'elles ont été utilisées avec succès dans un passé récent (1950 à 1980). L'idée originale de départ est d'introduire, dans une population d'insectes nuisibles, une proportion importante de mâles stériles ou porteurs de particularités génétiques qui entraînent la stérilité ou la mort de la descendance.

La stérilisation est obtenue soit par des méthodes physiques, irradiations aux rayons X, soit chimiques : emploi de chimiostérilisants. L'inconvénient de cette méthode est le nombre d'individus modifiés à produire : en effet, Knipling – l'inventeur de la méthode – a calculé qu'il fallait introduire, pour une population naturelle de 1 million d'individus, 9 millions d'individus stériles à la première génération, ce qui veut dire 45 millions si l'on poursuit l'expérience pendant 5 générations, temps nécessaire pour obtenir l'effet escompté. Il est donc indispensable de maîtriser l'élevage de masse de ces insectes ou de faire baisser la population naturelle, comme préalable au traitement, par des moyens classiques de lutte, afin de réduire le nombre de mâles stériles à relâcher.

Le premier essai fut fait par Knipling sur une mouche, la lucilie bouchère (*Cochliomyia hominivorax*) dont la larve, le « screw-worm », est responsable d'une affection cutanée, myiase du bétail qui dévalue les peaux. Une éradication totale fut obtenue dans l'île de Curaçao (île des Antilles néerlandaises de 450 km^2) entre le 9 août 1954 et le 6 janvier 1955 à raison de 136 000 mouches stériles lâchées par semaine. L'éradication fut étendue à la Floride : en 18 mois (1958-1959), à raison de 50 millions de mouches par semaine (2 milliards au total), l'éradication était obtenue sur 180 000 km^2 (Floride plus une partie de la Géorgie et de l'Alabama). En 1966, après le lâcher de plus de 20 milliards de mouches, le « screw-worm » était éliminé des États-Unis.

Cette technique fut remise en œuvre en Libye, par la FAO, contre la même espèce : la mouche (lucilie bouchère) introduite accidentellement et qui menaçait les troupeaux libyens fit son apparition en 1988. De décembre 1990 à juin 1992 des mouches stériles (1 300 millions) en provenance de l'usine mexicaine de Tuxtla Gutierrez[23] furent lâchées sur une surface de 26 500 km^2. La Libye fut alors débarrassée de la lucilie bouchère.

D'autres essais furent tentés contre des mouches des fruits, dont la mouche méditerranéenne (*Ceratitis capitata*), contre un Lépidoptère ravageur des vergers : le carpocapse (*Lespeyrisia pomonella*) et contre des insectes vecteurs de maladies : moustiques et glossines.

Les résultats sont parfois décevants : il y a plus d'échecs que de réussites. Même dans le cas du « screw-worm » prétendument éradiqué, l'espèce est réapparue et se développe. Les envahisseurs peuvent venir d'ailleurs pour régénérer l'espèce que l'on essaie d'éliminer – c'est pour cela que les îles sont de bonnes zones d'expérimentation –, les mâles stériles peuvent devenir moins compétitifs que les mâles normaux et cela oblige à refaire des élevages de masse.

L'obtention en grand nombre des insectes stériles est ce qui limite le plus l'extension de la lutte autocide, d'autant plus qu'il faut obtenir des insectes dont la biologie, la physiologie et le comportement restent aussi proches que possible de ceux de l'espèce.

Il en est de même pour les insectes dont on essaie de modifier le potentiel génétique et qui devraient permettre aux nouveaux gènes d'être incorporés dans le patrimoine génétique de l'espèce sauvage. Ainsi, seraient obtenus des moustiques transgéniques[24], c'est-à-dire porteurs de gènes nouveaux qui les rendent réfractaires à l'infection par des parasites ou (et) incapables de les transmettre à l'homme. Par exemple, dans le moustique transgénique, le *Plasmodium* (germe du paludisme) serait détruit grâce à des anticorps et ne transmettrait plus le paludisme. Malheureusement, si l'idée est géniale, l'expérimentation ne permet pas encore d'obtenir ces insectes transgéniques[25] et leur multiplication afin qu'ils soient les vecteurs de gènes vers l'espèce sauvage. Il y a parfois loin du rêve à la réalité !

De plus, et grâce à des hormones naturelles ou de synthèse, on a cherché à dérégler le développement des insectes. C'est ainsi que furent utilisées les deux grandes catégories de ces hormones : ecdystéroïdes et hormones juvéniles.

Les ecdystéroïdes sont synthétisés à partir du cholestérol. Cette synthèse s'avère coûteuse et, de ce fait, l'utilisation agronomique des ecdystéroïdes de synthèse est limitée. Pourtant, à forte dose, ces substances sont mortelles. De plus, elles peuvent dérégler la physiologie d'un insecte : ainsi J. P. Grillot et A. Robert[26] envisagent leur emploi dans la lutte contre la mouche tsé-tsé. L'avortement est provoqué par un apport d'ecdystéroïde qui entraîne le dérèglement du fragile équilibre endocrine permettant la gestation et l'accouchement de cette mouche.

Les homologues d'hormones juvéniles sont faciles à synthétiser à des prix très compétitifs. Ils ont des effets stérilisants et induisent des malformations chez les insectes alors qu'ils sont sans effets pour les Vertébrés, ce qui n'est pas le cas des ecdystéroïdes. En agronomie, on utilise ces substances pour induire un stade larvaire surnuméraire non viable. Certains produits synthétisés, tel l'altosid, ont une activité juvénoïde 1 000 fois supérieure à l'hormone juvénile naturelle.

À l'opposé, des substances chimiques ont été isolées ou synthétisées et permettent de bloquer le fonctionnement des glandes endocrines de l'insecte ou la synthèse du tégument. Il s'agit du précocène et du diflubenzuron (Dimilin). Le précocène a été extrait d'un végétal : *Ageratum houstonianum*. Il a un effet toxique sur les cellules des corps allates et, de ce fait, empêche la synthèse de l'hormone juvénile. Les substances de ce type ont été baptisées des antijuvénoïdes[27].

Le diflubenzuron est un inhibiteur de la synthèse de la chitine. Il ne tue pas immédiatement l'insecte qui l'ingère ; celui-ci continue son développement et meurt au moment de la mue par suite de l'édification incomplète de la nouvelle cuticule. Il fait partie, avec les autres molécules citées précédemment, des produits phytosanitaires dénommés « régulateurs de croissance ».

On a également imaginé d'utiliser, comme insecticides, des neurohormones d'insectes produites par le cerveau ou d'autres ganglions nerveux. Certaines, comme les allatotropines et les allatostatines, régulent la synthèse de l'hormone juvénile, d'autres agissent sur le fonctionnement du tube digestif, de la gonade ou la régulation du métabolisme de l'eau. Ces neurohormones sont de nature peptidique, ce qui les rend inutilisables directement comme insecticide. D'abord, parce que leur synthèse coûterait très cher, et ensuite, du fait de leur nature, ces molécules risquent de mal pénétrer à travers la cuticule. Enfin, si elles sont ingérées, elles seront digérées par l'insecte. Aussi, les recherches actuelles s'orientent vers la production de mimétiques, non protéiques, de ces neurohormones. Ces mimétiques seraient susceptibles d'agir sur les récepteurs aux neurohormones et donc de modifier le développement, la digestion, la reproduction ou l'excrétion de l'insecte.

La lutte biologique

C'est l'ensemble des méthodes qui consistent à combattre les insectes nuisibles en faisant appel à leurs ennemis naturels : prédateurs, parasites et (ou) responsables de maladies, dont nous avons vu en début de ce chapitre qu'ils étaient fort nombreux.

Il s'agit donc « d'utiliser le vivant contre le vivant » et nous considérerons ici les organismes de grande taille, traitant ultérieurement des microorganismes employés en lutte microbiologique, respectant en cela l'ordre chronologique des événements.

En effet, d'après P. Acot[28], des fourmis furent utilisées en Asie contre des ravageurs d'agrumes dès l'an 400 avant J.-C. Plus près de nous, en 1762, dans l'île Maurice, des oiseaux sont importés pour lutter efficacement contre les sauterelles. Puis contre les pucerons sont utilisés les larves et les adultes des coccinelles.

Mais ces pratiques, qui étaient empiriques et d'importance limitée jusqu'en 1860, ont connu, aux USA, à la fin du siècle dernier, un succès incontesté, œuvre d'un pionnier, Ch. V. Riley. Les plantations californiennes d'agrumes (orangers, citronniers...) sont décimées par une cochenille australienne (*Icerya purchasi*) introduite accidentellement en 1868. Or, en Australie, cette cochenille n'est pas économiquement nuisible. Riley en conclut qu'existe en Australie un « facteur de contrôle » qui n'existe pas en Californie. En 1888, des recherches sont faites en Australie pour connaître les ennemis naturels de cette cochenille, dont une coccinelle (*Novius cardinalis*). Riley, en 1889, élève 10 000 coccinelles, les fournit aux planteurs d'agrumes et, en 1890, la population de cochenilles atteint son seuil de non-nuisibilité économique.

C'est la première victoire de la lutte biologique à une grande échelle. Elle fut suivie, toujours aux USA, d'une nouvelle expérimentation due à L. O. Hoxward, qui utilise la lutte biologique en forêt. Il s'agit de venir à bout d'un Lépidoptère, le Bombyx disparate (*Lymantria dispar*) introduit accidentellement en 1869 dans le Massachusetts et qui va envahir et dévaster la forêt. Il est d'ailleurs aidé par un autre Lépidoptère : le Bombyx « cul brun », *Euproctis chrysorrhoea*. Howard part donc en Europe où il recherche les ennemis de *Lymantria dispar*; ils sont très nombreux et quelques-uns seulement purent être acclimatés en Nouvelle-Angleterre. Ce n'est qu'en 1925 que la victoire fut acquise, presque 30 ans après le début du combat.

Ces deux exemples témoignent, s'il en était besoin, de l'efficacité des prédateurs et parasites naturels. Cochenille et *Lymantria* causèrent des dégâts considérables parce qu'ils furent accidentellement introduits dans des zones où n'existaient pas leurs ennemis naturels. Les pionniers de la lutte biologique, Riley et Howard, eurent l'intelligence de penser à faire appel aux ennemis les mieux adaptés. Ce ne fut pas toujours le cas et, à côté de leurs succès, nombreux furent les échecs enregistrés.

Il n'est alors pas étonnant qu'avec la découverte du DDT en 1939 la lutte chimique contre les insectes s'intensifie et qu'une pause soit constatée dans la lutte biologique. Pause pendant plus de vingt ans, où les insectes développent des résistances aux insecticides chimiques, lesquels s'accumulent et polluent l'environnement. La lutte biologique connaît donc un nouveau regain d'intérêt avec la lutte autocide – due à Knipling qui en eut l'idée dès 1937, mais qui fut mise en application de 1950 à 1980 – et la lutte microbiologique mise en œuvre à partir de 1960.

Actuellement, en France, la lutte biologique concerne soit des insectes phytophages indigènes, soit des insectes phytophages importés.

Pour les phytophages indigènes, qui ont naturellement de nombreux prédateurs ou parasites spécifiques, il paraît difficile de privilégier l'un d'entre eux sans risque de créer des déséquilibres catastrophiques. Pour les cultures en serre, mais aussi parfois à l'extérieur, on privilégie l'utilisation du trichogramme. Ce petit Hyménoptère a comme caractéristique de parasiter les œufs de Lépidoptères à l'intérieur desquels il effectue la totalité de son développement. On les élève en grand nombre sur les œufs de teigne de la farine ou d'alucite des céréales[29]. Les œufs parasités (collés sur du papier ou placés dans des cupules perforées) sont mis dans la culture. On agit ainsi efficacement contre la pyrale du maïs à raison de 300 000 trichogrammes à l'hectare. En serre, on lutte contre l'aleurode des serres grâce à un autre Hyménoptère parasite (*Encarsia formosa*). Le tableau ci-contre donne quelques cas actuellement traités par ces techniques en France.

En forêt, où les problèmes entomologiques sont plus difficiles à traiter, l'introduction de fourmis[30] a été envisagée pour lutter contre les papillons et chenilles de la noctuelle, de la processionnaire du pin et de la tordeuse du chêne.

La mésange charbonnière étant un prédateur des chenilles processionnaires, le Conseil général de la Gironde a piloté une opé-

Quelques exemples de traitements biologiques récents en France
(D'après G. Riba et Ch. Silvy, 1989.)

Culture	Ravageur	Auxiliaire	Lieu du traitement	Efficacité
Cultures protégées (rosier, gerbera, fraisier, aubergine, concombre, melon, poivron, tomate...)	*Tetranychus urticae*	*Phytoseiulus persimilis*	Sud France	+++
Serres Plantes tropicales	*Planococcus citri*	*Cryptolaemus montrouzieri*	Côte d'Azur	+++
Serres *Calathea marantha*	*Coccus hesperidum*	*Metaphycus flavus* *Metaphycus helvolus* *Microterys flavus*	Côte d'Azur Côte d'Azur	+++
Serres fougères	*Saissetia coffeae*	*Encyrtus infelix* *Encyrtus lecaniorum*	Côte d'Azur	+++
Olivier	*Saissetia oleae*	*Diversinervus elegans* *Metaphycus bartletti*	Côte d'Azur puis ensemble zone de culture Olivier en France	+++ +++
Serres légumières	*Trialeurodes vaporariorum*	*Encarsia formosa* *Encarsia tricolor*	Côte d'Azur puis toute la France	+++
Cultures sous serre	Puceron des serres	*Chrysopa* sp.	Provence Côte d'Azur	+++
Serres tomates	*Liriomyza trifolii*	*Diglyphus isaea* *Dacnusa sibirica*	Provence Côte d'Azur	+++ ++
Maïs	*Ostrinia nubilalis*	*Trichogramma brassicae*	Alsace	+++

++ succès partiel ; +++ succès total.

ration « nichoirs » afin que cet oiseau fréquente activement la forêt. Ce sont les enfants de plusieurs écoles de la Gironde qui ont fabriqué des nichoirs et les ont mis en place en février 1993. Il faudra attendre plusieurs années pour savoir si ces oiseaux les fréquentent et régulent les populations de processionnaires.

Pour les insectes importés, en fait introduits accidentellement et qui pullulent faute de parasites ou de prédateurs, il faut acclimater l'un (ou plusieurs) de ces derniers. Cela nécessite des recherches longues dans le pays d'où est originaire l'espèce, afin de connaître l'ensemble de ces auxiliaires. En France, des succès ont été obtenus pour les espèces suivantes[31] :

– cochenille australienne et *Novius cardinalis* (coccinelle prédatrice) ;

– cochenille farineuse (*Pseudococcus*) et *Cryptolaemus montrouzieri* (coccinelle prédatrice) ;

– cochenille du mûrier et *Prospaltella berlesei* (Hyménoptère parasite) ;

– pou de San José et *Prospaltella perniciosi* (Hyménoptère parasite) ;

– aleurode floconneux des citronniers et *Cales noacki* (Hyménoptère parasite)[32] ;

– puceron lanigère et *Aphelinus mali* (Hyménoptère parasite).

Qu'il s'agisse de ravageurs indigènes ou importés, la lutte biologique nécessite la mise en œuvre d'élevages de masse d'insectes prédateurs ou parasites. De plus, d'après J. Batra[33], 90 % des insectes introduits meurent ou sont inefficaces et il faut plusieurs années pour juger du succès de l'introduction. La lutte biologique a aussi ses limites !

Malgré ces réserves, les spécialistes estiment avoir testé un millier d'auxiliaires, contre près de trois cents espèces de ravageurs, avec un taux de réussite de 40 %[34].

Enfin, il ne faudrait pas croire que la lutte biologique contre les insectes ne puisse s'organiser qu'à partir des seuls insectes. D'autres Invertébrés et des Vertébrés, parasites ou prédateurs, sont parfois utilisés. Ainsi, contre les larves de moustiques des vers nématodes tels que *Romanomermis culivorax* ont été expérimentés. Cependant les larves développent des résistances qui limitent le champ d'application de ce parasite. Aussi, en Afrique et en Asie a-t-on recours à des prédateurs, à savoir des poissons volontairement introduits par l'homme : des gambusies (*Gam-*

busia sp.) originaires d'Amérique du Nord et des guppies (*Poecilia reticulata*) qui proviennent d'Amérique du Sud. Ces poissons ont une bonne efficacité comme prédateurs des larves de moustiques, ils sont vivipares et ont un taux de reproduction élevé. Ils sont malheureusement de petite taille, ce qui limite leur exploitation comme espèce comestible[35].

La lutte microbiologique et les toxines naturelles comme insecticides

C'est à partir de 1960 que l'on commence à utiliser les maladies des insectes comme moyen de lutte. Il s'agit de propager des viroses, bactérioses et mycoses des insectes dues à des virus, bactéries et champignons entomopathogènes.

Les virus sont difficiles d'emploi car il faut les produire sur l'espèce que l'on veut contaminer, ce qui suppose l'élevage en masse de cette espèce. Dans le cas de la chenille processionnaire, un virus a été identifié dès 1953 : il s'agit du *Smithiavirus pityocampa* responsable d'une virose à polyèdre. Étudiée quant à ses effets (sur le tube digestif) et expérimentée sur le mont Ventoux, l'efficacité du produit testé en 1958-1959 est de 80 % de mortalité[36]. C'est l'engouement. Malheureusement, l'obtention du virus en grande quantité ne peut se faire – le virus étant un parasite strict – que sur le vivant : chenilles processionnaires dont on a vu le pouvoir urticant. Cette contrainte du vivant augmente trop le prix de revient des virus, aussi ce projet de lutte a été abandonné faute de pouvoir réaliser, comme indiqué précédemment, l'élevage de masse de la processionnaire[37].

Des virus ont pourtant été utilisés avec succès, en forêt de feuillus, contre *Lymantria* ou *Orgya*, mais la contrainte du vivant[38], et donc le prix de revient des virus, encore trop élevé, limitent leur utilisation agronomique : contre la noctuelle et la piéride du chou. La carpovirusine, une préparation à base du virus de la granulose, est particulièrement efficace contre le carpocapse (*Cydia pomonella*), ravageur des vergers de pommiers, de poiriers et de noyers. Après dix ans d'expérimentation (soutenue par la CEE), ce procédé de lutte microbiologique est en phase d'industrialisation et de commercialisation.

Les virus ont une grande spécificité et de ce fait ne risquent pas de porter atteinte aux auxiliaires ou aux Vertébrés, dont l'homme. Il n'en est peut-être pas de même des champignons entomopathogènes qui peuvent être, par leurs membranes, des allergènes chez les Mammifères et l'homme.

Les champignons ayant décimé les élevages de vers à soie (muscardines) dès le XIXe siècle, Pasteur avait imaginé leur utilisation dans la lutte contre les insectes. On sait actuellement comment ils pénètrent à travers le tégument, envahissent l'hémocœle et provoquent la mort de l'insecte. Ce n'est qu'ensuite qu'ils attaquent les tissus et sortent du cadavre (sporulation) qui devient infectieux pour d'autres insectes. En France, P. Ferron, en 1978, réussit à introduire un champignon (*Beauveria brongniartii*) dans une population de hannetons (*Melolontha melolontha*). Les larves (vers blancs), contaminées dans le sol, assurent la dissémination de la maladie qui maintient ce ravageur au-dessous du seuil de nuisibilité.

Ce même auteur signale qu'actuellement, à la Réunion, on a réussi l'introduction-acclimatation d'un champignon malgache (*g. Beauveria*) qui régule les populations du hanneton de la canne à sucre.

D'autres champignons ont été testés : *Beauveria bassiana* contre le carpocapse, le doryphore et la pyrale du maïs, et *Entomophthora* sp. contre les pucerons en serre. Malheureusement, et comme pour les virus, les méthodes d'obtention de ces germes pathogènes sont encore trop coûteuses pour permettre une utilisation agronomique.

Il n'y a, par contre, aucune difficulté à produire industriellement des bactéries entomopathogènes à un prix très compétitif. Isolé de chenilles de ver à soie au début du siècle, *Bacillus thu-*

ringiensis[39] est le biopesticide le plus commercialisé dans le monde.

Cette bactérie agit sur le tube digestif de l'insecte qui l'ingère. Les chercheurs de l'INRA et de l'Institut Pasteur ont démontré que la toxine produite, une protéine, a une grande efficacité contre les larves de certains Lépidoptères nuisibles aux cultures. La grande spécificité de cette toxine et son innocuité pour les autres animaux en font un biopesticide de choix.

Cette toxine existe dans la bactérie et les spores sous forme d'un cristal protéique, une protoxine qui devient active lorsqu'elle est solubilisée dans l'intestin de l'insecte. Là, elle perfore la membrane péritrophique de l'intestin, ce qui tue l'insecte par afflux d'eau et éclatement des cellules digestives.

Les limites d'utilisation de ce biopesticide sont donc liées à son mode d'ingestion. Il faut absolument qu'il soit ingéré avec les aliments. Ainsi, en forêt de pin, une pulvérisation par avion ou hélicoptère se solde par une perte considérable de produit. Ajoutez à cela que les aiguilles de pin, par leur forme, retiennent mal le produit, que la pluie le lave et l'entraîne, enfin que 24 heures d'action des ultraviolets détruisent ce produit instable, et vous comprendrez mieux pourquoi les traitements dans une forêt de pins sont si peu efficaces contre la chenille processionnaire.

Il faut donc améliorer la prise alimentaire de la toxine et pour cela l'Institut Pasteur a imaginé trois pistes de recherches en biotechnologie[40].

Il s'agit de contaminer les larves de Lépidoptères à l'aide de bactéries qui vivent dans les végétaux : on les appelle des endobactéries (genre *Clavibacter*). Ces bactéries sont « manipulées », entendez par là qu'on introduit dans leur génome le gène qui code pour la synthèse de la toxine. Ainsi la plante, grâce à ces endobactéries toxiques, sera en permanence protégée contre les larves de Lépidoptères. Des travaux du même type sont actuellement en cours, par utilisation de bactéries épiphytes, c'est-à-dire qui se développent sur l'arbre, et que l'on contamine comme les endophytes.

Les larves de Diptères, en particulier des moustiques ou des simulies si dangereux pour la santé humaine, se développent en milieu aquatique. On a démontré depuis 1977 qu'une souche de *Bacillus thuringiensis* était également pathogène pour ces larves de Diptères[41]. Mais, là encore, comment faire pour que cette toxine soit en permanence disponible dans le milieu aquatique ? Il suffit de manipuler les gènes d'algues aquatiques, les cyanobactéries, afin qu'elles produisent la protéine toxique. On fonde beaucoup d'espoir sur ces cyanobactéries transgéniques dans la lutte contre les larves des Diptères.

Enfin, il est maintenant possible de protéger le végétal, sans l'intermédiaire des bactéries endophytes ou épiphytes, en manipulant ses gènes afin de lui faire produire la protéine toxique : nous parlerons de ces plantes transgéniques ultérieurement.

De plus, il faut savoir que l'on recherche des souches de *B. thuringiensis* dont seraient victimes d'autres insectes nuisibles (autres que Lépidoptères et Diptères) et aussi d'autres toxines produites par animaux et végétaux, toxines que l'on baptise parfois d'insectotoxines. Il s'agit, en plus de celles des bactéries, des productions d'insectes et de scorpions.

Les insectes fabriquent des toxines, grâce à des glandes spécialisées, qui leur permettront de s'entre-tuer. Il s'agit soit de terpènes, soit d'alcaloïdes. Les premiers sont formés par les termites et les chrysomèles, les seconds par les coccinelles et les fourmis. Ces substances ont une activité insecticide tout à fait comparable à celle des insecticides commerciaux[42].

Les toxines des scorpions sont des substances chimiques fabriquées dans des glandes à venin qui servent à ces animaux à se défendre contre les prédateurs ou (et) à immobiliser voire tuer des proies. Elles sont de mieux en mieux connues quant à leur structure chimique – souvent de nature protéique – et leur mode d'action.

Plusieurs types de toxines de scorpions agissent sur les insectes soit en provoquant une « paralysie contracturante », soit une « paralysie de type flasque ». Les premières toxines sont excitatrices, les secondes sont relaxantes.

Ces insectotoxines sont envisagées par A. Menez[43] comme

insecticide. Mais la limite à leur utilisation est qu'elles ont un large spectre d'action dans leur forme naturelle. Si cela se révèle avantageux pour le scorpion, par contre un insecticide doit présenter une certaine spécificité, c'est-à-dire n'atteindre que quelques espèces d'insectes et pas toutes, indifféremment. Il sera donc nécessaire de faire évoluer ces toxines naturelles vers une forme d'insecticide mieux adaptée.

En conclusion, il faut dire que ces biopesticides ne connaissent pas le succès qu'ils mériteraient et que leur utilisation reste limitée par rapport aux insecticides chimiques : *Bacillus thuringiensis*, le biopesticide dans lequel on fonde le plus d'espoir, ne représente que 1 % du marché global des insecticides. Les raisons en sont multiples et ne tiennent pas à leur manque d'efficacité, ni à leur difficulté d'application, ni à l'apparition de phénomène de résistance. Ceux-ci existent pourtant. La première résistance à la bactospéine est apparue en 1985 chez la piéride du chou. Il s'agit toujours d'après A. Klier de résistance induite par une utilisation massive de la toxine dans une zone géographique limitée, voire d'une mauvaise utilisation.

Tout est donc question d'habitudes, de pratiques culturales. D'ailleurs, cela est si vrai que l'on a imaginé de lutter contre les insectes en changeant les méthodes, les plantes cultivées et même en rendant ces dernières résistantes aux insectes : on parle parfois de lutte écologique.

La lutte écologique ou le changement de pratiques

L'histoire de l'agriculture nous a enseigné que la tendance de l'agriculture moderne était à la monoculture extensive. Elle est favorable à des pullulations d'insectes ravageurs et à l'appauvrissement des insectes auxiliaires si utiles à l'agriculteur, d'autant que ces monocultures se font souvent au même endroit.

Il suffit donc de faire un choix judicieux de rotation des cultures pour diminuer les risques de pullulation. Lorsque ces rotations ne sont pas possibles ou lorsque la culture s'effectue sur de nombreuses années, cas des plantations forestières par exemple, alors il faut varier les plants ou mélanger les essences forestières. En Corse, C. Geri, de l'INRA, a pu constater que la chenille processionnaire du pin ne pullule pas du fait d'un mélange d'essences végétales et de pratiques culturales différentes selon l'exposition des versants plantés.

Ce mélange d'essences végétales est, d'après P. Ferron[44], une pratique millénaire de l'agriculture chinoise. Il n'est pas rare de voir associer, dans la même parcelle, quelques rangs de maïs, de blé, de tomates, de concombres ou de haricots. Il parle « d'agriculture jardinée » très opposée à la monoculture des pays industrialisés et qui assure l'entretien d'une biocénose diversifiée en auxiliaires limitant les ravageurs des cultures.

Une pratique ancestrale pour conserver des haricots hors de l'atteinte des bruches consistait à introduire dans les sacs du laurier, de la menthe, etc. Des chercheurs de l'université de Pau ont montré que de nombreuses plantes aromatiques (thym, romarin, etc.) ont des propriétés insectifuges tout à fait intéressantes même dans les cultures.

Il suffit parfois de décaler dans le temps (avancer ou retarder) la plantation d'un semis, ou d'utiliser des variétés précoces ou tardives afin de limiter l'action d'un insecte : son développement est « déphasé » par rapport à sa plante-hôte, il se développe mal ou la plante supporte mieux les dégâts occasionnés : elle est plus résistante.

L'arrachage des pieds de maïs après la récolte à l'aide d'une machine-outil adaptée permet d'exposer au froid les larves de sésamies ou noctuelles du maïs (*Sesamia nonagrioides*) : elles meurent de froid dès que la température atteint – 4 à – 6 °C. Or, cette chenille est un important ravageur de maïs en France qui présente la particularité de passer l'hiver à l'état larvaire (diapause larvaire) protégée du froid à l'intérieur de la partie souterraine de la canne de maïs (le pivot). Ce comportement est lié au fait qu'elle ne possède pas de mécanisme antigel protecteur, d'où l'idée originale des chercheurs de l'université de Bordeaux I et de l'INRA (L. Lavenseau et L. Peypelut) de les tuer par le froid grâce à l'arrachage des pieds de maïs.

Des chercheurs américains et hollandais[45] imaginent que l'on pourrait sélectionner des variétés de plantes qui émettent davantage de signaux attractifs pour les insectes auxiliaires. Ces auteurs ont en effet montré qu'un insecte parasitoïde (une guêpe par exemple) est non seulement attiré par des stimuli émanant de la chenille de Lépidoptère qu'il parasite mais aussi par l'odeur du végétal dont se nourrit la chenille (à Tours, J. Huignard constate le même phénomène).

On a de plus sélectionné des variétés résistantes aux insectes, soit parce qu'elles ne les attirent pas, soit parce qu'elles produisent des substances toxiques, soit parce qu'elles supportent bien leurs attaques. Ainsi connaît-on depuis longtemps des porte-greffes de vigne résistant aux phylloxéras[46], des pommiers résistant aux pucerons, des maïs résistant à la pyrale, des pommes de terre résistant aux doryphores, etc.

En effet, dans la nature, des plantes résistent aux insectes. Elles sont capables de synthétiser des insecticides afin de dissuader leurs attaquants : il est vrai qu'elles sont fixes et incapables de s'échapper. Au cours de l'évolution, on peut donc penser qu'elles ont développé et sélectionné des produits de leur métabolisme qui s'avèrent toxiques pour les insectes.

Or, des produits de métabolisme végétal ont très tôt été utilisés comme insecticides. Citons pour mémoire la nicotine, la roténone et le pyrèthre. Ce dernier, avec les pyréthrinoïdes de synthèse, a toujours le même succès. Mais d'autres produits du métabolisme du végétal peuvent être intéressants comme insecticides parce qu'ils sont biodégradables, non toxiques pour d'autres organismes, et parce qu'ils n'induisent pas de résistance des insectes-cibles. B. J. R. Philogène[47], chercheur canadien, en dénombre trois types : les substances phototoxiques (phototoxines), les substances anti-appétentes et les synergistes.

Les plantes se protègent contre les nuisibles, dont les insectes, en utilisant l'énergie lumineuse : elles produisent des substances dites phototoxiques (ou phototoxines) capables de capter les photons pour donner des radicaux oxygène très énergétiques et donc dangereux pour les cellules des nuisibles. C'est dans la famille des Astéracées que l'on trouve toute la gamme des substances phototoxiques : furanocoumarins, alcaloïdes furanoquinolines, alcaloïdes béta-carbolines, polyacétylènes et leurs dérivés thiophènes, et quinones.

C'est de l'œillet d'Inde (*Tages* sp.) qu'a été isolée la substance phototoxique la plus intéressante quant à ses propriétés insecticides : il s'agit de l'alpha-terthienyl (a-T), un thiophène abondant dans cette plante. Selon l'espèce d'insectes, ce composé a des effets phagorépresseurs, il ralentit la croissance ou est mortel. Pour B. J. R. Philogène, « l'efficacité remarquable de cette molécule envers les insectes nuisibles et son manque de toxicité pour les humains et autres organismes non visés permettent d'envisager la mise au point d'un nouveau type d'insecticide », et cet auteur de s'interroger : « Est-ce à dire que toutes les substances phototoxiques d'origine végétale sont promises au même avenir ?[48] »

Les plantes peuvent aussi produire des substances anti-appétentes capables de réduire l'appétit des insectes. On a donc imaginé d'arroser avec de telles substances des végétaux qui n'en possèdent pas, voire de leur en faire produire par manipulation génétique.

Le margousier ou neem (*Azadirachta indica*), une Méliacée originaire de l'Asie, a retenu l'attention des spécialistes. En effet, cette espèce n'a pas été attaquée lors d'une invasion de sauterelles au Soudan, et les recherches menées dans plusieurs pays permettent d'établir que 125 espèces d'insectes (dont les Acridiens) sont réfractaires au margousier et à ses molécules. Vingt-cinq composés actifs ont été identifiés, dont le plus important, comme anti-appétent, est l'azadirachtine (un limonoïde). Ce composé est particulièrement abondant dans les graines et, comme sa composition est très complexe, il est hors de question d'en faire la synthèse chimique ; on trouve sur le marché plusieurs produits phytosanitaires à base de margousier.

D'après B. J. R. Philogène, ces produits naturels contiennent plusieurs principes actifs ce qui diminue considérablement les risques de développement de résistance par les insectes cibles.

Enfin, dans les produits du métabolisme secondaire des plantes existent des substances qui ne sont pas toxiques par elles-mêmes, mais qui augmentent la toxicité des autres substances toxiques. Ces produits sont appelés des synergistes et sont employés pour augmenter l'efficacité de certains pesticides, par exemple le pipéronyl butoxide, dans les insecticides à base de pyrèthre.

Les synergistes sont présents dans beaucoup de plantes. On a récemment identifié des lignans, dérivés des phénylpropanes, dont l'utilisation avec les insecticides existants devrait accroître leur efficacité, ou permettre de réduire le dosage de ces pesticides.

B. J. R. Philogène est très optimiste quant aux potentialités insecticides des produits métaboliques des plantes, ce qu'il baptise des « insecticides botaniques ». Il semble oublier le cas de cette légumineuse (cité au chapitre 7) étudiée par G. Rosenthal qui contient un acide aminé très toxique pour les insectes : la canavanine. Mais au cours de l'évolution, un insecte – il s'agit d'un Coléoptère de la famille des Bruchidés – devient capable de métaboliser cet acide aminé toxique : il est le seul insecte capable d'utiliser cet acide aminé et donc l'azote qu'il contient. Les larves de cet insecte (jusqu'à 50 par graine) se développeront aux dépens de cette légumineuse.

Les chercheurs ont imaginé de manipuler les plantes afin de leur faire produire des insecticides[49]. Ils ont pour cela fait appel à la plus célèbre des bactéries : *Bacillus thuringiensis* qui, comme indiqué précédemment, fabrique une protéine toxique, en particulier, pour de nombreuses chenilles de Lépidoptères. Il suffit d'introduire dans la plante les gènes qui codent cette protéine toxique et la plante lutte alors par elle-même efficacement contre les insectes. Des plants de tabac, tomate, pomme de terre et de coton ont été ainsi protégés de leurs insectes prédateurs. Mais pour combien de temps ?

Si l'on se réfère à l'exemple des Bruchidés mentionnés ci-dessus, il n'est pas impossible d'imaginer que des insectes deviennent résistants[50] à ces plantes devenues résistantes par manipulation génétique, plantes qu'ils détruiront allègrement. Ce cas est apparu en 1993 dans du riz transgénique en Thaïlande par suite d'une mauvaise utilisation. L'excès en tout est néfaste. Les plantes transgéniques – et elles sont nombreuses maintenant, dont on a modifié le génome pour les rendre résistantes aux insectes, aux champignons, aux herbicides, ou pour leur faire acquérir des propriétés nouvelles – ne sont pas la panacée. Il faut savoir, par exemple, que dans un champ de tomates transgéniques, il faut toujours prévoir de laisser 10 % de tomates normales.

Tout est donc, comme pour les insecticides chimiques, question d'éducation des utilisateurs (les professionnels) et des consommateurs.

A. Kiel montre cette affiche vue dans un restaurant aux USA où il est indiqué : « Ici nous ne servons pas d'aliments transgéniques. » Il s'est même fait agresser par des fumeurs qui lui ont dit ne pas vouloir fumer du tabac transgénique ! Comme si la protéine (reste de la toxine) brûlée était plus dangereuse que la nicotine contenue dans l'herbe à Nicot !

La lutte intégrée

La lutte contre les insectes est donc multiforme et a connu depuis la Seconde Guerre mondiale plusieurs phases. D'abord de 1946 à 1962 une ère d'optimisme grâce aux insecticides chimiques. Puis de 1962 (avec le cri d'alarme de la biologiste américaine Rachel Carson) à 1976 une ère de doute quant à l'efficacité et aux risques pour l'environnement d'une telle méthode de lutte. Après 1976, avec l'action et l'incitation de l'OILB[51], c'est à nouveau l'optimisme qui s'installe avec la lutte intégrée. De quoi s'agit-il ? Tout simplement d'utiliser au mieux, en les combinant, les différentes méthodes de lutte existantes. Il s'agit en fait d'une philosophie nouvelle qui ne considère pas comme inéluctable que la destruction d'un insecte passe obligatoirement par un insecticide chimique[52].

En premier lieu, il convient de mettre en œuvre une pratique culturale adaptée et d'introduire des techniques de lutte biologique : avec acclimatation de parasites et de prédateurs, qui permettent de créer un équilibre biologique tel que le niveau des insectes nuisibles soit au-dessous du seuil de nuisibilité. Si toutefois ce niveau est dépassé, alors l'agriculteur fait appel aux autres méthodes de lutte, dont la lutte chimique mais dite « raisonnée » ou « dirigée » : choix des produits, doses, méthodes et dates d'utilisation, etc., de telle sorte que les auxiliaires ne soient pas détruits.

Il n'est pas toujours possible d'appliquer ces principes de la lutte intégrée selon les pratiques de l'agriculture moderne. Mais il faut mettre en œuvre la lutte intégrée chaque fois que cela est possible : c'est le cas en maïsiculture, en riziculture et même en sylviculture où elle fut mise en place dès 1970 avec l'arrivée sur le marché des préparations à base de *Bacillus thuringiensis*.

En serres, en combinant lâcher d'insectes utiles et rotation des cultures, on obtient des résultats intéressants. Aussi, aux Pays-Bas, la surface des serres ainsi protégées a, en vingt ans (1970 à 1990), augmenté de 400 à 14 000 hectares : la lutte biologique, dans ce cas précis, s'est avérée moins chère et plus efficace que la lutte chimique[53].

En France et en Europe, la lutte intégrée a été appliquée aux vergers (pommiers, poiriers, pêchers, nectariniers, abricotiers, pruniers et cerisiers) – elle doit se développer dans le cadre de la CEE où elle peut concerner 1 800 000 hectares dont 780 000 hectares d'amandiers – ; elle a déjà permis une réduction de 30 % des traitements chimiques ainsi que l'enrichissement des insectes auxiliaires[54].

Dans tous les cas, ces méthodes nécessitent une bonne connaissance de la bioécologie de l'espèce que l'on veut traiter et surtout, de la part de l'agriculteur, un état d'esprit particulier ; ne pas accepter les méthodes les plus faciles à mettre en œuvre alors que d'autres permettent d'arriver au même résultat en nécessitant plus de persévérance ou (et) de temps. Tout un programme !

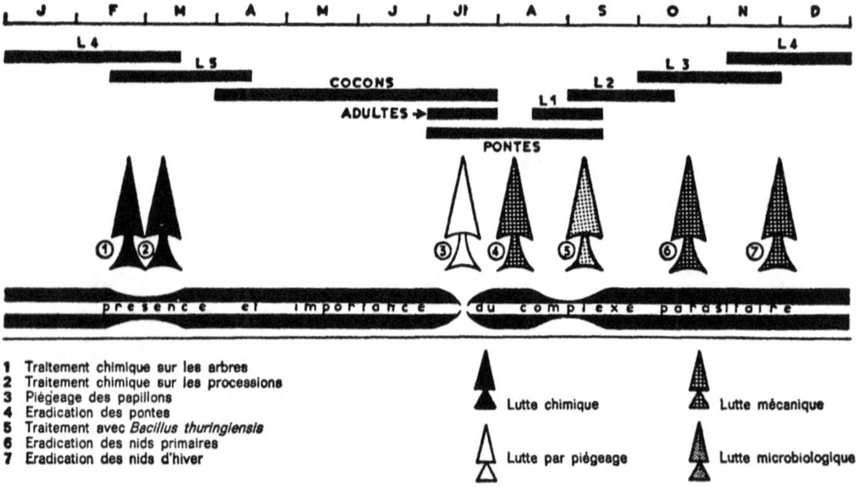

Figure 25. – Les méthodes de lutte contre la processionnaire du pin suivant les stades du cycle biologique.

(D'après une note d'information du CERAFER.)

Conclusion

Les méthodes de lutte contre les insectes sont nombreuses et les chercheurs en découvrent, ou en imaginent, sans cesse de nouvelles. Car la guerre contre les insectes est de tous les instants et, selon une formule célèbre, contre les insectes « l'homme a gagné de nombreuses victoires mais pas la guerre ».

D'ailleurs, l'attitude de l'homme du XXe siècle n'est pas la même selon que l'on considère l'homme des pays dits développés ou en voie de développement, du fait des différences socio-économiques.

Les pays occidentaux, pays riches, producteurs d'insecticides chimiques, en sont de gros utilisateurs. Les États-Unis en consomment à eux seuls près du tiers de la production mondiale malgré l'augmentation du coût de ces produits. En effet, si le DDT est de synthèse facile – les USA en produisaient 5 000 tonnes en 1945 et 73 000 tonnes en 1960 –, les pyréthrinoïdes nécessitent trois étapes pour leur synthèse. De plus, les tests obligatoires augmentent le coût de la recherche et de la commercialisation des insecticides chimiques nouveaux qui viennent remplacer des insecticides anciens qui se sont révélés trop toxiques et que la législation des pays occidentaux interdit.

Quel qu'en soit le prix, ils sont encore très compétitifs, en particulier, par rapport aux méthodes de lutte biologique. Ces dernières ne connaissent pas, dans les pays occidentaux où la main-d'œuvre est chère, le développement qu'elles devraient avoir.

Par contre, dans les pays en voie de développement (PVD), la lutte biologique connaît un grand succès, car elle permet d'économiser les produits chimiques. Ainsi, trichogrammes ou champignons ont été utilisés en Chine, au Brésil, au Mexique, au Pérou sur des milliers d'hectares de plantations (forêt, maïs, coton, canne à sucre). Parce que la main-d'œuvre est abondante et bon marché, en Chine populaire, on lutte à la main contre le ver rose qui attaque la capsule du coton ! Comme le coton est cueilli à la main, l'exposition au soleil fait sortir les larves que l'on écrase manuellement ou qui sont picorées par des poules… On peut ainsi réduire le nombre d'épandages de produits chimiques.

Ces derniers sont chers pour les pays en voie de développement qui doivent les importer et, de plus, sont souvent mal adaptés à ces pays. M. L. Bouguerra[55] dresse un bilan catastrophique du « péril chimique » : « Au moins 14 000 personnes sont tuées chaque année dans le tiers monde par une douzaine de pesticides toxiques. Ces douze produits, interdits ou soumis à de sévères restrictions dans les pays développés, continuent d'être vendus et largement utilisés dans le tiers monde. »

Là est effectivement tout le drame. Beaucoup d'insecticides que nous n'utilisons plus (DDT, parathion…) ou que nous n'avons jamais utilisés (phosvel par exemple, produit aux USA[56]) sont en vente libre dans beaucoup de pays du tiers monde. Parfois, ils font même partie de l'aide aux pays en voie de développement (le phosvel : aide américaine à l'Égypte). Or, ceux-ci sont souvent obnubilés par la lutte chimique ; il faut dire que la publicité est là pour les convaincre. De plus, les pays industrialisés achètent aux pays en voie de développement coton, café, thé, cacao, tabac, bananes, ananas, autant de cultures dites de rente qui consomment les 40 000 tonnes de pesticides utilisées dans le tiers monde. Par contre, les pesticides sont très peu employés dans les cultures vivrières (riz, maïs, mil, seigle…) au risque de compromettre l'alimentation humaine.

Les pays industrialisés sont-ils responsables de tous les maux des pays en voie de développement ? Avec les insecticides, la réponse n'est pas aussi claire que M. L. Bouguerra voudrait nous le faire croire. En effet, les effets négatifs qu'il invoque, et ils sont nombreux – qu'il s'agisse des effets toxiques, voire mortels, sur l'homme mal préparé à l'utilisation de ces produits, et sur l'environnement dont les équilibres biologiques sont souvent fragilisés par l'emploi des insecticides et d'une manière plus générale des pesticides – ne doivent pas faire oublier que les insecticides dont le DDT[57] ont sauvé des millions de vies humaines dans les pays en voie de développement où sévissent de nombreuses maladies endémiques dont l'insecte est le vecteur. Puis-je rappeler que le paludisme, à lui seul, fait un à deux millions de morts par an !

La dieldrine, insecticide organochloré, dont la toxicité est forte pour les Mammifères, les oiseaux et les insectes, a été interdite en Afrique. D'après M. Launois[58], la conséquence a été l'invasion généralisée des criquets pèlerins en Afrique et, de fait, la destruction des cultures, de l'Éthiopie jusqu'en Afrique du Nord (Algérie, Tunisie et Maroc) (1987-1988). La rémanence de la dieldrine (30 à 45 jours) en assurait le succès dans la lutte contre ce fléau que sont les criquets. Son interdiction et le fait que les insecticides de remplacement sont non rémanents (malathion, fénitrothion...) ont considérablement fait baisser la ration alimentaire des populations concernées. Difficile de prêcher l'écologie dans le désert laissé après leur passage par ces insectes boulimiques !

Enfin, l'opposition entre les pays en voie de développement et les pays développés se traduit par une attitude différente vis-à-vis des insectes. N'oublions jamais que l'insecte est aussi un aliment de l'homme des pays en voie de développement. Certes, les criquets sont des fléaux mais consommables : traités par des insecticides rémanents, ils deviennent inconsommables. Nous avons trop tendance, quand nous traitons des problèmes des PVD, à apporter les solutions valables dans les pays dits développés. Les réponses ne sont pas toujours aussi simples qu'on le croit.

La réponse est par contre tout à fait claire lorsque les insecticides sont utilisés par l'homme pour tuer d'autres hommes. F. Ramade[59] a dénoncé cette exploitation à des fins militaires de l'industrie chimique destinée à fabriquer des insecticides[60]. C'est vrai qu'il y a peu de différence entre un insecticide et une arme chimique. D'ailleurs le premier insecticide organophosphoré, le bladan, fut découvert au début de la Seconde Guerre mondiale dans les laboratoires de l'arme chimique nazie par l'Allemand G. Schrader. C'est un des rares cas où, dans l'histoire des sciences, « une épée fut transformée en soc de charrue » (R. D. O'Brien, cité par F. Ramade).

Selon leur toxicité, les insecticides deviennent, de fait, des armes chimiques potentielles. C'est ainsi que les organophosphorés à activité neurotoxique, et dans l'ordre décroissant de leur toxicité : bladan, schradan, dimefox et un carbamate (l'aldicarbe), sont des armes chimiques potentielles. F. Ramade indique : « Il est d'ailleurs fort probable que les armes chimiques neurotropes utilisées initialement par l'Irak aient été tout simplement des matières actives pures, correspondant à certaines molécules insecticides précédemment évoquées ! »

De plus, la synthèse de certains insecticides part de composés, parfois très toxiques. Ainsi, la synthèse de carbamates se réalise à partir du phosgène, un gaz de combat de la Première Guerre mondiale qui fut aussi utilisé par l'Irak contre l'Iran. La catastrophe écologique de Bhopal (2 décembre 1984) qui fit des milliers de morts et intoxiqua 170 000 personnes (lésions de l'appareil respiratoire) s'est produite dans une usine productrice d'insecticides ; le phosgène combiné à la méthylamine conduit à la synthèse du méthyl-isocyanate ou MIC, produit volatil plus toxique que le phosgène, qui explosa accidentellement. Or, le MIC sert à fabriquer divers carbamates : carbaryl, aldicarbe, etc. F. Ramade imagine donc comme très facile de transformer des usines productrices d'insecticides (carbamates ou organophosphorés) en usines d'armes chimiques !

Faut-il réduire la production des insecticides de synthèse parce qu'ils sont devenus inefficaces contre les insectes, ou parce qu'ils sont dangereux dans l'environnement humain, ou parce que nous disposons d'autres armes pour tuer les insectes, ou tout simplement pour que certains apprentis-sorciers ne transforment ces usines en usines de mort contre l'homme, après avoir été des usines de mort contre les insectes ?

La guerre contre les insectes se retournera-t-elle contre l'homme ?

13

Les insectes menacés par l'homme

Il suffit d'écouter les nombreux entomologistes amateurs pour être facilement convaincu que beaucoup d'espèces d'insectes deviennent rares, et même disparaissent des sites où habituellement elles étaient présentes. Monsieur Tout-le-Monde se plaint aussi de ne plus voir, comme autrefois, des papillons multicolores voleter dans la campagne ou tout simplement dans son jardin. Enfin, les entomologistes professionnels cherchent les causes qui permettent d'expliquer la disparition de telle ou telle espèce.

Ces causes sont multiples et il est parfois simpliste d'accuser l'homme et ses activités variées d'être à l'origine de toutes ces disparitions. D'abord, il faut savoir que beaucoup d'espèces qui ne sont plus collectées en un endroit donné n'ont pas disparu : elles ont migré vers d'autres régions. Ensuite, il faut avoir présent à l'esprit qu'au cours des temps géologiques – alors même que l'espèce humaine n'était pas encore présente – des espèces sont apparues puis ont disparu pour des causes variées (dont climatiques). C'est encore aujourd'hui le cas d'espèces qui sont en limite de leur aire géographique et qui finiront par disparaître quoi qu'on fasse.

Ces réserves étant faites, il n'en reste pas moins vrai que l'activité humaine, liée à l'activité agricole, à l'urbanisation, à l'industrialisation, est responsable de la disparition, de la dispersion et même de l'évolution des espèces d'insectes. Cette prise de conscience récente conduit à s'interroger sur la nécessaire protection de certaines espèces et des sites qu'elles fréquentent. Qu'adviendrait-il de l'homme si les insectes ne peuplaient plus la biosphère ? A contrario, puisqu'ils sont présents depuis près de 350 millions d'années, auront-ils le dernier mot dans le combat incessant que leur livre l'homme, et lui survivront-ils ?

Les insectes victimes de l'évolution des pratiques agricoles

Nous avons indiqué précédemment combien les pratiques agricoles avaient évolué en dix mille ans et plus spécialement au cours des trente dernières années avec la mise en place des agrosystèmes et leur exploitation mécanique. Ceci s'est traduit, monoculture oblige, par un remembrement, avec arasement des talus et suppression des haies et des taillis.

Les conséquences ont été souvent catastrophiques – pensez aux inondations – et les insectes ont été victimes de ces destructions massives de végétations très variées. Ils ont migré vers d'autres régions ; c'est le cas des papillons de la Beauce : piéride, citron, vanesse... qui ont délaissé ces zones inhospitalières. D'autres espèces sont devenues moins abondantes et ont peut-être disparu : insectes entomophages (coccinelles, syrphes) et pollinisateurs. On a encore mal apprécié l'impact exact de ces destructions de haies et de taillis sur la faune entomologique qui y trouvait refuge. Des études comportementales des insectes sont encore nécessaires pour comprendre le rôle exact joué par ces végétaux de bordure des champs comme abri (pour la diapause) ou lieu de reproduction alors que les larves vivent aux dépens de la plante cultivée.

De plus, toujours au nom d'une plus grande rentabilité des terres, on a supprimé la jachère. Or, les terres en jachère[1], c'est-à-dire en repos, sont tout à fait favorables à la reconstitution d'une faune entomologique dont les larves vivent dans le sol.

La monoculture extensive a certes favorisé certains insectes aux dépens d'autres qui ont disparu ; la polyculture assurant une diversité biologique bien plus grande et une complémentarité d'espèces.

D'ailleurs, il faut se rappeler que nous avons été, en Europe, générateurs de modifications spectaculaires lorsque l'agriculture a eu besoin d'arracher la forêt pour constituer les sols cultivables. Ainsi les hannetons – dont les larves font leur développement dans le sol et sont mangeuses de racines, développement très long (trois à quatre ans) – ont trouvé des conditions exceptionnelles pour pulluler. Il y a eu des années à hannetons, c'était au XIVe siècle et, comme les scientifiques ne savaient expliquer ces phénomènes, on fit appel aux tribunaux ecclésiastiques (voir plus loin). D'après R. Paulian[2], ce qui s'est passé avec les hannetons entre le XIIe et le XIVe siècle en Europe pourrait se reproduire au Sahel avec les Ténébrionides. Les mêmes causes, défrichements mécaniques et monoculture, ayant le même effet : pullulation de ces espèces, dont nous ignorons encore les conséquences.

Mais l'agriculteur a bénéficié de la fée agronomie avec ses fertilisants et des produits phytosanitaires au grand dam des insectes.

Les fertilisants dans les sols

La monoculture intensive, toujours pour des raisons de productivité – on imagine pouvoir produire 100 quintaux de blé à l'hectare à l'horizon de l'an 2000[3] ! –, nécessite d'utiliser des fertilisants chimiques : nitrates, phosphates…

Ceux-ci ont remplacé la fumure organique. Lorsque l'agriculteur était en même temps éleveur, il utilisait alors le fumier produit par ses animaux d'élevage pour fumer ses terres agricoles.

Dans cette matière organique vivaient de nombreuses larves d'insectes (Diptères, Scarabéidés, etc.) capables de la dégrader ; elles participaient ainsi à la vie et à l'évolution du sol. Car le sol est un organisme vivant.

Que devient cette vie lorsque l'on remplace des engrais organiques par des substances chimiques ?

Les nitrates, par exemple, ont vu leur utilisation multipliée par dix ces vingt dernières années, et celle-ci devrait encore être multipliée par dix lors des vingt prochaines années. C'est dire que le taux de nitrates dans les sols ne cesse d'augmenter. Transportés par l'eau, ces nitrates iront polluer les cours d'eau, les lacs, les étangs et même les nappes phréatiques.

Qu'adviendra-t-il des insectes vivant dans les sols ou dans les eaux (larves aquatiques) très riches en nitrates ? On peut imaginer que beaucoup disparaîtront alors que d'autres s'adapteront : l'insecte s'adapte à tout ou presque ! Ces derniers pulluleront peut-être, créant un déséquilibre biologique aux effets imprévisibles.

Si l'on manque encore d'informations scientifiques précises sur ces effets, par contre, les effets négatifs des produits phytosanitaires, qu'il s'agisse des herbicides ou des pesticides, sont maintenant bien démontrés.

Les herbicides destructeurs d'insectes

Les herbicides représentent à eux seuls les trois quarts des produits phytosanitaires utilisés par les agriculteurs pour protéger leurs cultures contre l'envahissement par des plantes non désirées.

Et pourtant… quoi de plus joli que des coquelicots dans un champ de blé ! Mais, et on peut les comprendre, ce n'est pas du goût des monoculteurs qui ne veulent faire pousser qu'une seule espèce, celle qu'ils ont plantée, et pas les plantes adventices qui disparaissent ainsi de nos paysages.

L'agriculteur dispose donc d'un arsenal d'herbicides sélectifs et adaptés pour chaque type de plantes cultivées. Les quantités qu'il utilise sont considérables et concernent des surfaces très importantes. Il en résulte la disparition de nombreuses plantes – ce qui est le but de l'opération – et *ipso facto* des insectes qui les fréquentaient ou s'en nourrissaient.

Mais le plus grave est l'utilisation abusive qui est faite de certains de ces produits pour faire du « débroussaillage chimique ». Il faut entendre par là l'utilisation d'herbicides à la place d'engins mécaniques chargés de nettoyer le bord des routes, des champs (dont les fossés), mais aussi entre les arbres. C'est le cas de la forêt landaise, le plus vaste massif forestier européen d'une seule espèce, le pin maritime, où le sylviculteur remplace la traditionnelle débroussailleuse par des herbicides. Quand on sait que cet écosystème est très dépendant d'une nappe phréatique très proche de la surface et qu'il est maintenu grâce à un système de drainage, on peut être inquiet sur le devenir de ces herbicides et leurs effets. Il est certain que la diversité biologique, qui est déjà très faible dans une plantation de résineux, sera encore amoindrie par ces herbicides ; la faune entomologique devrait disparaître au profit des seuls insectes ravageurs de la forêt ! Tout cela au nom d'une propreté antinaturelle de la forêt…

Enfin, les herbicides[4] peuvent être directement toxiques pour les insectes. J'en veux pour preuve cet herbicide, un organofluoré, le diflubenzuron, que les Hollandais utilisaient avant de s'apercevoir qu'il avait un très fort pouvoir insecticide. Ils l'ont depuis commercialisé comme insecticide sous le nom de Dimilin (un régulateur de croissance).

Des insectes, innocentes victimes des insecticides

Les insecticides sont des molécules faites pour tuer les insectes. Étant donné leur prix de revient et les difficultés d'homologation indiquées précédemment, il n'est pas étonnant que l'industriel commercialise des molécules à large spectre d'activité. Il en résulte une atteinte de beaucoup d'espèces d'insectes, ceux visés par l'agriculteur et d'autres, dont les auxiliaires, ceux qui régulent naturellement la population des ravageurs. L'effet d'un insecticide non spécifique peut donc aboutir à un résultat inverse de celui escompté : une punaise, parasite du caféier, traitée au DDT, s'est mise à proliférer alors que son prédateur était complètement anéanti.

Ils ont de plus le triste privilège de faire disparaître beaucoup d'espèces d'insectes, victimes innocentes. Par exemple, J. Dorst cite un traitement contre les hannetons par le HCH (le DDT ayant été interdit) qui a détruit 48 % des espèces de Diptères, 21 % des Hyménoptères, 14 % des Coléoptères, 15 % des Hémiptères et 2 % des papillons de la zone traitée. Ces insectes auraient fait les délices de leurs prédateurs : oiseaux (pour les milieux terrestres) et poissons (dans le milieu aquatique). Des déséquilibres graves peuvent en résulter entraînant la diminution, voire la disparition, des prédateurs.

Si des pollinisateurs sont détruits, alors des fleurs sont menacées. Pas étonnant si l'on peut lire dans la littérature cette vérité : « Sans l'insecte, il n'y aurait qu'un nombre réduit d'espèces d'oiseaux, moins de poissons, pas de fleurs, très peu de graines, très peu de fruits. »

Les insecticides chimiques généralistes tuent trop aveuglément, aussi doit-on favoriser la recherche de molécules à effet plus spécifique, et surtout remplacer la lutte chimique par la lutte biologique. Facile à dire, difficile à réaliser du fait des enjeux économiques, sauf si l'on en arrive à taxer les pollueurs. Car, non seulement les insecticides n'atteignent pas toujours leurs cibles, mais en plus ils polluent les nappes phréatiques où l'on sait maintenant les retrouver et même les doser[5].

L'urbanisation en cause

À côté des activités liées à l'agriculture, d'autres activités humaines sont désastreuses pour la faune entomologique. Il s'agit en particulier des activités des constructeurs des villages et des villes : l'urbanisation s'est développée aux dépens d'espaces occupés par des espèces d'insectes qui ont perdu leur gîte.

Qu'il s'agisse des maisons d'habitation, des zones industrielles, ces dernières souvent à l'extérieur des villes, parfois dans des zones marécageuses qu'il a fallu assécher[6], des voies de communication (routes et autoroutes, voies ferrées...), tous ces travaux ont eu pour résultat d'occuper et de transformer des espaces naturels. La faune entomologique en a été chassée.

La ville est devenue le milieu naturel de l'homme. Elle est aménagée par l'homme pour habiter, travailler et se divertir. Ces trois activités nécessitent de se déplacer et la voiture, en particulier la nuit, tue de nombreux insectes. De la même façon, l'éclairage des villes constitue, pour les insectes nocturnes, un véritable piège lumineux où ils viennent en nombre finir prématurément leur vie. Il n'est pas rare de trouver, le matin, au pied des éclairages des villes, de nombreux cadavres de papillons. J'ai évoqué précédemment le cas du papillon Bombyx « cul brun » en France (Charente, Vendée...) et celui des *Hylesia* de Guyane (base de Kourou, aéroport et ville de Cayenne) attirés en très grand nombre par les éclairages et responsables de papillonite. Les employés des villes[7] chargés de faire disparaître ces cadavres de papillons urticants sont les victimes de cette dermite.

À ces aménagements urbains il faut ajouter ceux à vocation industrielle dont les centrales productrices d'électricité. Les centrales hydroélectriques nécessitent la mise en place de barrages qui transforment l'écosystème aquatique et créent des microclimats nouveaux pour la région. Or, nous avons indiqué précédemment combien les insectes étaient sensibles aux climats. Modifier ceux-ci, par les barrages mais aussi par toutes nos constructions – la ville présente un climat plus chaud que la campagne avoisinante –, pose problème aux insectes. Il en sera de même de la pollution produite par nos activités domestiques, agricoles ou industrielles. Heureusement pour l'insecte, il s'adapte : voyons comment, avec l'exemple célèbre du mélanisme industriel d'un papillon.

L'insecte changé par l'homme : le mélanisme industriel d'un papillon (Biston betularia)

Même si l'on apprécie mal l'impact de la pollution on peut dire que les insectes ne sont pas épargnés par la pollution industrielle. Mais ils s'y adaptent. L'histoire du papillon *Biston betularia* est tout à fait exemplaire du pouvoir adaptatif des insectes.

Ce papillon vivait en Irlande au début de ce siècle. Il était bien adapté à son environnement en ce sens que ce papillon blanc vivait sur des bouleaux aux troncs blancs : il était alors homochrome et donc difficilement repérable par les prédateurs.

Dans cette population apparaissaient de temps en temps des papillons mélaniques, c'est-à-dire noirs. Sur le fond blanc des bouleaux ils étaient facilement visibles et la proie des prédateurs.

Avec la pollution industrielle les bouleaux noircirent. C'est la forme mélanique du papillon qui devint alors homochrome et qui prospéra, prenant la place de la forme blanche originelle. Actuellement, lorsque dans cette population mélanique apparaissent des individus blancs, ils sont à leur tour dévorés.

Ainsi évolua cette population d'insectes victimes de ce que l'on a baptisé le mélanisme industriel !

Figure 26. – La phalène du bouleau (*Biston betularia*)

Elle existe sous deux formes, l'une claire, l'autre foncée (mélanique). La forme claire est peu visible sur les fonds clairs de bouleaux ou lichens (en haut) et la forme mélanique sur les fonds noircis par la suie (en bas).
(D'après des photographies de Ford.)

Les entomologistes au banc des accusés

Pour connaître les insectes, les entomologistes ont mis au point des techniques de capture par piégeage. Ces techniques doivent tenir compte du comportement des insectes et du milieu où ils vivent.

Selon l'attractif utilisé et le type de piège employé, les captures sont plus ou moins sélectives. C'est ainsi que, si l'on utilise la phéromone d'une espèce comme attractif, alors seuls les individus de la même espèce sont attirés. Encore faut-il avoir à sa disposition ladite phéromone, ce qui est le cas de quelques espèces nuisibles. Par contre, avec des attractifs de type alimentaire ou visuel (type piège lumineux) et avec des pièges d'interception qui permettent de capturer des individus en déplacement, ce sont des multitudes d'espèces qui sont piégées.

Or, le collectionneur, entomologiste amateur ou professionnel, ne s'intéresse souvent qu'à un groupe d'insectes, voire une famille particulière. Il ne conservera donc que ceux-là, éliminant les autres, inutilement capturés et détruits[8]. L'impact est difficile à apprécier, aussi n'est-il pas étonnant de lire des avis contradictoires dans la littérature scientifique, les uns disant que l'on a affaire à « de véritables pilleurs », d'autres que c'est « un facteur mineur de disparition des populations » et même, pour H. Descimon, « c'est l'arbre qui cache la forêt qui détourne l'attention du processus général et plus grave dont ce n'est d'ailleurs qu'un aspect anodin ! ».

Mais, au-delà de ces divergences, les entomologistes s'accordent sur le fait que des récoltes sont parfois abusives, avec but lucratif, lorsqu'il s'agit d'espèces de grande beauté, voire de « bêtes rares » donc vulnérables. Les espèces citées comme très appréciées, pour ne pas dire trop, par les collectionneurs sont : Isabelle, Rosalie alpine, *Parnassius* sp., *Carabus* sp…

En Autriche, la disparition de *Zerynthia polyxena*, espèce à populations « fermées », est sûrement due à une collecte abusive[9].

Il en serait de même du Cuivré des marais, disparu de Grande-Bretagne.

De plus, et afin de déculpabiliser les « chasseurs de papillons », il faut dire que la cueillette intensive de certaines plantes par des amateurs ou des professionnels peut priver les insectes phytophages de leur nourriture préférée. Enfin, des touristes qui piétinent le sol peuvent modifier le développement des plantes et donc des larves de nombreux insectes présentes dans le sol (larves de Diptères, de Carabiques, de Scarabéidés...)[10].

Nous sommes tous responsables, et pas seulement les entomologistes amateurs ou professionnels ! Pas étonnant qu'il soit urgent de réfléchir à une protection de ces espèces, ce qui passe nécessairement par une législation. Celle-ci a d'ailleurs évolué au cours du temps, ainsi que nos mentalités à l'égard des insectes.

Le droit des insectes, le devoir des hommes

Saviez-vous qu'entre le XIIIe et le XVIIIe siècle furent organisés par dizaines des procès d'animaux et en particulier d'insectes devant les tribunaux ecclésiastiques ?

C'est qu'en effet, pendant cette période, les animaux créés par Dieu possèdent les mêmes droits que l'homme. Ils sont donc traités comme des personnes juridiques et sont traînés en justice à cause des dégâts dont ils sont responsables. Ils auront un défenseur nommé : « l'avocat des insectes » et devront comparaître devant le tribunal. Comme ils ne daignent pas se déplacer, ils sont jugés par contumace ; mais ils ne sont pas forcément condamnés. Leur absence n'est pas considérée – ce qui est le cas pour l'homme – comme un aveu de crime. Il est vrai que leur avocat trouve toujours des excuses à leur absence !

Ne souriez pas. Ces procès sont d'une autre époque et font s'interroger L. Ferry[11] : « Comment comprendre que ce qui fut l'évidence d'un monde devienne aussi parfaitement hermétique à un autre ? Par quel abîme s'ouvrant au sein d'une même humanité le rituel accompli dans le plus grand sérieux pour les uns tourne-t-il au comique le plus achevé pour les autres ? »

À notre époque on ne juge plus les insectes. Ils sont condamnés sans jugement pour certains alors que d'autres les considèrent comme des victimes. Mais il ne s'agit pas des mêmes espèces d'insectes et il est bien normal que nous ayons à leur endroit des attitudes différentes.

Il est en effet classique de distinguer parmi les insectes trois catégories : les nuisibles (ravageurs des cultures, vecteurs de maladies...), les utiles dont les auxiliaires (aides des agriculteurs) et les « autres ».

Ainsi n'est-il pas étonnant que deux catégories d'insectes, les auxiliaires et les autres, fassent actuellement l'objet d'une attention toute particulière des législateurs. Il est du devoir des hommes de les protéger comme d'autres espèces animales menacées de disparition.

C'est ainsi que la CEE a adopté le 19 juin 1986 une « Charte sur les Invertébrés » et a demandé à ses pays membres d'adapter leur législation au contenu de cette charte.

Elle concerne les Invertébrés dont les insectes constituent les 9/10e et insiste sur l'importance considérable de ces espèces dans l'équilibre de la biosphère. Ils sont non seulement les plus nombreux en termes d'espèces et de biomasse ; mais ils constituent aussi une importante source de nourriture pour les animaux et pour l'homme ; ils participent à la formation et à la fertilité des sols ; ils limitent la pullulation de certaines espèces nuisibles... ; ils doivent donc « être protégés contre les causes possibles de dommage, d'altération ou de destruction ». Nous avons vu qu'elles étaient multiples.

Après avoir été les accusés, les insectes sont officiellement reconnus par la CEE comme des victimes. Il est donc du devoir de l'homme de les protéger et c'est au législateur d'édicter des lois qui permettront cette protection.

Sont ainsi protégées les espèces dont nous avons dit qu'elles faisaient les délices des collectionneurs. Elles font de plus l'objet d'élevages de masse suivis de lâchers dans la nature, en particulier dans les parcs régionaux où ces espèces sont naturellement présentes.

D'une manière plus générale, la protection des sites, plus ou moins poussée selon qu'il s'agit de parcs régionaux ou nationaux, peut aboutir à des « conservatoires de la nature » où les espèces sont en liberté. À l'opposé, des « insectariums » fleurissent de par le monde ; ils permettent à ceux qui veulent admirer les insectes de le faire sans leur nuire !

Conservatoire de la nature et insectarium peuvent aussi fournir des géniteurs que l'on pourra réintroduire dans des sites où l'espèce a disparu.

Comme nous nous étonnions des procès des insectes, les générations futures souriront peut-être à l'idée que, tout en organisant une lutte sans merci contre les insectes, l'homme du XXe siècle juge et condamne ceux qui les détruisent. Nous ne sommes plus à une contradiction près.

Les insectes auront-ils le dernier mot ?

Notre lutte sans merci contre les insectes et le développement économique qui fait que nous colonisons tous les biotopes arriveront-ils à faire disparaître les insectes de la biosphère et à quel prix ?

Les entomologistes pensent que si les insectes disparaissaient, alors il en serait fini de l'espèce humaine. C'est sûrement vrai et de nombreux exemples ont été fournis tout au long de ces pages. Car le débat n'est pas entre insectes et hommes. L'écologie nous a appris que ce sont des relations multiples, on parle d'interrelations entre les espèces. Rappelez-vous : 90 % des fleurs ne savent se reproduire sans l'intervention des insectes pollinisateurs. Le miel a été pendant longtemps l'unique source glucidique de l'homme ; or il est produit par l'abeille, un de ces pollinisateurs. La relation est donc : fleurs-insectes-hommes ! Sans insectes, pas de fleurs pollinisées, pas de fruits, de graines..., pas d'aliments pour l'homme et les autres espèces phytophages.

Continuons ce scénario catastrophe en rappelant l'exemple, déjà cité, des bousiers, ces insectes coprophages qui ont sauvé l'Australie des crottes de ses élevages (ovins, bovins). Sans bousiers, imaginez l'accumulation des bouses, la stérilisation des sols et ainsi la disparition de l'herbe indispensable à l'alimentation des animaux dont l'homme se nourrit.

Sans insectes nous sommes voués à mourir de faim !

A contrario, présents depuis près de 350 millions d'années, adaptés à tout et adaptables à tout, même à la pollution industrielle, les insectes nous survivront comme ils ont survécu aux dinosaures voilà 60 millions d'années. Quelles que soient les raisons de la disparition des dinosaures : chute d'une météorite, éruption volcanique, changement climatique, les insectes sont toujours là !

On peut donc imaginer que l'homme s'autodétruise. Il en a les moyens grâce à l'énergie nucléaire qu'il a stockée : il a même un potentiel de bombes qui lui permet de détruire quinze fois l'humanité actuelle. S'il en était ainsi, et sans risque de se tromper, nous pouvons affirmer que les insectes nous survivront[12]. Ils seront d'ailleurs nos fossoyeurs comme ils le sont déjà actuellement.

Imaginez, situation macabre, au-delà de votre mort, dans votre dernière demeure, le devenir de votre corps. Après la lyse de vos cellules par les enzymes des lysosomes[13] aura lieu l'attaque des tissus par de nombreux microorganismes, puis des escouades d'insectes nécrophages assureront votre décomposition finale. La médecine légale s'intéresse à ces insectes pour déterminer avec précision l'âge d'un cadavre en décomposition[14].

Ils participent d'ailleurs activement à la décomposition des espèces végétales (litières de feuilles mortes) et animales (des lisiers et matières organiques des cadavres des animaux).

Ils sont bien indispensables et l'on peut dire qu'ainsi les insectes auront le dernier mot, qu'il s'agisse de l'individu humain, voire de l'espèce humaine ! Comme ils ont eu le premier mot selon Cambefort[15] qui pense que l'émergence du rameau humain en Afrique (l'Ève africaine) n'a été possible que grâce aux coprophages endémiques de ces régions, éboueurs indispensables, dont l'introduction en Australie a sauvé les troupeaux et l'économie de ce pays.

Conclusion

L'homme menace donc les insectes par ses diverses activités, qu'elles soient agricoles, industrielles, domestiques ou de loisir, et l'on estime que 10 000 à 15 000 espèces d'insectes disparaîtront d'Europe dans les prochaines décennies. Aussi, il n'est pas étonnant que les entomologistes s'organisent pour assurer leur protection et leur conservation.

Ainsi en France, un Groupe national d'études et de réflexion pour la conservation des insectes et de leurs milieux (GNERCIM) a été mis en place dès 1987. En 1990, à Gembloux (Belgique), lors de la 3e Conférence internationale des entomologistes francophones, de nombreuses communications ont été consacrées à ces thèmes.

De manière générale, il s'agit d'un problème d'éducation du public qui passe à la fois par de l'information – il faut féliciter l'OPIE[16] pour son action dans ce domaine – et par l'enseignement de l'entomologie et de la conservation de l'environnement. Car c'est en préservant leurs milieux que l'on assurera la sauvegarde de la diversité entomologique.

Quelques conseils simples peuvent être donnés afin de protéger les insectes : favoriser la lutte biologique, faucher les bords des routes et des chemins forestiers une seule fois par an (en septembre), créer des haies dans les espaces verts urbains, ne pas utiliser de produits phytosanitaires dans les jardins des particuliers…

La CEE, de son côté, en favorisant la « déprise agricole », c'est-à-dire l'abandon de terres agricoles – parce que l'agriculture moderne produit trop –, contribue à la reconstitution de milieux naturels favorables au développement d'insectes variés. La condition *sine qua non* étant que ces terres agricoles soient de vraies jachères, c'est-à-dire laissées en repos et abandonnées à la végétation qui naturellement s'y installera. Elles seront alors colonisées par de nombreux insectes qui retrouveront des sites depuis longtemps disparus.

Or, que font certains agriculteurs, navrés qu'ils sont d'avoir à laisser leurs terres en jachère ? Ils les traitent aux herbicides !

L'information entomologique n'a pas encore atteint son but.

En guise de conclusion : hommes et insectes, une obligatoire cohabitation

Il faudrait que nous cessions de nous considérer, dans la biosphère, comme l'espèce unique. Celle qui doit dominer toutes les autres et, en particulier, les insectes. Il est vrai qu'ils sont plus d'un million d'espèces et que le combat est inégal. La guerre est déclarée depuis longtemps et, comme dans toute guerre, il y a des victimes innocentes. Nous avons vu que leur destruction pouvait alors avoir des conséquences inattendues ; ainsi pullulait l'espèce que l'on espérait faire disparaître.

C'est dire que les rapports entre l'homme et les insectes sont mal engagés. Ils le sont en termes conflictuels, de dominant, l'homme, et de dominés, les insectes. Mais peut-on raisonnablement croire que nous puissions dominer les insectes ?

Nous avons vu les raisons de leur succès évolutif et adaptatif dans la biosphère où ils ont colonisé, comme l'homme, tous les biotopes terrestres. Ils participent à toutes les chaînes trophiques au bout desquelles se situe l'homme. Vouloir les exterminer, cela revient à faire disparaître un maillon de la chaîne trophique et donc, *in fine*, à priver l'homme de nourriture. Erreur écologique fondamentale !

À l'époque où la biosphère fait la une de tous les débats, qu'ils soient scientifiques ou politiques, il nous faut revoir notre attitude face aux insectes. À la lutte sans merci, exterminatrice, il convient de substituer une lutte raisonnée où, par avance, l'homme sait qu'il laissera la vie sauve à un certain pourcentage des insectes qu'il envisage de combattre. Il fera donc baisser leur nombre jusqu'à un certain seuil au-delà duquel il y aurait danger pour les équilibres biologiques. C'est à une lutte raisonnée qu'il faut aboutir.

Cette nouvelle attitude – elle commence à être admise – revient à accepter la cohabitation avec les insectes même s'ils nous sont défavorables. Elle revient à concevoir comme raisonnable une baisse de production prévue à l'avance ; il faut accepter cette perte d'aliments alors que la population mondiale ne cesse d'augmenter.

Nous serons 6 milliards d'êtres humains en 1998 et 12 milliards en 2100. C'est dire qu'il faudra doubler la production alimentaire mondiale. Les pays en voie de développement seront au premier chef concernés. Or, dans certains de ces pays, dont beaucoup en Afrique, la relation avec l'insecte n'est pas celle des pays industrialisés. L'insecte est certes un ennemi mais il est mangé. Le traiter par des insecticides chimiques le rend non consommable. Il faut donc, pour ces pays, une nouvelle logique de lutte contre les insectes en privilégiant la lutte biologique – elle est possible car la main-d'œuvre est abondante et peu chère – ; il faut aussi favoriser les culture vivrières par rapport aux cultures « industrielles » dites aussi de rente.

Les pays développés ont transporté leurs logiques économiques dans les pays en voie de développement : ils ont préconisé les mêmes méthodes de lutte contre les insectes, c'est-à-dire chimiques, conseillant d'utiliser les meilleures terres pour produire les plantes exportables (coton, café, cacao...). Les cultures vivrières ont été abandonnées et certains de ces pays dépendent à 80 % de l'extérieur pour se nourrir. Il faudrait changer radicalement de stratégie et faire en sorte d'arriver à une autosubsistance alimentaire, ce qui est possible, même lors d'une cohabitation intelligente avec les insectes.

Intelligente, cela veut dire privilégier la lutte biologique contre les insectes et en tirer parti alimentairement parlant ! Nos stratèges des pays développés devraient s'abstenir de transposer leurs logiques dans les pays en voie de développement, à moins qu'ils ne désirent – ce qui n'est pas exclu – les maintenir dans cet état de sous-développement où ils se trouvent ainsi à leur merci !

La guerre économique n'est pas très différente des guerres écologiques, les écocides de P. Acot. Économie et écologie sont deux termes qui étymologiquement ont une grande parenté.

Peut-on prédire que l'avenir de l'homme passera obligatoirement par une cohabitation et même une protection du monde des insectes ? Ces derniers ne pullulent que lorsque l'homme crée des conditions particulières, en fait des déséquilibres écologiques. Nos écosystèmes aménagés et en particulier les agrosystèmes sont certes très productifs mais toujours très loin de l'équilibre climacique où plantes et animaux, dont les insectes, sont écologiquement bien représentés dans les chaînes trophiques.

Est-ce déraisonnable de penser que pour un « développement durable » – c'est-à-dire selon la conférence de Rio (juin 1992) : « concilier le développement économique et social avec une utilisation rationnelle des ressources naturelles et l'insertion harmonieuse de l'homme dans son environnement » – il faille préserver le monde des insectes comme une des composantes indispensables pour l'humanité grandissante ? Qu'il s'agisse des sols dont la fertilité doit être assurée, des productions végétales et animales dont la productivité doit être augmentée afin de nourrir la population humaine, l'homme doit faire des insectes sinon un ami du moins un allié.

Pour quelques espèces d'insectes nuisibles, l'homme a déclaré la guerre aux insectes. Erreur stratégique autant qu'écologique : l'excès en tout nuit !

Est-ce de la science-fiction que de croire que les insectes sont indissociables de l'avenir de l'homme du XXe siècle, comme ils seront les acteurs privilégiés de la biosphère dont l'homme, espèce unique, finira par s'exclure avant d'avoir pris conscience qu'il en faisait partie ?

Éragny-sur-Oise
le 25 décembre 1994

Notes

I. L'INSECTE D'HIER À AUJOURD'HUI : LES RAISONS DU SUCCÈS

1. Un peu d'histoire de l'entomologie et des insectes

1. Les trois autres classes sont les Malachia ou Céphalopodes, les Malacostraca ou Crustacés et les Ostracoderma ou Mollusques.

2. Mais dans les premiers il confond : Crustacés, Mollusques, Annélides et Poissons (dont l'hippocampe).

3. Cl. Dupuis, « La volonté d'être entomologiste », *Bulletin de la Société entomologique de France*, Livres du cent cinquantenaire, 1983.

4. Imprimerie royale, en même temps que l'œuvre de Buffon.

5. Il publie en 1742 un *Traité d'insectologie*, « ayant eu peur, dit-il, qu'entomologie, mot grec, ne choquât les oreilles françaises ». On a préféré, depuis, entomologie.

6. Détail dans traité de Zoologie, tome IX, Insectes, P. P. Grassé, Masson, 1949, p. 4.

7. P. Duris et E. Diaz, *Petite histoire naturelle : Léon Dufour (1780-1865)*, Presses Universitaires de Bordeaux, 1987.

8. G. Pasteur, « Jean-Henri Fabre », *Pour la Science*, n° 203, septembre 1994, pp. 86-93.

9. En France existe une revue spécialisée, *Insectes sociaux*. Lire également de D. Lebrun, *La Vie des insectes sociaux : abeilles, fourmis, termites*, éd. Ouest-France, 1991.

10. Le terme d'éthologie a été créé en 1854 par un Français, professeur au Muséum, I. Geoffroy Saint-Hilaire, pour désigner l'étude du comportement animal.

11. Disques imaginaux : ébauche d'un organe de l'adulte qui reste indifférencié à l'état larvaire (exemple de l'aile de l'adulte à l'état de disque alaire chez la larve).

12. Il étudie aussi la flacherie. Ces premiers travaux sur les insectes furent le point de départ de ceux devenus célèbres sur les maladies infectieuses et la microbiologie.

13. Avec mon collègue et amateur éclairé Cl. Lemaire et à l'aide du microscope électronique à balayage, nous avons proposé une nouvelle clé de détermination de Lépidoptères Saturniidae (genre *Hylesia*) grâce à la structure des poils urticants de ce genre.

14. *La Vie des insectes*, V. B. Wigglesworth (traduction Pr. Paul Pesson) in *La Grande Encyclopédie de la Nature*, éd. Rencontres, 1970.

15. Ce système de développement est très primitif. Les collemboles ont d'autres caractères primitifs qui les rapprochent des myriapodes : en particulier ils possèdent des appendices abdominaux.

16. Selon l'évolution de cette aile, les Néoptères sont subdivisés en trois types :

– Polynéoptères : à grand champ jugal et beaucoup de nervures ;
– Oligonéoptères : à champ jugal réduit, avec une seule nervure simple ;
– Paranéoptères : à champ jugal réduit, avec une nervure ramifiée.

17. Paléozoïque ou Primaire s'étend de – 575 millions d'années à – 240 millions d'années. On y distingue quatre périodes géologiques : le Cambrien, le Silurien, le Dévonien et le Carbonifère.

18. Les éphémères ont gardé un caractère primitif. Ce sont des Paléoptères hémimétaboles (comme la libellule) qui, après l'état adulte, font encore une mue (comme les collemboles qui eux en font plusieurs). Le développement des éphémères est baptisé paléométabole.

19. P. Pesson, *Le Monde des insectes*, Horizons de France, 1958.

20. Il existe aussi, parmi les insectes, quelques rares espèces qui sont considérées comme des « fossiles vivants ». Elles sont très archaïques et l'on n'a pas trouvé leur équivalent sous forme fossile.

2. L'insecte : organisation générale

1. Arthropode vient du grec *arthron*: articulation et *podos*: pied. Font partie des Arthropodes, en plus des insectes, les crustacés (crabes, crevettes...), les arachnides (araignées, acariens...) et les myriapodes (mille-pattes).

2. La sclérotine est une protéine constitutive de la cuticule qui en assure la rigidité.

3. Ils vivent alors grâce aux réserves accumulées par la larve.

4. Nous consacrerons un chapitre particulier aux ailes et au vol qu'elles permettent (chapitre 5).

5. Pour obtenir du sang d'une chenille, rien de plus simple : coupez-lui une fausse patte.

6. Une puce peut sauter en hauteur 20 centimètres et 30 à 35 centimètres en longueur. L'homme qui saute sa propre hauteur considère qu'il a réalisé un exploit !

7. Les larves de libellules (les juvéniles) qui sont aquatiques font une nage à réaction grâce à de l'eau emmagasinée dans le rectum.

8. *La Chenille processionnaire du pin : cycle de développement, rapports avec l'Homme*, CRDP de Bordeaux, 1983.

9. Elles peuvent être aussi sécrétrices de soies chez les embies (glande séricigène contenue dans le premier article du tarse des pattes antérieures), espèces qui vivent dans des galeries sous les pierres des régions tropicales.

10. « Depuis 1860 il y a eu sept grandes périodes d'invasion. La dernière a duré douze ans, de 1950 à 1962. » Une nouvelle pullulation s'est produite en octobre-novembre 1985, à la faveur des pluies : Sahara, Yémen, Arabie Saoudite et Pakistan. En 1987, ils sont devenus très nombreux, toujours grâce aux pluies, en Éthiopie. Ils ont gagné le Tchad puis le Mali, leur troupe augmentant des solitaires devenant grégaires. Ils ont atteint le Sahara espagnol en 1987-1988 (pluie abondante et température clémente) ; de là ils ont envahi le Maroc puis l'Algérie et la Tunisie. Traversant la Méditerranée, ils ont gagné l'Italie. Faisant escale aux îles du Cap-Vert, ils ont traversé l'Atlantique pour la Caraïbe et la Guyane. (D'après Cl. Nuridsany et M. Perennou, « Pèlerins du désastre », *Géo*, juillet 1989, n° 125, pp. 118-130.

11. Michel Launois, « L'invasion généralisée des criquets en Afrique était évitable », *Pour la Science*, n° 128, juin 1988, p. 3.

12. On parle des phases d'Uvarov (ou Ouvarov) pour les phases du criquet.

13. Le phylloxéra américain présente quatre formes distinctes (avec aptères et ailés) alors qu'en Europe n'existe que la forme radicicole aptère et parthénogénétique indéfinie.

14. Photopériode : durée relative du jour par rapport à la nuit ; elle varie en fonction des saisons.

15. R. Chauvin, 1952, cité par I. Eibl-Eibesfeld, in *Éthologie, Biologie du comportement*, Naturalia et Biologia, Éd. scientifiques, Paris, 1977, p. 356.

16. Chez certaines guêpes sociales il est par contre difficile de distinguer la reine des ouvrières tellement elles sont semblables.

17. Chez abeille et fourmi, après l'accouplement, seule la reine sera la fondatrice de la société.

18. Les corps allates (CA) sécrètent l'hormone juvénile (JH). La raréfac-

tion de JH à la fin de la vie larvaire conduit à la réalisation d'adultes ailés. Par contre son taux élevé conduit à la réalisation de soldat. Ainsi, expérimentalement, Daniel Lebrun peut obtenir à volonté des soldats en implantant des CA dans le corps d'une larve. Lire de cet auteur : *La Vie des insectes sociaux : abeilles, fourmis, termites*. Éd. Ouest-France, 1991.

19. L'appareil reproducteur et la reproduction, la mue, la métamorphose et les glandes neuro-endocrines qui les contrôlent feront l'objet d'un développement ultérieur (chapitres 4 et 6).

20. Cependant des différences ont été mises en évidence dans l'agencement moléculaire (actine, myosine...) des muscles alaires et mises en relation avec le rythme du battement des ailes.

21. Seule exception à la règle les chironomes, dont la larve possède de l'hémoglobine.

22. Ver à soie, piéride du chou, teigne des ruches... Ce qui a fait écrire à un journaliste (abus de langage médiatique) : « Des papillons mâles pondent à Bordeaux », *Science et Vie*, n° 761, 1981, pp. 30-31.

23. Depuis les années 1980 on a identifié et caractérisé les molécules responsables de cette protection (immunisation) induite. Elles sont synthétisées par certaines catégories cellulaires sanguines circulantes et (ou) par le tissu adipeux. Elles ont été baptisées, selon les espèces : cecropines et attacines (chez *Hyalophora cecropia*, Lépidoptères, Attacidae), diptérines (chez les Diptères), défensines d'insectes (par similitude avec les défensines des Mammifères)...

24. De ce fait certains considèrent les insectes comme « simples » du point de vue de leur système nerveux, allant jusqu'à les comparer à des robots (ex. : robot-fourmi pour la fourmi coupeuse de feuilles). Cette vision me paraît tout à fait simpliste quand on connaît la complexité de leur comportement.

25. Les corps cardiaques sont en fait constitués de deux parties (comme l'hypophyse des Mammifères) : une partie nerveuse regroupant les extrémités des axones des cellules neurosécrétrices cérébrales et une partie glandulaire.

26. M. Lagueux, M. Hirn et J. A. Hoffmann, « Ecdysone during ovarian development in *Locusta migratoria* », *Journal of Insect Physiology*, 1977, 23, pp. 109-119.

27. La symbiose est une association à bénéfice réciproque entre deux espèces.

28. Protistes : êtres unicellulaires (formés d'une seule cellule) à tendance végétale (phytoflagellés) ou animale (zooflagellés). Les zooflagellés de l'intestin du termite appartiennent aux genres *Trichonympha, Spirotrichonympha*...

29. Chez les insectes hématophages ou suceurs de sèves à nourriture stérile, les vitamines sont réalisées par des champignons symbiotiques (ex. : pou, puceron).

30. Ce régime peut varier, pour une espèce donnée, au cours du développement : il en résulte des différences entre les diastases larvaires et les diastases de l'adulte.

31. La pollution par le pétrole entraîne la mort de ces insectes par asphyxie, l'eau envahissant par ce siphon leur système trachéen.

32. « La quantité d'O_2 utilisable est de 13 fois supérieure à celle de la réserve » (d'après A. Beaumont et P. Cassier, *Biologie animale*, tome 2, Dunod, 1973).

33. Certains insectes à respiration plastronale (air retenu par des soies formant plastron) ne remontent pas à l'air : la branchie physique fonctionne sans arrêt.

34. Le tégument y participe aussi, mais a beaucoup d'autres fonctions (voir chapitre 3).

35. L'excrétion met en jeu les tubes de Malpighi et le rectum, comme nous l'avons vu précédemment, et constitue la diurèse.

36. Cette hormone peptidique est actuellement en vente dans le commerce : deviendra-t-elle un nouvel insecticide perturbant le métabolisme hydrique de l'insecte ?

37. Isolées et baptisées par J. et A. Girardie (chercheurs à l'Université Bordeaux I) en 1986.

3. Le tégument des insectes

1. Ce qui veut dire qu'il est formé d'une seule couche (assise) de cellules. L'épithélium humain, par comparaison, est pluristratifié, formé de plusieurs assises.

2. Les cires sont des mélanges de paraffines avec des esters d'acides gras et d'alcools primaires synthétisés par les œnocytes.

3. D'autres tissus dans l'insecte participent à cette accumulation, en particulier le tissu adipeux.

4. Il est alors complexé avec les protéines cuticulaires et pourra en être extrait par l'eau chaude et non par un solvant des cires.

5. Autre exemple : le DDT devient DDE non toxique dans la cuticule de la sauterelle.

6. L'adsorption est la pénétration d'un liquide ou d'un gaz dans un milieu solide.

7. Plus l'angle est petit, meilleure sera la résolution. Il y a cependant une contrepartie : l'image sera moins lumineuse.

8. La vision des formes est généralement médiocre. Les insectes sont par contre sensibles au mouvement des objets.

9. Ce comportement a pour but d'augmenter la température interne de l'insecte par rapport à la température environnante : ce sont en effet des poïkilothermes (insectes à température variable) pour lesquels la température est un facteur limitant.

10. Baptisées ainsi parce que, au repos, elles sont invaginées dans l'atrium génital.

11. PBAN pour Pheromon Biosynthesis Activating Neurohormone.

12. M. Barbier, *Introduction à l'écologie chimique*, Masson, 1976 ; *Les Phéromones : aspects biochimiques et biologiques*, Masson, 1982.

13. Matrones ou substances paragoniales : tels sont les noms donnés à des substances chimiques contenues dans le sperme d'insecte et qui, introduites dans la femelle lors de l'accouplement, amènent celle-ci, par exemple, à refuser un autre accouplement, à maturer ses ovocytes et à pondre, etc. (travaux de J. Huignard, université de Tours).

14. Elle neutraliserait, chez les ouvrières, l'hormone juvénile indispensable à la formation des œufs.

15. C. Chararas, « Les insectes parasites des forêts », *La Recherche*, n° 132, avril 1982, pp. 440-451.

16. W. Kirchner et W. Towne, « Des robots parlent aux abeilles », *Pour la Science*, n° 202, août 1994, pp. 72-79.

4. Le développement des insectes : mues et métamorphoses

1. Différent de la diapause embryonnaire qui peut se produire alors qu'il y a de l'eau. Cette dormance peut apparaître faute d'eau alors que le développement embryonnaire est terminé, chez les moustiques par exemple.

2. Ce terme de mue embryonnaire est parfois ambigu. En effet, chez le phasme (*Carausius morosus*) par exemple, J.-P. Louvet a montré qu'il y avait successivement synthèse chez l'embryon de trois cuticules ; la 3e, sécrétée dix jours avant l'éclosion, sera la cuticule de la jeune larve alors qu'à l'éclosion ce sera l'exuviation de la 2e cuticule qui constituera la mue embryonnaire. Certains auteurs préfèrent alors parler de dépôts cuticulaires ou de cycles cuticulaires.

3. Quand les œufs sont pondus dans une oothèque (blattes), alors les larves, une fois débarrassées du chorion, doivent ouvrir l'oothèque pour jouir de leur liberté.

4. Chez les Coléoptères (ex. : *Tenebrio*) où cette glande disparaît à la fin de la vie larvaire, c'est l'épiderme qui sécrète l'ecdysone nécessaire à la métamorphose (mécanisme autocrine) (Jean-Paul Delbecque, 1990).

5. Les auteurs japonais ont isolé en 1986 la neurohormone qui stimule la

glande de mue du ver à soie, la glande prothoracique. Cette neurohormone est la PTTH (Prothoracic Tropin Hormone) sécrétée par les cellules neurosécrétrices de la *pars intercerebralis* du cerveau.

6. Également les glandes salivaires : les chromosomes géants des glandes salivaires de la drosophile témoignent par les « puffs » de l'action des ecdysones sur les chromosomes.

7. L'activité des corps allates est stimulée par une neurohormone allatotrope ou allatotropine (sécrétée par les cellules neurosécrétrices de la *pars intercerebralis* du cerveau) ou inhibée par des neurohormones dites allatostatiques ou allatostatines (lire à ce sujet : J. Hourdry, P. Cassier, J. L. D'Hondt et M. Porchet, *Métamorphoses animales*, Hermann, 1995).

8. La découverte de l'hormone juvénile (isolée par Röller et coll., 1967), hormone de jeunesse, a donné des espoirs à l'homme qui, grâce à elle, pensait à l'immortalité : espoir vite déçu, cette hormone n'existe pas chez l'homme !

9. À moins que l'information ne passe aussi par le tégument de la chenille. Ce tégument, par ses pigments verts, capterait les radiations rouges (M. Vuillaume).

10. Parabiose : mise en relation de deux individus, soit directement, soit par l'intermédiaire d'un tube capillaire. Dans l'exemple cité, les deux nymphes sont sectionnées à l'extrémité abdominale, les zones de section sont alors mises en vis-à-vis et solidarisées (collées) avec du lut de Dunoyer. Le sang circulera alors entre les deux nymphes. Wigglesworth décapitait deux larves de punaise *Rhodnius* et les réunissait par un tube capillaire.

11. Les chercheurs du laboratoire de neuroendocrinologie, URA CNRS/Université Bordeaux I, s'intéressent aux sécrétions du cerveau de la piéride qui pourraient être corrélées avec l'information photopériodique. La mélatonine, un dérivé de la sérotonine (une indolamine), est à l'étude. Elle est reconnue comme étant l'hormone des rythmes biologiques des Oiseaux et des Mammifères. Qu'en est-il chez l'insecte ?

12. Les Éphémères appartiennent à l'ordre des Plécoptères, et doivent leur nom au fait qu'à l'état adulte ils ont une vie très brève. Ils ont une autre caractéristique déjà signalée : la larve est aquatique et donne naissance à un adulte ailé (sub-imago) qui sort de l'eau et subit une dernière mue pour donner l'imago. C'est le seul cas connu de mue chez un insecte ailé (développement = paléométabole).

13. P. Spierer et M. Goldschmidt-Clermont, « La génétique du développement de la mouche », *La Recherche*, n° 165, avril 1985, pp. 452-461. A. Ferrus et O. Pongs, « L'inné et l'acquis chez la mouche », *La Recherche*, n° 209, avril 1989, pp. 470-479.

14. Il s'agit successivement des complexes *bithorax*, puis *postbithorax*, enfin

bithoraxoïd. C'est la mutation de ces trois complexes qui aboutit à une drosophile à 4 ailes *tetraptera* (balanciers transformés en ailes).

15. Même les rythmes biologiques, très dépendants de l'environnement, ont une composante génétique. Au-delà se trouve posé le problème, toujours débattu, de l'inné et de l'acquis et même de l'intelligence de la mouche et donc des insectes !

5. Les ailes et le vol

1. Les élytres des Coléoptères ne participent pas au vol ; elles sont levées et immobiles. Par contre, les hémélytres des Orthoptères et des Hétéroptères ont conservé leurs nervures et participent au vol.

2. Chez les Strepsiptères, petit groupe d'insectes (200 espèces) endoparasites, les mâles, seuls ailés, n'ont qu'une paire d'ailes membraneuses, les ailes postérieures ; les ailes antérieures sont réduites à des balanciers un peu comparables à ceux des Diptères.

3. Endomitose : mitose qui n'affecte que le noyau alors que le cytoplasme ne se divise pas. À la première division le nombre de chromosomes double : il passe de 2n (diploïdie) à 4n (tétraploïdie). Quatre divisions aboutissent à 32n (polyploïdie).

4. Le sang (l'hémolymphe) de l'insecte est l'élément qui sous pression crée les formes. Rappelons les fausses pattes de la chenille, les glandes odoriférantes de la femelle du papillon, les ovopositeurs de nombreux insectes, autant d'éléments qui subissent une sorte d'« érection » grâce à la pression sanguine. Pour obtenir du sang d'un papillon, coupez-lui une aile à l'émergence, avant qu'elle ne s'étale et sèche.

5. R. Moreau, *Recherches sur quelques aspects des phénomènes physiques, métaboliques et physiologiques qui accompagnent ou conditionnent l'expansion des ailes des Lépidoptères*, thèse de doctorat ès Sciences, Université de Bordeaux I, 1973.

6. R. Wootton, « Les ailes des insectes », *Pour la Science*, n° 159, janvier 1991, pp. 64-71.

7. Les papillons sont les seuls organismes à vol stationnaire à « plan de battement vertical ».

8. Il serait utilisé chez quelques papillons, mais relèverait plus de la descente en parachute que du vol plané proprement dit.

9. J. Pringle, « Le vol des insectes », *La Recherche*, n° 130, février 1982, pp. 158-168.

10. Ce même type d'adaptation se retrouve chez les oiseaux : pensez aux manchots de l'Antarctique, dont les membres antérieurs impropres au vol sont utilisés comme nageoires.

11. Elles forment parfois des nuages impressionnants.

12. Les radars peuvent ainsi enregistrer des échos émanant de nuages d'insectes.

13. Ils sont alors attirés par les ultraviolets du ciel.

14. La couleur verte des végétaux et les odeurs émises par ceux-ci sont alors attractives pour les pucerons.

15. Un baguage réussi a permis de récupérer des papillons ayant effectué 2 000 kilomètres.

16. Dans les cas précédents, en particulier pour les vanesses, certains auteurs pensent que, selon les espèces, il peut y avoir retour du nord vers le sud, mais jusqu'où ?

17. Ils hibernent aussi au Mexique, ayant ainsi parcouru entre 4 000 et 5 000 kilomètres.

18. J. Raccaud-Schoeller, *Les Insectes, physiologie, développement*, Masson, 1980.

19. L'ATP, Adénosine-Tri-Phosphate, est chez les insectes, comme chez les autres animaux, le « pétrole » de la cellule musculaire. Son hydrolyse : ATP ⇄ ADP + P (+ 7 000 cal) fournit l'énergie nécessaire à la contraction musculaire.

20. Poïkilotherme : individu à température du corps variable. On disait autrefois à sang froid. Ce sont les Invertébrés (dont les insectes) et les Vertébrés à l'exception des Oiseaux et des Mammifères qui sont des homéothermes, à température constante, à sang chaud.

21. B. Heinrich, « La thermorégulation chez les papillons hibernants », *Pour la Science*, n° 115, mai 1987, pp. 34-41.

22. Les organes tympanaux servent chez les papillons d'été (Noctuidae) à repérer les ultrasons émis par les chauves-souris, prédatrices de ces papillons (l'hiver, elles hibernent ou sont absentes car migratrices).

23. B. Heinrich, « La régulation thermique de l'essaim chez l'abeille », *Pour la Science*, n° 46, août 1981, pp. 82-91.

24. Un groupe d'abeilles peut tuer une guêpe en l'encerclant et en faisant monter volontairement la température jusqu'à ce que celle-ci soit fatale pour la guêpe.

25. J. Brunhes, « Pourquoi certains insectes perdent leurs ailes », *La Recherche*, n° 167, juin 1985, pp. 830-833.

6. La reproduction

1. Chez le papillon mâle, les écailles odorantes (ou androconies) ont des formes variées adaptées pour retenir les odeurs et les disperser rapi-

dement. Elles sont localisées en touffes sur les ailes, les pattes ou l'abdomen.

2. Les spermatozoïdes humains ne survivent que quelques heures, aussi les conserve-t-on par le froid dans les banques de sperme.

3. La plupart des insectes mâles produisent des spermatophores aux formes variables selon l'espèce. Ils sont, lors de l'accouplement, injectés dans les voies génitales de la femelle où ils libéreront les spermatozoïdes. Ce qui reste du spermatophore peut être rejeté voire mangé par la femelle.

4. J. M. Betsch, « Le comportement reproducteur des collemboles », *Insectes*, n° 77, 1990, pp. 2-4.

5. De ce fait les mâles sont haploïdes, ils possèdent n chromosomes alors que les femelles sont diploïdes ; elles disposent de tous les chromosomes en deux exemplaires (2n).

6. L'œstre du mouton (Diptères, Brachycère) injecte ainsi ses larves dans les narines du mouton où elles continueront leur développement.

7. J. P. Grillot et A. Robert, « La lutte contre la maladie du sommeil passera-t-elle par l'avortement de la mouche tsé-tsé ? », *La Recherche*, n° 171, novembre 1985, pp. 1404-1406.

8. La reproduction à l'état larvaire est possible chez certains Amphibiens urodèles (type salamandre) qui atteignent la maturité sexuelle à l'état larvaire : c'est le cas des Axolotls, larves des salamandres américaines (g. Amblystone).

9. Par exemple chez un Coléoptère américain, *Micromalthus debilis*.

10. Celui-ci est d'autant plus épais que l'œuf est à protéger des facteurs de l'environnement. Il est absent ou réduit chez les espèces vivipares (blattes, glossines...).

11. Le même raisonnement peut être tenu pour la reine des termites dont on estime la descendance à presque 100 millions d'individus en dix ans de vie d'adulte reproductrice.

12. On a calculé qu'en un an un couple de mouches domestiques, avec six générations et une fécondité moyenne de 600 œufs par femelle, engendre 437 000 billions de femelles et un nombre égal de mâles !

13. On a même constaté que certaines espèces de Lépidoptères et de Diptères pondent en vol, n'importe où. Et pourtant la reproduction est assurée !

7. Étho-écologie des insectes : les insectes dans la biosphère

1. Les sols argileux compacts, en période de sécheresse, l'été, peuvent durcir en surface ; ils manquent d'oxygène et entraînent une forte mortalité des larves. Ils peuvent aussi empêcher la sortie des insectes qui s'étaient nymphosés dans le sol.

2. Kératophage : qui se nourrit de peau.

3. K. Storey et J. Storey, « Gelés mais vivants », *Pour la Science*, n° 160, février 1991, pp. 40-45.

4. La chaleur de notre corps permet à un moustique de nous repérer : il est sensible au 1/10e de degré. Le stimulus thermique déclenche la piqûre.

5. L'activité musculaire avant l'envol du papillon a pour but d'augmenter la température du corps de celui-ci, par rapport à la température ambiante.

6. Avant la tempête, il y a baisse de la pression atmosphérique. Avant un orage il y a augmentation de l'ionisation (ions positifs) de l'air.

7. R. Marty, « Recherches écologiques et biochimiques sur les Orthoptères des Pyrénées », thèse de doctorat d'État ès sciences, Toulouse, 1968, 400 p.

8. Les espèces comme les cigales font exception ! La stratégie « K » est caractérisée par une fécondité faible, un développement lent, une maturité tardive, une vie adulte longue, une faible pression de prédation, d'où la possibilité d'excéder les capacités du milieu.

9. R. Chauvin, *Le Monde des fourmis*, Éd. du Rocher, 1994 (réédition).

10. Bourdons (300 à 400 individus), guêpes sociales constituant des sociétés qui cessent à l'automne. Les femelles fécondées entrent en hibernation et chacune fondera une nouvelle société au printemps suivant.

11. P. Jaisson, *La Fourmi et le Sociobiologiste*, éd. Odile Jacob, 1993.

12. C. Chararas, « Les insectes parasites des forêts », *op. cit.*

13. Angiospermes : sous-embranchement du règne végétal comprenant les plantes à fleurs et à fruits (majorité des plantes terrestres).

14. D'après E. de Martonne, in *Biogéographie*, H. Elhaï, A. Colin, 1978.

15. Des acacias, en Afrique, seraient même capables d'empoisonner des antilopes !

16. G. Rosenthal, « Les adaptations d'un coléoptère à une nourriture toxique », *Pour la Science*, n° 75, 1984, pp. 50-58, et commentaire de M. Lamy, p. 59.

17. J'ai développé cet aspect, par comparaison avec les techniques de chasse de l'homme dans un précédent ouvrage, *L'Intelligence de la Nature*, Éd. du Rocher, 1990.

18. D'après P. Jolivet, *Curiosités entomologiques*, Chabaud, 1991.

19. Dulçaquicole ou dulcicole : qui concerne l'eau douce ou les espèces vivant en eau douce.

20. Janthine : Mollusque Gastéropode de haute mer muni d'un flotteur (espèce pélagique).

8. L'homme d'hier à aujourd'hui

1. Ils possèdent 2n = 48 chromosomes, alors que l'Homme n'en possède que 2n = 46. Nous ne différons des chimpanzés que par une paire de chromosomes ! Dit autrement, nous avons en commun 97 % de gènes !

2. Son crâne, presque complet, fut découvert en 1966 dans le désert du Fayoum en Égypte (d'où son nom).

3. Lire à ce sujet : M. Pickford, « L'écologie des premiers grands singes », *La Recherche*, février 1985, n° 163, pp. 188-198.

4. La bipédie est déjà acquise par les Australopithèques.

5. Pour en savoir plus, lire : Y. Coppens, *Le Singe, l'Afrique et l'Homme*, 1983, Fayard, 148 p.

6. Leroi-Gourhan, cité par G. Richard, « L'outil chez l'animal », *La Recherche en éthologie : les comportements animaux et humains*, éd. du Seuil, La Recherche, 1979.

7. A. Langaney, *Les Hommes : passé, présent, conditionnel*, Armand Colin, 1988.

8. L. et F. Cavalli-Sforza, *Qui sommes-nous ? Une histoire de la diversité humaine*, Albin Michel, 1994.

9. Ethnobotanique et ethnozoologie étudient plantes et animaux en relation avec les coutumes de l'Homme : les applications potentielles sont nombreuses. Lire à ce sujet *Histoire des mœurs. L'Homme et le Végétal*, J. Barrau, et *L'Homme et l'Animal*, R. Pujol et G. Carbone, La Pléïade, 1990.

10. J.-Ph. Rigaud, *Les Hauts Lieux de la préhistoire en France*, Bordas, 1989.

11. J. R. Harlan, « L'origine de l'agriculture », *La Recherche*, décembre 1972, n° 29, pp. 1035-1043.

12. R. W. Dennell, « L'origine de l'agriculture en Europe », *La Recherche*, avril 1986, n° 176, pp. 480-488.

13. J. Howell, « Les débuts de l'agriculture en Europe du Nord-Ouest », *Pour la Science*, janvier 1988, n° 123, pp. 38-46.

14. M. Gulerman, « L'agriculture itinérante sur brûlis », *La Recherche*, n° 216, décembre 1989, pp. 1464-1474.

15. Eutrophisation : dégradation des eaux dont le processus est accéléré par les effluents urbains, industriels et agricoles et nécessite une épuration de ces effluents.

16. J'ai développé cette question et étudié quelques exemples dans un autre ouvrage : *Les Enveloppes écologiques de l'homme*, M. Lamy, Presses Universitaires de Bordeaux, 1993.

17. G. Riba et C. Silvy, *Combattre les ravageurs des cultures : enjeux et perspectives*, INRA, 1989.

18. M. A. Littaver, « Les premiers véhicules à roues », *La Recherche*, n° 142, mars 1983, pp. 334-343.

19. Pour J. Ellul (*Ce que je crois*, Grasset, 1987), l'espèce humaine a trois biotopes qui se sont mis en place successivement : le milieu naturel, le milieu social et le milieu technicien.

20. La mutation urbaine, J. Vicari, conférence présentée le 27 mars 1987, au Certificat international d'écologie humaine (CIEH) de Bordeaux.

21. L'émigration se fait alors vers l'Europe : Algériens vers la France, Turcs vers l'Allemagne, Indiens vers l'Angleterre... avec des difficultés.

22. J.-Cl. Chesnais, « La transition démographique. Étapes, formes, implications économiques. Étude de séries temporelles (1720-1984) relative à 67 pays », INED, coll. Travaux et Documents, Cahier n° 113, 1986, 580 p. Analyse par M. L. Lévy, « Les transitions démographiques », *Populations et sociétés*, novembre 1986, n° 207.

23. F. Ramade, *Les Catastrophes écologiques*, McGraw-Hill édit., 1986, 310 p.

24. Ce chiffre serait atteint dès 1998 selon les données démographiques de 1994-1995.

25. F. Ramade, *Les Catastrophes écologiques, op. cit.*

26. J. Vicari, « La mutation urbaine », *op. cit.*

27. F. Ramade, *Les Catastrophes écologiques, op. cit.*

28. Les ressources en pétrole dans le monde, d'après A. Jacquard, seraient de 350 milliards de tonnes. Nous en utilisons 3,5 milliards par an. Nous disposons donc de réserves pour cent ans. Et après ?

29. On estime que 14 millions de personnes étaient atteintes en 1993 et qu'elles seront 35 à 40 millions en l'an 2000 ! (70 % des cas de SIDA sont actuellement en Afrique.)

9. Des insectes au service de l'homme

1. J. P. Garel, J. Daillie et J. M. Legay, « Le ver à soie », *La Recherche*, décembre 1979, n° 106, pp. 1222-1231. J. Prud'homme, N. Mémoire, L. Lavenseau et J. J. Lahargue, *Ver à soie, vers la soie*, Muséum d'histoire naturelle, Bordeaux, 1990, 100 p.

2. Ce nom provient du provençal *magnan*: ver.

3. Ce sont les forêts tropicales qui existent là où la pluviosité est supérieure à 2 000 mm par an ; elles forment une ceinture de part et d'autre de l'Équateur.

4. V. M. Holt, *Why not eat insects?*, Londres, 1885, réédition British museum et E. W. Classey, 1988 ; F. S. Bodenheimer, *Insect as human food, a chapter of the ecology of man*, Dr W. Junk, La Hague, 1951 ; B. Comby, *Délicieux insectes, les protéines du futur*, Éditions Jouvence, 1990.

5. La piqûre dans la gorge entraîne la mort par asphyxie, chez l'homme, mais aussi chez les animaux domestiques.

6. R. Paulian, « Les Coléoptères et l'Homme », *Bull. Soc. Ent. Fr.* 97 (5), 1992, pp. 397-401. *Les Coléoptères à la conquête de la Terre*, Boubée, 1993.

7. N. Myers, « Homo insectivorus », *Science Digest*, juillet-août 1982, pp. 76-77.

8. En Australie existaient des bousiers spécialistes des excréments des kangourous, mais incapables de transformer les excréments des ovins et des bovins.

9. P. Jolivet signale que dans la canopée un « bousier aéronaute » exploite les crottes de singes : il en fait des boules, se laisse tomber au sol, quelques dizaines de mètres plus bas, et les enfonce dans le sol.

10. S. Battra, « Les abeilles solitaires », *Pour la Science*, n° 78, avril 1984, pp. 58-68.

11. La luzerne est une des principales plantes fourragères mondiales.

12. Nombreux articles dans la revue française *Insectes sociaux.*

13. D'après P. Jolivet, *Curiosités entomologiques*, *op. cit.*

14. Les virus sont tous des parasites obligatoires parce qu'ils sont incapables d'assurer seuls leur multiplication : ils n'ont pas le matériel biologique nécessaire et doivent l'emprunter à l'hôte.

15. R. Barbault, dans *Des baleines, des bactéries et des hommes*, O. Jacob, 1994, reprend cet exemple. Il indique que les champs sont retournés à l'agriculture et « qu'aujourd'hui, cactus et papillons coexistent à des niveaux de densités où ils passent inaperçus : un équilibre s'est créé ».

16. « Les papillons anti-cocaïne », *Pour la Science*, n° 126, avril 1988, p. 8.

17. In *La Chenille processionnaire du pin*, M. Lamy, *op. cit.*

18. Par contre, la pédérine, répandue sur le feuillage en région tropicale, peut pénétrer dans l'œil et produire des ulcérations entraînant la perte de la vue. Des cas sont signalés en Ouganda.

19. B. Grzimek et M. Fontaine, *Le Monde animal en 13 volumes*, tome II, *Insectes*, p. 442, Ed. Stauffacher, 1972.

20. R. Lubow, *Les Animaux dressés pour la guerre*, Belfond, 1979.

21. R. Paulian, « Les Coléoptères et l'Homme », *op. cit.*

22. J. Lhoste et B. Henry, « Les insectes dans l'art d'Extrême-Orient », *Insectes*, n° 76 et 77, 1990, pp. 16-17.

23. Trois romans de B. Werber lui sont consacrés : *Les Fourmis, le Jour des fourmis* et *La Révolution des fourmis*, Albin Michel.

10. Les insectes, ennemis n° 1 des productions de l'homme

1. G. Riba et C. Silvy, *Combattre les ravageurs des cultures : enjeux et perspectives*, *op. cit.*

2. FAO : Organisation des Nations unies pour l'alimentation et l'agriculture créée en 1945. Elle compte 58 États membres.

3. ACTA : Association de coordination technique agricole. Elle édite des fiches techniques à l'intention des praticiens. Sont ainsi fichés en France : 26 Lépidoptères, 18 Coléoptères, 13 Diptères, 9 Homoptères, 3 Thysanoptères, 3 Hyménoptères, 1 Orthoptère.

4. G. Riba et C. Silvy, *Combattre les ravageurs des cultures : Enjeux et perspectives*, *op. cit.*

5. Il aurait été introduit d'abord en Angleterre en 1863 puis en France et en Allemagne en 1874.

6. Je reviendrai ultérieurement sur la bouillie bordelaise qui sauva le vignoble français du mildiou et du phylloxéra.

7. Parmi les Coléoptères, avec plus de 46 000 espèces connues, la famille des Curculionides est la famille la plus nombreuse du règne animal.

8. Cette espèce a été très bien étudiée par V. Labeyrie et ses collaborateurs à Tours, en particulier la relation plante-insecte.

9. C. Chararas, « Les insectes parasites des forêts », *La Recherche*, *op. cit.* et *Écophysiologie des insectes parasites des forêts*, édité par l'auteur, 1980.

10. La France, pour une superficie de 551 602 km^2, ne possédait plus en 1850 que 6 millions d'hectares de forêts. Grâce à un effort de repeuplement, sa couverture sylvestre est en 1994 de 15,5 millions d'hectares et les forestiers annoncent 18 à 19 millions d'hectares de forêts pour l'an 2050 !

11. Lépidoptère, Lymantriidae : une autre espèce de cette famille, la « Nonne » *Lymantria monacha*, a dévasté à plusieurs reprises les forêts d'épicéas en Allemagne.

12. Le papillon cherche pour pondre la nuit un arbre bien découpé en silhouette. Il pond donc en périphérie de massif, le long des chemins forestiers. Plus il y a de parcelles, plus il y a de bords (lisières), plus il y a de processionnaires : cqfd !

13. G. Strobel et G. Lanier, « La maladie hollandaise de l'orme », *Pour la Science*, n° 48, octobre 1981, pp. 40-51.

14. Ips : Coléoptères Scolytidae : trois dates d'essaimages : avril-mai, juin-juillet, août-septembre.

15. Elles en tirent cependant, pour leur alimentation, des protéines et des lipides (chapitre 9).

16. Protistes zooflagellés du genre *Trypanosoma*.

17. J. Itard, *Les Glossines ou mouches tsé-tsé*, Études et synthèse de l'Institut d'élevage et de médecine vétérinaire des pays tropicaux (l'IEMUT), 1986, 155 p.

18. Il a volontairement, dans certaines régions, déforesté pour lutter contre les mouches tsé-tsé.

19. En 1991, avec 15 milliards d'œufs pondus par an en France, celle-ci n'arrivait qu'en 9e position dans la production mondiale qui était de 650 milliards d'œufs (137 milliards pour la Chine, 76 pour l'URSS, 69 pour les USA...).

20. Cité par P. Rietschel, in *Le Monde animal*, tome II, « Insectes », p. 400 ; B. Grzimek et M. Fontaine, 1972, Éditions Stauffacher, Zurich.

21. P. Ferron, *Vivre avec les insectes*, Dominos Flammarion, 1993.

22. J. Lhoste, *Des insectes et des hommes*, Fayard, 1979.

23. Les physiologistes dosaient l'histamine grâce à un test sur l'iléon (partie du tube digestif) du cobaye en visualisant ses contractions.

11. Les insectes qui tuent l'homme

1. Ph. Gorny, *L'Aventure de la médecine*, J. C. Lattès, 1991.

2. A. Yersin (1863-1943) : bactériologiste français d'origine suisse, collabore avec Émile Roux, à l'Institut Pasteur, à l'isolement de la toxine diphtérique, puis en Indochine identifie le bacille de la peste et fabrique un sérum antipesteux. Il dirige les instituts Pasteur d'Indochine (d'après le Grand Larousse encyclopédique).

3. La bilharziose, deuxième grande endémie parasitaire après le paludisme, provoque chaque année 500 000 décès dans les pays en développement (principalement dans les régions tropicales). De grands espoirs de vaccin anti-bilharziose émergent aujourd'hui, fondés sur la découverte des propriétés protectrices d'un antigène du parasite, le schistosome (la protéine Sm 28 GST), un ver parasite dont la transmission ne doit rien aux insectes.

4. R. Ross fut prix Nobel en 1902 pour cette découverte.

5. Elles peuvent aussi se contaminer en piquant des Mammifères infectés : on dit qu'ils constituent des « réservoirs ».

6. Ce qui est aussi le cas pour le SIDA !

7. D'ailleurs la pénétration (on disait colonisation) du continent africain n'a été possible que dans la deuxième moitié du XIXe siècle grâce à la quinine. Avant les explorateurs se contentaient du bord des côtes.

8. Le paludisme est réapparu en Corse parce que l'on a diminué la lutte contre les moustiques. Il réapparaîtrait dans les Landes si l'homme n'assurait plus le drainage de cette région autrefois marécageuse.

9. Drépanocytose : anémie hémolytique congénitale due à une anomalie de l'hémoglobine qui entraîne la formation d'hématies falciformes (globules rouges en forme de faux).

10. « Le paludisme : un exemple de coévolution », *Pour la Science*, n° 174, avril 1992, p. 74.

11. C. Faber, « Vaccin antipaludisme : pas de triomphalisme sans confirmation par des résultats définitifs », *Le Quotidien du Médecin*, 1994, n° 5352, p. 7.

12. Je reviendrai sur les méthodes de lutte. Pour éviter d'être piqué : moustiquaire, ventilation-climatisation, crème répulsive... Si vous partez en Afrique, n'oubliez pas de vous traiter (nivaquine, paludrine...) avant de partir (la prévention ne doit pas être négligée !) et au retour, pensez à continuer le traitement !

13. F. Rodhain et C. Perez, *Précis d'entomologie médicale et vétérinaire*, Maloine, 1985.

14. F. Rodhain et C. Perez, *Précis d'entomologie médicale et vétérinaire, op. cit.*

15. SIDA : syndrome d'immunodéficience acquise dont le responsable est un virus, le VIH (virus d'immunodéficience humaine).

16. P. Jolivet, *Curiosités entomologiques, op. cit.*

17. M. Essex et P. Kanki, « Les origines du virus du SIDA », *Pour la Science*, n° 134 (n° spécial « Le SIDA »), décembre 1988, pp. 40-47.

18. F. Rodhain et C. Perez, *Précis d'entomologie médicale et vétérinaire, op. cit.*

19. Les filaires appartiennent à l'ordre des vers ronds ou Némathelminthes et sont recouvertes de cuticule : celle-ci nécessite, pour leur croissance, qu'elles fassent des mues.

20. F. Rodhain et C. Perez, *Précis d'entomologie médicale et vétérinaire, op. cit.*

21. F. Rodhain et C. Perez, *Précis d'entomologie médicale et vétérinaire, op. cit.*

22. J. Itard, *Les Glossines ou mouches tsé-tsé.* Études et synthèses de l'Institut d'Élevage et de Médecine Vétérinaire des Pays Tropicaux (l'IEMVT), *op. cit.*

23. P. Jolivet, *Les Insectes et l'Homme*, Presses Universitaires de France, Que sais-je ? n° 1833, 1980.

24. F. Rodhain et C. Perez, *Précis d'entomologie médicale et vétérinaire, op. cit.*

25. Th. Rinderer, B. Oldroyd et W. Sheppard, « Les abeilles tueuses », *Pour la Science*, n° 196, février 1994, pp. 48-54.

26. C. Richet fut prix Nobel de médecine en 1913 pour ses travaux sur l'anaphylaxie.

27. P. Molkhou, « Insectes piqueurs : gare aux allergies », *La Recherche*, n° 223, juillet-août 1990, pp. 900-903.

28. De la famille des Calliphoridae, Oestridae, Muscidae, Gasterophilidae...

29. J'ai indiqué précédemment (chapitre 9) que pendant certaines guerres les asticots étaient utilisés pour nettoyer les plaies des blessés.

30. M. Lamy, *Papillon cendre et papillonite de Guyane française*, CDDP de Guyane, 1986, 50 p. et 12 diapositives.

31. Nous avons démontré, en utilisant des capteurs de pollens, que des poils urticants peuvent être captés très loin de leur lieu d'émission. Nous en avons trouvé au centre ville de Bordeaux grâce à un capteur situé sur le Laboratoire municipal de Bordeaux (devenu depuis peu l'Institut européen de l'environnement de Bordeaux).

32. J'ai en effet démontré que la papillonite due à *Euproctis* était provoquée par des poils urticants produits par la chenille et accumulés dans le cocon. Le papillon n'est alors que le vecteur des poils qu'il n'a pas fabriqués.

33. Thaumétopoéine, parce que produite par la processionnaire du genre *Thaumetopoea*.

34. B. David, directeur de l'unité d'immuno-allergie de l'Institut Pasteur de Paris, écrivait en 1990 : « Quant aux réactions d'urticaire d'origines diverses (piqûres de végétaux, d'insectes, de plancton, de méduses, etc.), elles proviennent le plus souvent de l'action de substances toxiques, sans la sensibilisation préalable caractéristique de l'allergie » (*La Recherche*, n° 223, juillet-août 1990, p. 902).

35. P. Jolivet, *Curiosités entomologiques*, *op. cit.*

12. La limitation des populations d'insectes

1. La bouillie bordelaise, à base de sulfate de cuivre et de chrome, date de 1885. Elle a permis de lutter contre le mildiou : c'est un fongicide. Des bouillies arsenicales (arséniate de plomb ou de chaux) sont des insecticides.

2. G. Riba et C. Silvy, *Combattre les ravageurs des cultures*, *op. cit.*

3. Ch. Descoins, « Causes possibles de l'appauvrissement qualitatif et quantitatif de la faune entomologique », *Bulletin de la Société entomologique de France*, 88, 1983, n° 1-2, pp. 39-45.

4. M. Boulétreau, « Parasitisme et génétique dans le monde des insectes », *Pour la Science*, n° 123, janvier 1988, pp. 78-87.

5. Les microsporidies sont des Protistes appartenant à l'embranchement des Cnidosporidies. Cet embranchement était autrefois réuni avec les sporozoaires (Coccidies).

6. Ch. Descoins, « Causes possibles de l'appauvrissement qualitatif et quantitatif de la faune entomologique », *op. cit.*

7. G. Riba et C. Silvy, *Combattre les ravageurs des cultures*, *op. cit.*

8. R. Dajoz, *Les Insecticides*, PUF, 1969.

9. F. Ramade, *Écotoxicologie*, Masson, 1977.

10. C'est le résultat de la non-fixation de calcium par suite d'un dérèglement hormonal dû au DDT.

11. HCH = hexachlorocyclohexane, dont les propriétés insecticides furent découvertes en 1940 par un Anglais, R.E. Slade.

12. Endothérapiques : se dit d'insecticides qui doivent être ingérés pour agir (insecticides d'ingestion).

13. G. Riba et C. Silvy, *Combattre les ravageurs des cultures, op. cit.*

14. M. Poirié et N. Pasteur, « La résistance des insectes aux insecticides », *La Recherche*, n° 234, juillet-août 1991, pp. 874-882.

15. Amplification : c'est-à-dire copie du gène en plusieurs exemplaires (jusqu'à 500 copies).

16. Une souche de mouche résistante au DDT possède une DL 50 de 2,5 à 5 mg par individu, soit 100 à 200 fois plus grande que la souche normale à DL 50 = 0,025 mg. Il faut donc utiliser une dose 200 fois plus forte de DDT pour tuer ces mouches.

17. F. Ramade, *Écotoxicologie, op. cit.*

18. G. Riba et C. Silvy, *Combattre les ravageurs des cultures, op. cit.*

19. On utilise aussi des pièges lumineux pour capturer les papillons crépusculaires.

20. En région bordelaise, l'eudémis ou « ver de la grappe » (principal ravageur de la vigne en Europe) est traité par confusion sexuelle, technique qui, pour les chercheurs de l'INRA de Bordeaux (J. Stockel), apparaît comme une alternative d'avenir.

21. En forêt de résineux on cherche à détruire les Ips (Scolytides) grâce à des phéromones d'agrégation placées sur des arbres traités au lindane.

22. M. Échaubard, *La lutte autocide : principes, applications, résultats*, INA, Paris, 1978.

23. Cette usine implantée au Mexique en 1976 produit 600 millions de mouches stériles (irradiation des nymphes au Césium 137) par semaine. C'est à partir d'elles qu'est réalisée une véritable barrière biologique entre Amérique centrale et Mexique (d'après P. Ferron, *Vivre avec les insectes, op. cit.*).

24. J. M. Crampton, R. Galler, R. E. Sinden et A. Crisanti, « La lutte génétique contre les moustiques », *La Recherche*, n° 259, novembre 1993, pp. 1218-1227.

25. Il faut trouver un vecteur, on l'appelle un transposon, capable de véhiculer les gènes intéressants. L'OMS fonde de réels espoirs sur ce programme de recherches qui doit s'échelonner sur quinze à vingt ans et permettre d'obtenir des insectes transgéniques afin de lutter efficacement contre le paludisme et les autres maladies.

26. J. Grillot et A. Robert, « La lutte contre la maladie du sommeil passera-t-elle par l'avortement de la mouche tsé-tsé ? » *La Recherche, op. cit.*

27. Ce terme est impropre car ces substances n'agissent pas sur l'hormone juvénile mais sur l'organe de production, les corps allates : elles sont allatocides. Le précocène, à cause de sa toxicité, n'a jamais été commercialisé comme insecticide.

28. P. Acot, « L'histoire de la lutte biologique », *Le Courrier de la Nature*, n° 75 et n° 76, septembre-octobre 1981 et novembre-décembre 1981, pp. 2-8 et 7-12.

29. Une usine de production de trichogrammes a été implantée à Valbonne (Alpes-Maritimes).

30. En Suisse et en Italie des nids de fourmis rousses ont été transportés par camions dans des forêts très menacées où elles n'existaient pas. Elles les ont sauvé. Des expériences du même type ont été effectuées dans d'autres pays.

31. J. P. Di Pietro, J. Missonnier, D. Ombredane et J. S. Pierre, *Bases de la protection contre les animaux nuisibles aux cultures*, ENSA de Rennes.

32. Lire au sujet de cette espèce qui a envahi Nice et Cannes à partir de 1966 et qui fut régulée par son Hyménoptère parasite : « Insectes contre insectes », P. Jourdheuil, *La Recherche*, n° 96, janvier 1979, pp. 4-12.

33. J. Batra, *Science*, 1982, n° 2150, pp. 8-10.

34. P. Ferron, *Vivre avec les insectes, op. cit.*

35. « D'autres méthodes de lutte biologique », *in* « La lutte génétique contre les moustiques », *La Recherche*, n° 259, novembre 1993, p. 1221.

36. B. Hurpin, « Les virus d'insectes et leur emploi en lutte biologique », in *Bulletin technique d'information du ministère de l'Agriculture*, 1978, n° 332-333, pp. 477-489.

37. Voir sur ce sujet le film en couleurs de R. Enrico : *Thaumetopoea, je vois tout*, 24 mn, 16 mm, 1959-1960, cinémathèque du ministère de l'Agriculture.

38. Les industriels cherchent à obtenir une production virale *in vitro* en utilisant comme milieu vivant des cultures cellulaires d'insectes.

39. Bacille de Thuringe : isolé en 1905 au Japon puis redécouvert en 1911 par Berliner en Thuringe (Allemagne), d'où son nom *Bacillus thuringiensis Berliner*. Sa production en masse est obtenue, en milieu nutritif liquide, dans de très grands fermenteurs existant dans les usines productrices d'antibiotiques par exemple.

40. A. Kier, « *Bacillus thuringiensis*-biotechnologie », première rencontre de toxinologie, Paris, 12 mai 1993.

41. Il s'agit de *Bacillus thuringiensis israelensis* (Bti) qui a été utilisé avec succès contre les larves de simulies dont l'adulte transmet l'onchocercose et contre des moustiques aux États-Unis et en Chine. De plus, *Bacillus sphaericus* a été testé avec succès au Cameroun, dans la ville de Maroua, contre le

moustique : *Culex quinquefasciatus* (lire à ce sujet : « Des bactéries pour la lutte anti-moustiques », *La Recherche*, n° 252, mars 1993, pp. 346-348, par J. M. Hougard, Ph. Barbazan et Th. Baldet).

42. J. L. Clément (professeur à l'université de Provence et « découvreur » des fourmis « tueuses ») et le CNRS ont breveté certaines de ces molécules à activité insecticide.

43. A. Ménez, « Les structures des toxines des animaux venimeux », *Pour la Science*, n° 190, août 1993, pp. 34-40.

44. P. Ferron, *Vivre avec les insectes, op. cit.*

45. J. Tumlinson, J. Lewis et L. Vet, « Comment certaines guêpes détectent leurs hôtes », *Pour la Science*, n° 187, mai 1993, pp. 84-90.

46. R. Pouget, *Histoire de la lutte contre le phylloxéra de la vigne en France*, INRA, 1990.

47. B. J. R. Philogène, « L'utilisation des produits naturels dans la lutte contre les insectes : problèmes et perspectives », in *La Lutte anti-acridienne*, Aupelf-UREF, John Libbey Eurotext, Paris, 1991, pp. 269-278.

48. La berbérine, un alcaloïde isoquinoline, produit par les plantes du genre *Berberis*, est aussi toxique mais, en plus de l'oxygène, elle s'intercale dans la molécule d'ADN provoquant des modifications génétiques. Son utilisation est donc déconseillée.

49. Ch. Gasser et R. Fraley, « Les plantes transgéniques », *Pour la Science*, août 1992, n° 178, pp. 68-74.

50. On connaît actuellement plus de 500 espèces d'insectes résistant aux insecticides chimiques.

51. OILB : Organisation internationale de lutte biologique. D'après P. Jourdheuil, cet organisme est issu d'un comité international de lutte biologique créé sous l'impulsion de la France en 1954 et qui permet des échanges rapides d'informations et de matériel biologique entre les pays.

52. Il ne s'agit pas non plus de vouloir opposer à tout prix la lutte chimique et la lutte biologique.

53. J. Tumlinson, J. Lewis et L. Vet, « Comment certaines guêpes détectent leurs hôtes », *Pour la Science, op. cit.*

54. P. Ferron, *Vivre avec les insectes, op. cit.*

55. M. L. Bouguerra, « Les pesticides et le tiers monde », *La Recherche*, n° 176, avril 1986, pp. 545-553, et *Les Poisons du tiers monde*, La Découverte, 1985.

56. Les USA ne sont pas les seuls responsables d'exportation de produits toxiques dans les pays en voie de développement ; la CEE y contribue également : les pays exportateurs ont une législation nationale qui ne s'applique pas aux pesticides destinés à l'exportation !

57. Merci à P. Acot de faire « l'éloge du DDT » destructeur des Anophèles (vecteurs du paludisme) et des insectes des denrées alimentaires.

58. M. Launois, « L'invasion généralisée des criquets en Afrique était évitable », *Pour la Science*, n° 128, juin 1988, p. 3. Et, du même auteur : « Les criquets menacent l'Afrique », *La Recherche*, n° 179, juillet-août 1986, pp. 978-980, où sont décrites les méthodes préventives et curatives contre ce fléau.

59. F. Ramade, « Des pesticides aux armes chimiques », *La Recherche*, n° 219, mars 1990, pp. 382-390.

60. Les herbicides utilisés à forte dose au Viêt-nam ont détruit les écosystèmes : P. Acot parle d'écocides pour cette guerre écologique.

13. Les insectes menacés par l'homme

1. Jachère vient du latin *jacere* : se reposer.

2. R. Paulian, « Les Coléoptères et l'Homme », *op. cit.*

3. On est déjà passé de 10 à 70 quintaux à l'hectare !

4. Par contre les fongicides – contre les champignons – sont des molécules non toxiques pour les insectes. Il faut dire de plus qu'ils sont utilisés à de faibles tonnages et de façon spécifique.

5. Si vous êtes intéressés par les diverses formes d'utilisation et de pollution des eaux, lire : M. Lamy, *L'Eau, de la nature et des hommes*, Presses Universitaires de Bordeaux, 1995.

6. Des zones agricoles de culture dont la sylviculture (pensez à la forêt landaise déjà citée) ont été gagnées sur des zones humides riches au plan floristique et faunistique.

7. En Guyane, tout le monde est concerné par la papillonite, les papillons nocturnes étant attirés même par les lampes des maisons. C'est pour cela que l'on entoure les lampes de papier de couleur rouge.

8. À moins que des échanges entre collectionneurs ne soient organisés afin d'éviter ces massacres inutiles ! Quoi qu'il en soit, ces collections d'insectes sont souvent détruites. Devinez par qui ! Des insectes, bien sûr : ce sont des psoques (Psocoptères) dont les poux des livres qui s'attaquent normalement à nos collections de livres.

9. H. Descimon, « Pourquoi y a-t-il moins de papillons aujourd'hui ? », *Insectes*, n° 77, 1990, pp. 6-10.

10. Ch. Descoins, « Causes possibles de l'appauvrissement qualitatif et quantitatif de la faune entomologique », *op. cit.*

11. L. Ferry, *Le Nouvel Ordre écologique : l'arbre, l'animal et l'homme*, Grasset, 1992.

12. Les raisons de leur succès, évoquées dans les chapitres 3 à 7, petite taille, tégument cuticulaire, mues et métamorphose, pouvoir de reproduction, adaptabilité à l'environnement, permettront leur survie.

13. Lysosome : organite cellulaire, sorte de vacuole pleine d'enzymes.

14. M. Leclercq, *Entomologie et médecine légale : datation de la mort*, Masson, 1978.

15. Cité par R. Paulian, « Les Coléoptères et l'Homme », *op. cit.*

16. OPIE : Office pour l'information entomologique qui publie le journal *Insectes* depuis plus de vingt ans.

Remerciements

Alors que j'ai décidé d'interrompre mes activités de recherche sur les insectes pour me consacrer à la vulgarisation scientifique, il m'est agréable de remercier ici tous ceux et toutes celles qui m'ont accompagné pendant plus de trente années et à qui ce livre doit beaucoup.

D'abord mes maîtres en entomologie qui, par leurs enseignements, leurs conférences et leurs écrits, m'ont donné le goût de la recherche sur les insectes : J. J. Bounhiol, P. Cassier, R. Chauvin, P. P. Grassé, P. Joly, P. Pesson.

Ensuite les scientifiques de l'Université, de l'INRA et du laboratoire d'entomologie du Muséum national d'histoire naturelle qui m'ont fait bénéficier de leur collaboration, soit pour des techniques, soit pour du matériel biologique : P. Allegret, P. Anglade, J. Carayon, Cl. Caussanel, M. Coulon, G. Demolin, J. Huignard, A. Karlinsky, V. Labeyrie, R. Lafont, S. Lauverjat, J. M. Legay, C. Lemaire, R. Martojat, P. Ménassieu, P. Viette. Pardon de ne pouvoir citer tous ceux, bien plus nombreux, auprès de qui s'enrichissaient mes connaissances lors des réunions des RCP de C. Chararas, J. Hoffmann, Ch. Noirot et J. Delachambre et des colloques de physiologie de l'insecte, dont le premier a eu lieu en 1970 à Lyon et le quatrième en 1977 à Bordeaux, où j'ai accueilli près de cent participants.

Des médecins m'ont permis l'accès aux malades et ainsi de faire aboutir mes recherches sur les insectes urticants : G. Ducombs, B. Ladépèche, J. Malleville, Cl. Moulinier, R. Pradinaud, L. Texier et Ph. Vincendeau.

De plus, un universitaire, enseignant-chercheur, n'est rien sans les étudiants. C'est à eux qu'il doit transmettre ses connaissances. C'est donc auprès d'eux que j'ai testé en vraie grandeur le contenu de cet ouvrage. Certains d'entre eux sont devenus mes complices, réalisant une thèse sous ma direction : M. Bergaud, J. C. Denneulin, N. Julien-Laferriere, M. Michel, F. Novak, V. Pélissou, M. H. Pastureaud, J. Werno. Toutes ces recherches n'auraient pas été possibles sans un laboratoire d'accueil, celui où J. J. Bounhiol m'a accueilli en juillet 1960 et qui a été associé au CNRS en janvier 1979 sous la direction de A. Girardie ; les conditions étaient alors remplies pour que je puisse mener à bien les recherches engagées, bénéficiant des collaborations de tous, personnels universitaires et du CNRS.

Dans cet ouvrage de vulgarisation, beaucoup d'auteurs d'articles scientifiques, beaucoup d'acteurs en scène avec les insectes ne sont pas cités. C'est le prix à payer pour la vulgarisation, c'est-à-dire aller à l'essentiel sans inonder le lecteur d'un flot de références bibliographiques. Or, ce serait facile quand on sait que 10 000 articles sont référencés par an dans l'*Entomology Abstracts*.

Enfin, j'ai bénéficié pour la réalisation matérielle de cet ouvrage des compétences de deux secrétaires, Mme Annie Daste et Mlle Michèle Lafontaine. De plus, Jo Mericq et Jean Vieillemaringe m'ont fait l'amitié de le relire et de le corriger.

Mon épouse fut, une fois encore, ma première lectrice. Elle a eu aussi la lourde tâche d'effectuer l'illustration.

À tous et à toutes, merci.

Table

DEUXIÈME PARTIE

L'HOMME, SES INTERACTIONS AVEC L'INSECTE

DANS LA MÊME COLLECTION

Jean-Loup BERTAUX
De l'autre côté du Soleil

John D. BARROW
La Grande Théorie,
les limites d'une explication globale en physique

Luca et Francesco CAVALLI-SFORZA
Qui sommes-nous ? Une histoire
de la diversité humaine

Michel CAZENAVE
La Science et l'âme du monde

Hans-Peter DÜRR
De la science à l'éthique,
physique moderne et responsabilité scientifique

Pierre R. ETÉVENON
Du rêve à l'éveil

Murray GELL-MANN
Le Quark et le Jaguar. Au pays
du simple et du complexe

Seldon L. GLASHOW
Le Charme de la physique

James GLEICK
La Théorie du chaos

Michael A. GUILLEN
Des ponts vers l'infini

Étienne KLEIN
Conversations avec le Sphinx,
les paradoxes en physique

Étienne KLEIN et Marc LACHIÈZE-REY
La Quête de l'unité, l'aventure de la physique

Marc LACHIÈZE-REY
Connaissance du cosmos

Ilke Angela MARÉCHAL
Sciences et Imaginaire

www.ingramcontent.com/pod-product-compliance
Lightning Source LLC
Chambersburg PA
CBHW071412230926
51846CB00001B/64
9782226463067